Biosphäre 7–10

Lösungen

Rheinland-Pfalz

Cornelsen

Biosphäre

Band 7–10 Gymnasium Rheinland-Pfalz
Lösungen

Autorinnen und Autoren:
Silke Hübner, Kaiserslautern; Gabriele Merk, Alzey; Kathrin Scholz, Herxheim

Beraterinnen und Berater:
Raimund Leibold, Nittel;
Waltraud Suwelack, Höhr-Grenzhausen

Teile dieses Werkes sind anderen Ausgaben der Lehrwerksreihe Biosphäre entnommen.

Autorinnen und Autoren dieser Ausgaben:
Simone Alberts; Astrid Agster; Stefan Auerbach; Andreas Bauer; Joachim Becker; Dr. Werner Bils; Pia Bordes-Sagner; Anke Brennecke; Silke Bringezu; Frank Deutschmann; Anne-Kathrin Dierschke; Peter Emmler; Robert Felch; Heidemarie Frasiak; Daniela Grabenstein; Christian Gröne; Franziska Hach; Angelika Huber; Yvonne Hübner; Lutz Jäger; Dr. Horst Janz; Michael Jütte; Wolfhard Koth-Hohmann; Prof. Dr. Hansjörg Küster; Dr. Karl-Wilhelm Leienbach; Andre Linnert; Prof. Dr. Anke Meisert; Monika Pohlmann; Martin Post; Gabriele Rupp; Dr. Ulrike Schiek; Annegret Schlegel; Dr. Stephanie Schrank; Hans-Jürgen Staudenmaier; Dr. Matthias Stoll; Michael Szabados; Volker Wiechern; Dr. Hans-Joachim Winkhardt

Redaktion: Ina Albrecht

Designberatung: Katharina Wolff-Steininger

Layout und technische Umsetzung: zweiband.media, Berlin

Umschlaggestaltung: SOFAROBOTNIK GbR, Augsburg & München

Grafik: Marina Goldberg, Berlin; Karin Mall, Berlin; Tom Menzel, Klingberg; Werner Wildermuth, Würzburg

www.cornelsen.de

1. Auflage, 3. Druck 2016

Alle Drucke dieser Auflage sind inhaltlich unverändert
und können im Unterricht nebeneinander verwendet werden.

Druck: AZ Druck Datentechnik GmbH, Kempten

ISBN 978-3-06-420180-4

PEFC
PEFC/04-31-2260

PEFC zertifiziert
Dieses Produkt stammt aus nachhaltig bewirtschafteten Wäldern und kontrollierten Quellen.

www.pefc.de

INHALTSVERZEICHNIS

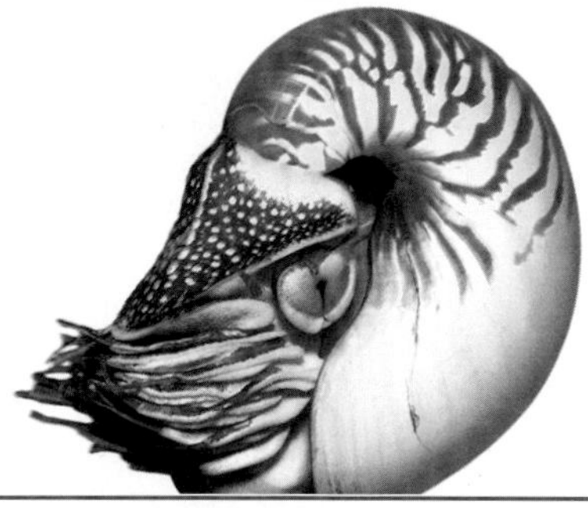

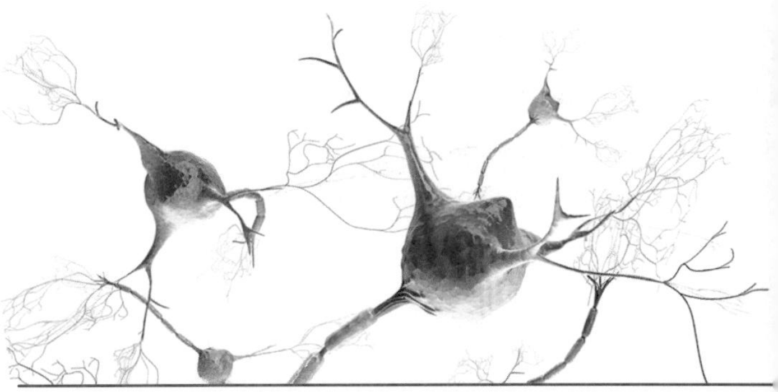

Sport und Ernährung 90

Krankheitserreger erkennen und abwehren 97

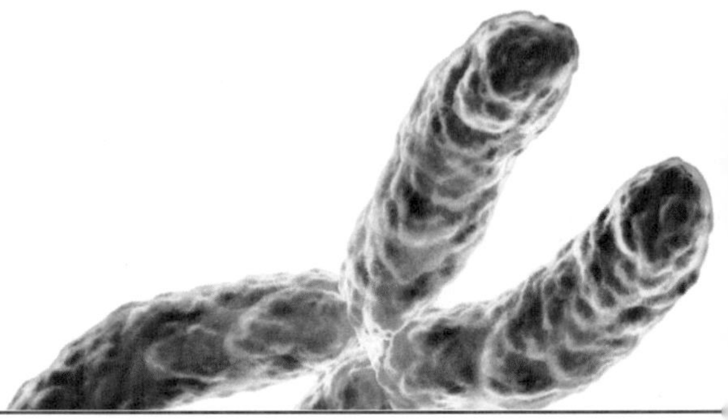

Individualität und Entwicklung 106

2 Vererbung beim Menschen

Biowissenschaften und Gesellschaft 118

1 Angewandte Biologie

Biologische Anthropologie 122

1 Evolution des Menschen

Hinweis zum Lösungsheft:

Zu einigen Aufgaben, vor allem zu den Aufgaben auf den Materialseiten, werden im Lösungsheft gestufte Hilfen angeboten. Sie können diese direkt übernehmen und individuell einsetzen und haben so die Möglichkeit, binnendifferenziert zu arbeiten.

Die gestuften Hilfen sind mit dem Symbol  **gekennzeichnet.**

Die Biologie beschäftigt sich mit Lebewesen

1 Kennzeichen der Lebewesen

Im Folgenden sind nur Beispiele angegeben:

Von Tieren, Menschen und Pflanzen

Seite 10–12

1 Lege in deinem Biologieheft eine Tabelle nach folgendem Muster an! Vervollständige die Zeile zum Menschen, indem du eine seiner Eigenschaften nennst, durch die das jeweilige Kennzeichen deutlich wird!

	Bewegung	Reizbarkeit	Stoffwechsel	Fortpflanzung	Entwicklung	Wachstum
Mensch	gehen, laufen, springen, schwimmen	sehen, hören, riechen, schmecken, spüren	Aufnahme von Nahrung und Ausscheidung von Abfallstoffen; Aufnahme von Sauerstoff und Abgabe von Kohlenstoffdioxid	Schwangerschaft und Geburt	Entwicklung vom Mädchen zur Frau und vom Jungen zum Mann	Körperwachstum vom Säugling zum Erwachsenen

2 Ergänze in der für Aufgabe 1 angelegten Tabelle zwei Tiere deiner Wahl! Erweitere die Tabelle hierzu um zwei Zeilen und fülle diese aus!

	Bewegung	Reizbarkeit	Stoffwechsel	Fortpflanzung	Entwicklung	Wachstum
Papagei	fliegen laufen	hören	Aufnahme von Nahrung und Ausscheidung von Abfallstoffen	Eier legen	vom Ei zum Vogel	vom geschlüpften Jungvogel zum ausgewachsenen Papagei
Goldfisch	schwimmen	sehen	Aufnahme von Nahrung und Ausscheidung von Abfallstoffen	Eizellen in das Wasser abgeben, wo sie von Spermienzellen befruchtet werden	vom Ei zum Fisch	vom Jungfisch zum ausgewachsenen Goldfisch

3 Ergänze in der für Aufgabe 1 auf Seite 11 angelegten Tabelle eine Pflanze deiner Wahl!

	Bewegung	Reizbarkeit	Stoffwechsel	Fortpflanzung	Entwicklung	Wachstum
Gänseblümchen	Blüte öffnen und schließen	hell und dunkel und Feuchtigkeit wahrnehmen	Aufnahme von Kohlenstoffdioxid und Abgabe von Sauerstoff	Samen bilden	vom Samen zur Pflanze	vom Keimling zum Gänseblümchen

4 Erläutere ein Kennzeichen der Lebewesen! Beziehe dich dabei auf Tiere, Menschen und Pflanzen!
Im Folgenden ist die Lösung für das Kennzeichen Reizbarkeit angegeben:
Reizbarkeit ermöglicht es Tieren, Menschen und Pflanzen, dass sie ihre Umwelt wahrnehmen können.
Auf die wahrgenommenen Reize können die Lebewesen dann reagieren. Hunde können besonders gut riechen, während Menschen sehr gut sehen können. Pflanzen können zum Beispiel wahrnehmen, ob es hell oder dunkel ist.

Seite 13 (Material)

Material A – Lebendig oder nicht lebendig?

A1 Diskutiere mit deinem Tischnachbarn, ob es sich bei den Fotos jeweils um ein Lebewesen handelt!
Lebewesen: Kirschstein, Moos, Salatkopf;
kein Lebewesen: Kerze, Roboter, leeres Schneckengehäuse

A2 Zu Aufgabe 1 auf Seite 11 hast du bereits eine Tabelle angelegt. Erweitere diese Tabelle um die Beispiele Kerze, Kirschstein und Roboter!
siehe Tabelle unten

Material B – Kennzeichen der Lebewesen

B1 Nenne die Kennzeichen der Lebewesen, die auf den Fotos zu sehen sind!
A: Bewegung, *B:* Fortpflanzung, *C:* Reizbarkeit

B2 Die Mimose in Abbildung C kann nicht wie das Reh oder die Maus laufen. Erkläre, weshalb Pflanzen trotzdem das Kennzeichen Bewegung besitzen!
Die Mimose kann ihre Blätter nach Berührung schnell einklappen und führt dadurch kleine Bewegungen aus. Somit zeigt auch die Mimose das Kennzeichen Bewegung.

	Bewegung	Reizbarkeit	Stoffwechsel	Fortpflanzung	Entwicklung	Wachstum
Kerze	kann sich bewegen	reagiert zum Beispiel auf Luftzug	verbraucht Wachs und Sauerstoff, gibt Kohlenstoffdioxid ab	nein	nein	nein
Kirschstein	kann sich als Keimling zum Licht wenden	kann als Keimling Licht wahrnehmen	verbraucht gespeicherte Nährstoffe und Sauerstoff und gibt Kohlenstoffdioxid ab	entwickelter Baum bildet wiederum Kirschsteine	aus dem Kirschstein entwickelt sich der Keimling	keimt und wächst zum Baum
Roboter	laufen	zum Beispiel Lichtwahrnehmung über Sensoren	verbraucht zum Beispiel bei eigenem Motor Brennstoff und Sauerstoff und gibt Kohlenstoffdioxid ab	nein	nein	nein

2 Das System der Lebewesen

Vielfalt lässt sich ordnen

Seite 14–18

1 Erstelle eine Gliederung der Lebewesen nach Domänen und Reichen!
siehe Abbildung rechts (ohne die grau markierten Begriffe)

2 Ordne die Lebewesen der Abbildung 01 in deine Gliederung ein, und begründe deine Einordnung!
Zum *Tierreich* gehören: Wespenspinne, Wespe, Ringelnatter und Regenwurm. Sie können sich alle fortbewegen und ernähren sich von pflanzlichen oder tierischen Stoffen.
Zum *Pflanzenreich* gehören: Farn und Wilde Möhre. Erkennbar sind die Organe Sprossachse und Blatt, aus denen Pflanzen unter anderem bestehen.

3 Ergänze deine Gliederung aus Aufgabe 1 um die noch fehlenden Reiche!
siehe Abbildung unten (mit den grau markierten Begriffen)

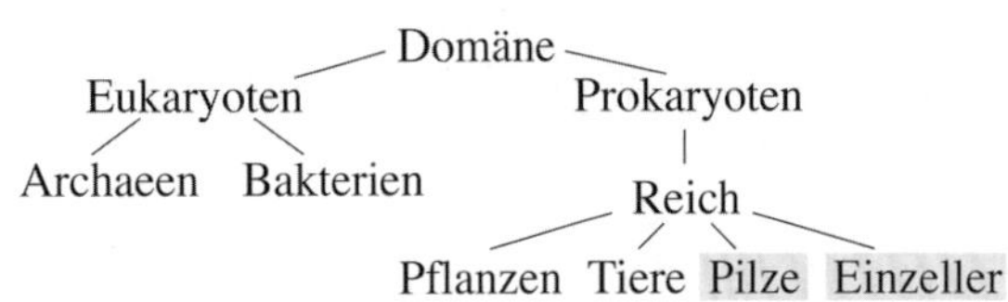

4 Erweitere das Schaubild in Abbildung 06, indem du die abgebildeten Lebewesen der Seiten 15 und 16 den entsprechenden Domänen und Reichen zuordnest!
Die *Wiesen-Champignons* gehören zum Reich der Pilze, die *Amöbe* wird dem Reich der Einzeller zugeordnet. Beide Reiche gehören zur Domäne der Eukaryoten. *Bakterien* gehören zur Domäne Bakterien.

Seite 19 (Material)

Material A – Tiere ordnen

A1 Ordne die abgebildeten Tiere auf zwei unterschiedliche Weisen in von dir gewählte Gruppen!
Es sind verschiedene Einteilungen möglich. Im Folgenden sind zwei Varianten angegeben.
Variante 1: Vergleichskriterium Lebensraum;
Gruppenname Landtiere: Luchs, Ameise;
Gruppenname Wassertiere: Karpfen, Schweinswal, Teichmolch;
Gruppenname Lufttiere: Fledermaus, Zitronenfalter, Kohlmeise.
Variante 2: Vergleichskriterium Wirbelsäule;
Gruppenname Wirbeltiere: Karpfen, Fledermaus, Teichmolch, Kohlmeise, Luchs, Schweinswal;
Gruppenname Wirbellose: Ameise, Zitronenfalter.

A2 Nenne jeweils die Gruppennamen und das Vergleichskriterium!
Variante 1: Das Vergleichskriterium ist der Lebensraum. Die Gruppennamen lauten Landtiere, Lufttiere und Wassertiere.
Variante 2: Das Vergleichskriterium ist die Wirbelsäule. Die Gruppennamen lauten Wirbeltiere und Wirbellose.

A3 Entscheide, ob du jeweils kriterienstet oder kriterienunstet geordnet hast! Begründe deine Entscheidung!
Sowohl bei Variante 1 als auch bei Variante 2 wurde kriterienstet geordnet, denn es wurde jeweils nur ein Vergleichskriterium herangezogen, sodass eine eindeutige Zuordnung möglich ist.

Material B – Ordnungssysteme von Fischen

B1 Stelle den Unterschied zwischen kriteriensteten und kriterienunsteten Ordnungssystemen dar!
Kriterienstete Ordnungssysteme haben nur *ein* Vergleichskriterium, sodass eindeutige Zuordnungen möglich sind. Kriterienunstete Ordnungssysteme haben Gruppen mit unterschiedlichen Vergleichskriterien, sodass Zuordnungen nicht immer eindeutig sind.

B2 Beurteile, ob es sich in den Abbildungen A bis C jeweils um ein kriterienstetes oder kriterienunstetes System handelt!
Die Ordnungssysteme A und C sind kriterienunstet, denn es wurden jeweils zwei Vergleichskriterien herangezogen. Bei Ordnungssystem A sind es die Vergleichskriterien Muster und Färbung der Fische. Bei Ordnungssystem C sind es die Vergleichskriterien Körperform und Flossenform der Fische. Das Ordnungssystem B ist kriterienstet, denn es wurde nur ein Vergleichskriterium, die Ernährungsweise, herangezogen.

B3 Stelle für eines der Ordnungssysteme eine Vermutung auf, welches Ziel es erfüllen könnte! Berücksichtige dabei, für wen es nützlich sein könnte!
Die Einteilung nach Muster und Färbung der Fische beziehungsweise nach ihrer Körperform und Flossenform könnte für Züchter nützlich sein, um Fische mit einem veränderten Aussehen zu züchten.
Die Einteilung nach der Ernährungsweise in Ordnungssystem B könnte von Fischhändlern genutzt werden, um durch Zählung der jeweiligen Fische die benötigten Futtermengen zu bestimmen.

Säugetiere lassen sich ordnen

Seite 20–22

1 Nimm Stellung zur Aussage: „Luchs und Tiger sind verwandt“! Nimm die Abbildung 02 auf Seite 21 zu Hilfe!
Luchs und Tiger gehören zu den Säugetieren. Innerhalb der Säugetiere zählt man sie zur Ordnung der Raubtiere, da sie ein Fleischfressergebiss besitzen. Luchs und Tiger weisen zusätzlich die typischen Merkmale der Katzen auf. Aufgrund der Körpergröße gehört jedoch der Luchs zu den Kleinkatzen, während der Tiger zu den Großkatzen zählt. Dennoch zeigen sie viele gemeinsame Merkmale. Daraus kann man schließen, dass Luchs und Tiger miteinander verwandt sind.

2 Erläutere, weshalb Jaguar und Gepard trotz vieler Gemeinsamkeiten jeweils eine eigene Art sind!
Jaguar und Gepard können sich nicht untereinander fortpflanzen und sie können keine fruchtbaren Nachkommen haben, wenn sie sich miteinander paaren würden. Deshalb sind sie jeweils eine eigene Art.

Seite 23 (Material)

Material A – Säugetiere vergleichen und ordnen

A1 Vergleiche die Schädel von Feldmaus, Spitzmaus und Eichhörnchen miteinander!
Die Schädel von Feldmaus, Spitzmaus und Eichhörnchen unterscheiden sich in ihrer Form. Während Feldmaus und Eichhörnchen eine eher kurze und gedrungene Schädelform besitzen, hat die Spitzmaus einen länglichen und eher flachen Schädel. Unterschiede und Gemeinsamkeiten sind auch in der Anordnung, Form und Anzahl der Zähne zu erkennen.

A2 Erstelle für diese Tiere jeweils eine Zahnformel und vergleiche sie!

Feldmaus:

Oberkiefer

3	0	1	1	0	3
3	0	1	1	0	3

Unterkiefer

Spitzmaus:

Oberkiefer

5	1	3	3	1	5
4	1	1	1	1	4

Unterkiefer

Eichhörnchen:

Oberkiefer

5	0	1	1	0	5
4	0	1	1	0	4

Unterkiefer

Die Zahnformel der Feldmaus zeigt viele Gemeinsamkeiten mit der Zahnformel des Eichhörnchens. Diese beiden Tiere haben jeweils zwei Schneidezähne im Ober- und Unterkiefer. Es sind keine Eckzähne vorhanden. Die Anzahl der Backenzähne ist jedoch unterschiedlich. Während die Feldmaus im Ober- und Unterkiefer jeweils sechs Backenzähne hat, besitzt das Eichhörnchen im Oberkiefer zehn und im Unterkiefer acht Backenzähne. Die Zahnformel der Spitzmaus unterscheidet sich von der Zahnformel der Feldmaus und des Eichhörnchens. Die Spitzmaus hat zwar die gleiche Anzahl an Backenzähnen wie das Eichhörnchen, besitzt aber im Ober- und Unterkiefer jeweils zwei Eckzähne. Im Oberkiefer hat sie außerdem sechs und im Unterkiefer zwei Schneidezähne. Hierin unterscheidet sie sich auch von der Feldmaus.

A3 Ordne mithilfe des Vergleichs der Zahnformeln die Tiere jeweils ihrer Ordnung zu! Nimm die Abbildung 02 auf Seite 21 zu Hilfe!

Feldmaus – Ordnung der Nagetiere

Spitzmaus – Ordnung der Insektenfresser

Eichhörnchen – Ordnung der Nagetiere

Zusatzinformation: Spitzmäuse zeigen in ihrem Körperbau eine große Ähnlichkeit mit den echten Mäusen. Sie gehören aber nicht zur Ordnung der Nagetiere, sondern zur Ordnung der Insektenfresser. Verschiedene Spitzmausarten können unterschiedliche Zahnformeln haben. Diese Zahnformeln unterscheiden sich vor allem in der Anzahl der Backenzähne voneinander. Sie können auch von der typischen Zahnformel eines Insektenfressers, wie zum Beispiel dem Maulwurf oder der Fledermaus, abweichen. Dennoch gehört die Spitzmaus zu den Insektenfressern.

Material B – Meerestiere vergleichen

B1 Beschreibe Gemeinsamkeiten und Unterschiede von Schwertwal und Walhai! Nimm die Abbildungen und die Steckbriefe zu Hilfe!

Schwertwal und Walhai sind jeweils Meeresbewohner, wobei der Walhai im Gegensatz zum Schwertwal nur in warmen Ozeanen vorkommt. Mit ihren stromlinienförmigen Körpern sind beide Tiere an die Fortbewegung im Wasser gut angepasst. Ermöglicht wird die Fortbewegung durch die Flossen der Meerestiere, wobei Unterschiede in der Form erkennbar sind. Besonders auffällig ist die waagerechte Schwanzflosse des Schwertwals im Vergleich zur senkrechten Schwanzflosse des Walhais. Während der Schwertwal in Gruppen lebt und diese Gruppen gemeinsam Fische, Robben, Pinguine und Delfine jagen, lebt der Walhai als Einzelgänger und ernährt sich vorwiegend von pflanzlichen und tierischen Kleinstlebewesen und kleinen Meerestieren. Schwertwal und Walhai unterscheiden sich auch in der Art und Weise, wie sie atmen. Der Walhai atmet mit Kiemen, der Schwertwal mit einer Lunge.

B2 Ordne den Schwertwal einer Gruppe von Tieren zu! Nimm die Abbildung 02 auf Seite 21 zu Hilfe!

Der Schwertwal ist ein Säugetier und kann der Ordnung der Wale zugeordnet werden.

B3 Nimm Stellung zum Namen Walhai!

Der Walhai ist ein Hai. Er atmet mit Kiemen und gehört zu den Fischen. Ein Wal hingegen atmet mit der Lunge und ist ein Säugetier. Der Name Walhai ist somit irreführend.

Zusatzinformation:

Der Walhai ist der größte noch lebende Hai und zurzeit der größte bekannte lebende Fisch. Seine Körpergröße reicht an die Ausmaße verschiedener Wale heran, woher auch der Name kommt.

3 Vielfalt bei Wirbellosen

Der Regenwurm – ein Ringelwurm

Seiten 24–26

1 Zeichne einen Regenwurm in dein Biologieheft! Beschrifte das Vorderende, das Hinterende, die Borstenpaare und den Gürtel!

Die Schülerinnen und Schüler zeichnen einen Regenwurm in ihr Biologieheft. Sie beschriften das rundliche Vorderende, das etwas abgeflachte Hinterende, die bauchseits und seitlich gelegenen vier Borstenpaare exemplarisch an einigen Segmenten (außer an Segment 1) und den Gürtel.

Zusatzinformation: Der Gürtel befindet sich im Segmentbereich 32–37. Er ist von Februar bis August vorhanden und, je nach Jahreszeit, besser oder schlechter zu erkennen.

2 Nenne Angepasstheiten des Regenwurms an seinen Lebensraum!

Der Regenwurm zeigt folgende Angepasstheiten an seinen Lebensraum:

- Regenwürmer haben eine wurmförmige Gestalt und ein Hydroskelett, das sich für die Fortbewegung im Boden eignet.
- Pro Segment sind vier Borstenpaare vorhanden. Damit kann sich der Regenwurm im und auf dem Boden verankern.
- Die Mundöffnung ist so gebaut, dass der Regenwurm sich durch festes Erdreich fressen kann, aber auch sich zersetzende Laubblätter von der Bodenoberfläche in seine Wohnröhre ziehen kann.
- Über die gesamte Körperoberfläche verteilt liegen Sinneszellen. So kann nicht nur das Vorderende, sondern der gesamte Körper im Erdreich und auf der Bodenoberfläche Reize wahrnehmen.
- Regenwürmer atmen mit der gesamten Körperoberfläche. Das erleichtert ihnen, auch im Boden Sauerstoff aufzunehmen und Kohlenstoffdioxid abzugeben.

3 Erkläre den Begriff „Zwitter"!

Der Begriff „Zwitter" bedeutet, dass Lebewesen sowohl Spermienzellen als auch Eizellen bilden. Regenwürmer sind daher Zwitter. Sie tauschen bei der Paarung Spermienzellen aus, um ihre eigenen Eizellen zu befruchten.

Seite 27 (Material)

Material A – Bedeutung des Regenwurms

A1 Beschreibe das Säulendiagramm!

Im Säulendiagramm ist dargestellt, wie viel Kot von Regenwürmern auf einer bestimmten Oberfläche in Gramm pro Quadratmeter während der Monate eines Jahres zu finden ist. Die Kotmenge ist im Januar am geringsten (etwa 6 g pro m^2), steigt im Frühjahr stark an und erreicht die größte Menge im Juni (500 g pro m^2). Im Juli ist sie dann wieder etwa so gering wie im Mai und fällt im August und September unter den Wert vom April. Im Oktober steigt die Kotmenge auf etwa 270 g pro m^2 an und fällt dann bis zum Dezember auf 20 g pro m^2 ab, etwa so wie im Januar.

A2 Stelle Vermutungen an, weshalb die von Regenwürmern produzierte Kotmenge im Jahresverlauf unterschiedlich groß ist!

Die unterschiedlichen Kotmengen an der Bodenoberfläche sind vermutlich dadurch zu erklären, dass die Regenwürmer unterschiedlich aktiv sind. Wenn sie wenig fressen, scheiden sie auch wenig aus.

Es ist gut vorstellbar, dass die Regenwürmer im Winter nur sehr wenig aktiv sind, weil sie sich bei geringer Temperatur nur schwer fortbewegen können. Ganz ausgeschlossen ist es, Kot an der Bodenoberfläche abzusetzen, wenn der Boden gefroren ist.

Die im Vergleich zum Juni und Juli geringen Kotmengen im August und September könnten darauf zurückzuführen sein, dass die Lebensbedingungen für ein Feuchtlufttier wie den Regenwurm in diesen Monaten nicht günstig sind. Es ist zu trocken.

Im Säulendiagramm ist nur der Kot berücksichtigt, den die Regenwürmer an der Oberfläche absetzen. Denkbar ist es, dass sie auch in den Monaten, in denen nur wenig Kot an der Oberfläche zu finden ist, aktiv sind, aber sich in tieferen Bodenschichten aufhalten und dort ihren Kot abgeben.

Gestufte Hilfe: Bedenke, dass die Regenwürmer nur Kot absetzen, wenn sie auch gefressen haben. Überlege, zu welchen Jahreszeiten es für Regenwürmer schwierig sein könnte, zu fressen.

A3 Vergleiche die Ernteerträge in der Tabelle miteinander und erläutere sie mithilfe der Lebensweise der Regenwürmer!

Ernteerträge von Böden ohne Regenwürmer sind deutlich geringer als Ernteerträge in Böden mit Regenwürmern. Dies gilt sowohl für die Menge der Getreidehalme (7 zu 10 Gramm) als auch für die Zahl der Getreidekörner (58 zu 106 Getreidekörner).

Dadurch, dass Regenwürmer Blätter fressen und aus ihrem Kot sehr fruchtbare Erde entsteht, erhöhen sich die Ernteerträge. Außerdem verbessern die bis zu zwei Meter tiefen Wohnröhren durch Belüftung der Erde die Bodenqualität.

Zusatzinformation: Die für solche Felduntersuchungen gängige Getreideart ist der Weizen. Andere Getreidearten ergeben einen vergleichbaren Nutzen der Regenwürmer durch deutlich höhere Erträge.

Material B – Fortbewegung des Regenwurms

B1 Beschreibe mithilfe der Abbildung Veränderungen des Regenwurmkörpers während der Fortbewegung!
Bei der Fortbewegung werden immer wieder andere Abschnitte des Regenwurms dicker oder dünner.
Beschreibung am Beispiel der Bewegungsstadien 1 bis 5:
Im Stadium 1 ist das Vorderende dick. Der Wurm streckt dann in den Stadien 2 bis 5 sein Vorderende vor, indem er die Ringmuskeln des Vorderendes verkürzt. Dadurch wird das Vorderende dünner und länger, und es schiebt sich nach.

Gestufte Hilfe: Beschreibe die Veränderungen des Körpers am Beispiel der Stadien 1 bis 5.

B2 Erläutere, welche Muskulatur im dunkelroten und hellroten Bereich jeweils aktiv ist!
Im dunkelroten Bereich sind die Ringmuskeln aktiv. Sie haben sich zusammengezogen und dadurch den Körperabschnitt dünner gemacht. Im hellroten Bereich sind die Längsmuskeln aktiv. Sie haben sich zusammengezogen und dadurch den Körperabschnitt dicker und kürzer gemacht.

Gestufte Hilfe: Stelle zunächst fest, ob der Körper im hellroten oder dunkelroten Bereich dicker oder dünner geworden ist. Überlege dann, welche Muskeln zusammengezogen werden, wenn ein Regenwurm einen Körperabschnitt dicker beziehungsweise dünner macht.

B3 Erkläre die Fortbewegung des Regenwurms! Erläutere an diesem Beispiel den Zusammenhang zwischen Körperbau und Fortbewegung des Regenwurms!
Die Fortbewegung lässt sich an den Bewegungsstadien 1 bis 7 gut erklären.
Im Stadium 1 ist das Vorderende verdickt. In den Stadien 2 bis 5 macht der Regenwurm das Vorderende dünner. Dadurch schiebt es sich nach vorne. Gleichzeitig macht der Wurm größere Bereiche im vorderen Teil seines Körpers dicker. Dadurch zieht er weiter hinten liegende Körperabschnitte nach vorne. In den Bewegungsstadien 6 und 7 verdickt er das Vorderende wieder und zieht dadurch den dahinter liegenden Körperteil nach. Die an jedem Segment sitzenden Borsten verhindern, dass ein vorgeschobener Körperabschnitt bei der Fortbewegung wieder zurückrutscht.
Wenn ein Körperbereich dünner wird, schiebt er sich nach vorne, wenn er dicker wird, zieht er Körperbereiche nach vorne.

Gestufte Hilfe: Erkläre die Bewegungen an den Stadien 1 bis 7. Überlege, wie sich ein Körperabschnitt bewegt, wenn er dünner wird und wie er sich bewegt, wenn er dicker wird. Berücksichtige auch, wie verhindert wird, dass der Regenwurm bei der Fortbewegung zurückrutscht.

Zusatzinformation: An diesem Beispiel lässt sich das Basiskonzept „Struktur-Eigenschaft-Funktion" anbahnen: Der Hautmuskelschlauch ist so gebaut, er hat eine solche Struktur, dass er die Aufgabe der Fortbewegung erfüllen kann. Diese Funktion wird möglich, weil die Ringmuskeln den Körper dünner und die Längsmuskeln ihn dicker machen können.

Material C – Ringelwürmer

C1 Informiere dich in Lexika, Tierbüchern oder Internet über den Blutegel und den Wattwurm! Notiere Merkmale dieser Ringelwürmer wie Aussehen, Lebensraum und Nahrung jeweils in einem Steckbrief! Berücksichtige dabei jeweils auch eine Besonderheit!

Im Steckbrief des Blutegels sollte enthalten sein:

Aussehen: geringelter Körper, an beiden Körperenden je einen Saugnapf, grün-braun gefärbt mit sechs rötlichbraunen Längsstreifen und schwarzen Flecken auf dem gelb-grünen Bauch;
Größe: bis zu 15 cm lang;
Lebensraum: stehende Gewässer (Teiche und Seen, auch kleine, flache Gewässer);
Ernährung: während der Jugendzeit vorwiegen Amphibien, aber auch wirbellose Tiere; als älteres Tier schneidet der Blutegel mit seinem Vorderende Wunden in die Haut von Säugetieren und saugt das Blut auf;
Besonderheit: Blutegel werden in der Medizin eingesetzt. Wenn sie Blut saugen geben sie eine Flüssigkeit in die Wunde ab, die verhindert, dass das Blut fest wird. Blutegel werden daher genutzt, um bei einem Patienten Blutklumpen aufzulösen oder zu verhindern, dass das Blut in den Adern fest wird. Nach einer Blutmahlzeit kann ein Blutegel bis zu eineinhalb Jahren hungern, ohne zu sterben. Er kann 30 Jahre alt werden.

Im Steckbrief des Wattwurms sollte enthalten sein:

Aussehen: grün-rötlicher, wurmförmiger Körper. Der Kopf besitzt einen ausstreckbaren Rüssel, der mittlere Körperbereich trägt büschelige Kiemen, der hintere Körperteil ist deutlich dünner;
Größe: bis zu 30 Zentimeter lang
Lebensraum: Watt der Nordsee, der westlichen Ostsee, des Ärmelkanals und des Atlantiks, im Mittelmeer selten
Ernährung: frisst Sand und ernährt sich von den darin enthaltenen Kleinstlebewesen und Resten anderer Lebewesen;
Besonderheit: wird von Anglern gerne als Köder benutzt; lebt in einem U-förmigen Gang, in dem er einen Wasserstrom erzeugt. Die hintere Öffnung des Wohnrohrs wird

von der aufgeringelten Kotwurst bedeckt (diese Kothäufchen sind im Watt gut sichtbar).
Zusatzinformation: Der Blutegel (Hirudo medicinalis) besitzt 33 Segmente, die sekundär geringelt sind. Daher scheint er aus deutlich mehr Segmenten zu bestehen. Die Haftscheibe am Hinterende wird aus sieben Segmenten gebildet. Innerhalb des vorderen Saugnapfes liegt die Mundöffnung. Auch der Wattwurm (Arenicola marina) weist eine sekundäre Ringelung der Segmente auf.

Gestufte Hilfe: Nimm die Anleitung zur Erstellung eines Steckbriefs auf Seite 26 zu Hilfe. Du kannst die Reihenfolge der Aussagen des Steckbriefs verändern, wenn es dir sinnvoll erscheint.

Die Weinbergschnecke – ein Weichtier

Seite 28–30

1 Gib an, welche Körperbereiche der Schnecke sich innerhalb beziehungsweise außerhalb der Schale befinden!
Wenn sich die Schnecke fortbewegt, liegen der Kopf mit den Sinnesorganen, der Mundöffnung, der Zunge und der Radula außerhalb der Schale. Auch der Fuß mit dem darin liegenden Abschnitt des Darms und der Muskulatur, der Magen und die Schleimdrüse liegen bei der Fortbewegung außerhalb der Schale. Alle anderen Körperbereiche liegen in der Schale.
Innerhalb der Schale liegen: die Lunge, das Herz, die Niere, die Fortpflanzungsorgane, ein großer Teil des Darms, die Mitteldarmdrüse und der obere Teil des Rückziehmuskels.

2 Nenne die Sinnesorgane der Schnecke und ihre Aufgaben!
Kurze Fühler: Mit ihnen kann die Schnecke schmecken und tasten.
Lange Fühler: Sie tragen an ihren Enden die Augen.
Gesamte Haut: In ihr liegen verschiedene Sinnesorgane, zum Beispiel solche, die zur Wahrnehmung von Berührungen dienen.

3 Begründe, weshalb die Schnecke nur bei Regen, in der Dämmerung und nachts auf Nahrungssuche geht!
Schnecken sind Feuchtlufttiere. Sie müssen Wasserverlust vermeiden. Nachts, in der Dämmerung sowie bei Regen ist der Boden und die Luft kühler und feuchter als tagsüber und im Sonnenschein. Die Schnecke geht daher nur zu diesen Zeiten auf Nahrungssuche.

Seite 31 (Material)

Material A – Fortbewegung der Schnecke

A1 Beschreibe die Fußsohle der kriechenden Schnecke auf einer Glasplatte!
Die Fußsohle ist abgeflacht. Auf der Fußsohle verlaufen quer zur Fortbewegungsrichtung dunkle, schmale Streifen. Dazwischen liegen breitere, helle Querstreifen. Der Rand der Fußsohle ist ebenfalls hell.
Zusatzinformation: Dort, wo die Fußsohle durch eine wellenartige Muskelbewegung von der Glasplatte abgehoben ist, erscheint sie dunkler als in den Bereichen, wo sie Kontakt zur Glasplatte hat.

A2 Erläutere mithilfe eines Papierstreifens die Fortbewegung einer Schnecke!
Die Schnecke hebt das Hinterende der Kriechsohle leicht an, zieht es ein kleines Stück zusammen und setzt das Ende der Kriechsohle etwas weiter vorne wieder auf. Diese Bewegung setzt sich wie eine Welle von hinten nach vorn fort und bewegt die Schnecke ein kleines Stück nach vorne.

Gestufte Hilfe: Stelle genau fest, wo sich der Bereich des Papierstreifens befindet, der gerade nach oben gebogen ist, wenn er wieder Kontakt mit der Auflagefläche erhält.

A3 Erläutere, was durch den Modellversuch mit dem Papierstreifen nicht erklärt werden kann!
Der Modellversuch erklärt nicht, dass mehrere wellenartige Muskelbewegungen gleichzeitig von hinten nach vorne über die Kriechsohle laufen. Er stellt nur die Bewegung einer einzigen Welle dar. Er erklärt ebenfalls nicht, wodurch die Wellenbewegungen zustande kommen, nämlich durch Muskeln.

Gestufte Hilfe: Vergleiche die dunklen und hellen Streifen in Abbildung A mit dem Modell.

Zusatzinformation: Durch den dauerhaften Kontakt des Saums mit dem Untergrund entsteht zwischen Untergrund und Fußsohle ein Unterdruck. Dieser Unterdruck ist durch den Modellversuch ebenfalls nicht erklärbar. Er unterstützt die Fortbewegung auf dem Untergrund.

Material B – Schnecke beim Fressen

B1 Ordne den Zahlen die entsprechenden Fachbegriffe zu!
1 = Radula, **2** = Zunge, **3** = Mund, **4** = Oberkiefer, **5** = Muskeln, **6** = Schlund

B2 Beschreibe die unterschiedlichen Vorgänge in den Abbildungen A und B!
In *Abbildung A* liegt die Zunge mit der Radula in der Mundhöhle. Die Schnecke bewegt sich auf einem Blatt.
In *Abbildung B* hat die Schnecke die Zunge aus dem Mund herausgestreckt und presst sie auf das Blatt. Die Radula wird hin und her gezogen. So können die Chitinzähnchen der Radula Pflanzenteilchen von der Blattoberfläche abraspeln. Sie werden dann durch den Mund zum Schlund transportiert.

Gestufte Hilfe: Beachte in der Abbildung B die Lage des Organs, das in Abbildung A mit 1 bezeichnet ist. Achte auch auf den schwarzen Pfeil. Er gibt Bewegungsrichtungen an.

Zusatzinformation: Im Gegensatz zum Schaufelradbagger bewegt sich die Radula nur so lange in Richtung Schlund, bis die Zunge mithilfe von Muskeln die gesamte Radula über das Blatt gezogen hat. Dann muss die Radula mittels anderer Muskeln in den Ausgangszustand gebracht werden und der Vorgang beginnt von neuem.

Material C – Weitere Schneckenarten

C1 Informiere dich in Lexika, Tierbüchern oder im Internet über den jeweiligen Lebensraum der abgebildeten Schnecken!
- ***Hain-Schnirkelschnecke (Cepaea nemoralis):*** lebt an Büschen, Bäumen und krautigen Pflanzen in Gärten, Parks und in Hochstaudenfluren,
- ***Rote Wegschnecke (Arion rufus):*** lebt in Gärten, an frischen Pflanzen und Früchten,
- ***Sumpfdeckelschnecke (Viviparus contectus):*** lebt in pflanzenreichen Weihern, Gräben, Altwassern und Flachmooren,
- ***Wellhornschnecke (Buccinum undatum):*** lebt an der Küste des Nordatlantiks, der Nordsee und der westlichen Ostsee in 5 bis 200 Metern Tiefe auf unterschiedlichen Böden

Zusatzinformation: Leere Schalen der Wellhornschnecke werden häufig von Einsiedlerkrebsen als Behausung verwendet.

C2 Ordne die Schnecken der Gruppe der Lungenschnecken oder der Kiemenschnecken zu! Begründe deine Zuordnung!
- *Hain-Schnirkelschnecke:* lebt an Land und gehört daher zu den Lungenschnecken,
- *Rote Wegschnecke:* lebt an Land und gehört daher zu den Lungenschnecken,
- *Sumpfdeckelschnecke:* lebt im Süßwasser und gehört daher zu den Kiemenschnecken,
- *Wellhornschnecke:* lebt im Salzwasser und gehört daher zu den Kiemenschnecken

Zusatzinformation: Neben der großen Anzahl an Kiemenschnecken in Salz- und Süßgewässern gibt es in heimischen Gewässern mehrere Arten von Wasserlungenschnecken, z.B. die Spitzschlammschnecke (Lymnaea stagnalis) oder die Posthornschnecke (Planorbarius corneus), die ihren Luftvorrat immer wieder an der Wasseroberfläche erneuern müssen.

C3 Nenne weitere Tiere, die über Kiemen atmen!
Fischarten (Bachforelle, Haiarten usw.), Kaulquappen (z.B. von Erdkröten, Grasfröschen, Laubfröschen), Flusskrebs, Larven der Libellen

Die Honigbiene – ein Insekt

Seiten 32–34

1 Erkläre den Begriff Insekt!
Der Begriff ist aus dem Lateinischen hergeleitet. Er bedeutet „eingeschnitten“, „eingekerbt“. Ein Insekt ist ein wirbelloses Tier, dessen Körper deutliche Einkerbungen zeigt. Die Einkerbungen trennen die Körperteile Kopf, Brust und Hinterleib voneinander. Das Fremdwort Insekt entspricht dem deutschen Wort „Kerbtier“.
Zusatzinformation: Insekten gehören zu den häufigsten Tieren. Von den mehr als eine Million bekannten Tierarten sind zwei Drittel Insektenarten.

2 Vergleiche die vollständige mit der unvollständigen Verwandlung! Nenne dabei Gemeinsamkeiten und Unterschiede!
Gemeinsamkeiten:
- Beide Entwicklungstypen verlaufen über die Stadien Ei, Larve und Vollinsekt.
- Die Larven unterscheiden sich von den erwachsenen Vollinsekten.
- Die Larven sind nicht fortpflanzungsfähig und besitzen keine Flügel.
- Die Larven fressen ständig, wachsen und häuten sich mehrfach. Das Larvenstadium ist hauptsächlich ein Fress- und Wachstumsstadium.
- Die erwachsenen Vollinsekten sind fortpflanzungsfähig und wachsen nicht mehr weiter.

Unterschiede:
- Die Larven der Insekten mit vollständiger Verwandlung unterscheiden sich grundlegend von den Vollinsekten und sehen ihnen nie ähnlich, während die Larven der Insekten mit unvollständiger Verwandlung bei manchen Insektengruppen ihren Elterntieren äußerlich ähneln können, bei anderen Insektengruppen jedoch nicht.
- Insekten mit vollständiger Verwandlung durchlaufen in ihrer Entwicklung immer ein Puppenstadium, Insekten mit unvollständiger Verwandlung nie.

Zusatzinformation: Die unvollständige Metamorphose ist charakteristisch für urtümliche Insektengruppen, die vollständige Metamorphose typisch für weiterentwickelte Insektengruppen.

Seite 35 (Material)

Versuch A – Mehlkäferzucht

A1 Ordne den Zahlen die richtigen Begriffe zu!
1 = mittelgroßer Mehlwurm, **2** = großer Mehlwurm, **3** = leere Chitinhülle eines Mehlwurms (vermutlich nach dessen Häutung), **4** = Puppe, **5** = Mehlkäfer
Zusatzinformation: Der Entwicklungszyklus des Mehlkäfers beträgt je nach Temperatur und Nahrungsangebot etwa sechs bis acht Monate.

Die Entwicklung dauert ungefähr
- *im Ei: eine Woche,*
- *als Larve: vier bis fünf Monate,*
- *während der Puppenruhe: 14 Tage.*
- *Das Leben eines Käfers währt rund drei Monate.*

A2 Der Mehlwurm ein Wurm? Nimm Stellung zum Begriff Mehlwurm!
Der Begriff „Mehlwurm" ist wahrscheinlich falsch. Der Mehlwurm sieht ähnlich aus wie eine Larve des Maikäfers und trägt ebenfalls sechs gegliederte Beine. Es entwickelt sich ein Käfer aus ihm. Deshalb wäre der Begriff Mehlkäferlarve besser als Mehlwurm.

Material B – Entwicklung bei Käfern und Schmetterlingen

B1 Nenne die Entwicklungsstadien, die in den Abbildungen nicht zu sehen sind!
Eier und Puppen

B2 Beschreibe, wovon sich Larven und Vollinsekten des Maikäfers und des Distelfalters ernähren!
- Maikäferlarven (Engerlinge) ernähren sich unterirdisch von Wurzeln, Maikäfer oberirdisch von Laubblättern.
- Distelfalterraupen fressen Pflanzenblätter, erwachsene Distelfalter saugen Blütennektar.

B3 Vergleiche die Ernährungsweise der Larven und Vollinsekten des Mehlkäfers und des Maikäfers miteinander!
Maikäferlarven und erwachsene Maikäfer ernähren sich unterschiedlich (Larven von Wurzeln, Käfer von Laubblättern), Mehlkäferlarven und erwachsene Mehlkäfer ernähren sich in gleicher Weise von Vollkornmehl.

B4 Stelle Vermutungen an, welchen Vorteil, aber auch welchen Nachteil es bieten kann, wenn sich Vollinsekten anders ernähren als ihre Larven!
- Möglicher Vorteil: Larven und Vollinsekten konkurrieren nicht um die gleiche Nahrung, sondern gehen sich aus dem Weg.
- Mögliche Nachteile: Vollinsekten müssen neue Nahrungsquellen finden. Die Suche danach kann riskant und Energie verschwendend sein. Dies wäre besonders der Fall, wenn die Vollinsekten sich nicht gut fortbewegen können oder die Larven im Nahrungsüberfluss gelebt haben, der auch von den Vollinsekten hätte genutzt werden können.

B5 Nenne Wirbeltiere, die in ihrer Entwicklung ebenfalls wie die Insekten ein Larvenstadium durchlaufen!
Amphibien (Lurche) durchlaufen bei ihrer Entwicklung ein Larvenstadium. Die Larven von Fröschen und Kröten werden Kaulquappen genannt.

Seite 36 (Methode)

1 Informiere dich über ein Insekt deiner Wahl! Nutze alle zur Verfügung stehenden Medien! Erstelle ein Poster!
individuelle Schülerlösung

4 Vielfalt bei Pflanzen

Blütenpflanzen lassen sich ordnen

Seite 40–44

1 Vergleiche die Blüten der Kirsche und der Heckenrose miteinander! Berücksichtige dabei die Anzahl der Kron- und Staubblätter sowie Form und Anzahl der Fruchtblätter!
Gemeinsamkeiten: Die Blüten der Kirsche und der Heckenrose bestehen aus 5 Kronblättern.
Unterschiede: Die Kirschblüte hat weiße Kronblätter, 30 Staubblätter und fünf miteinander verwachsene Fruchtblätter, die einen kleinen flaschenähnlichen Fruchtknoten bilden. Die Heckenrose besitzt rosa Kronblätter und bis zu 100 Staubblätter. Ihre Fruchtblätter können in Anzahl und Form ganz unterschiedlich aussehen.

2 Nenne Merkmale, die alle Arten der Familie der Kreuzblütler gemeinsam haben!
Alle Kreuzblütler haben Blüten, die aus vier Kron- und vier Kelchblättern bestehen. Die Kron- und Kelchblätter stehen sich kreuzförmig gegenüber. Im Blüteninneren findet man zwei kurze und vier lange Staubblätter und einen Stempel, der aus zwei Fruchtblättern entstanden ist. Die Früchte der Kreuzblütler sind Schoten. Eine Schote entsteht aus den zwei Fruchtblättern mit einer Mittelwand, an der die Samen sitzen.

3 Nenne die typischen Kennzeichen für die Pflanzenfamilien Lippenblütler und Schmetterlingsblütler!
Lippenblütler: Blüte zweiseitig symmetrisch; Kelchblätter zu einer Röhre verwachsen, ebenso die Kronblätter; obere Kronblätter bilden Oberlippe, untere die Unterlippe; vier oder weniger Staubblätter; Sprossachse hohl, vierkantig
Schmetterlingsblütler: Blüte zweiseitig symmetrisch; zwei Kronblätter zu Schiffchen verwachsen, in dem zehn Staubblätter und ein Stempel liegen; zwei Kronblätter

seitlich neben dem Schiffchen stehend (Flügel), ein großes Kronblatt nach oben ragend (Fahne);

4 Beschreibe, worin sich die Blütenstände von Kornblume und Löwenzahn unterscheiden!
Der Blütenstand der Kornblume enthält nur Röhrenblüten. Sie sind groß und blau. Der Löwenzahn hat in seinem Blütenstand nur Zungenblüten. Sie sind gelb gefärbt.

Seite 45 (Material)

Material A – Blütenformen

A1 Gib an, mit welcher Farbe die einzelnen Blütenteile im Blütendiagramm gekennzeichnet sind! Beachte, dass bei einer Blüte Kelch- und Kronblätter die gleiche Farbe haben!
grün: Kelchblätter
rot: Kronblätter
gelb: Staubblätter
blau: Stempel (Fruchtblätter)

A2 Ordne die abgebildeten Blüten den Blütendiagrammen zu! Begründe deine Zuordnung!
Die *Rapsblüte* ist dargestellt im Diagramm B.
Die Blüte des *Hahnenfuß* ist dargestellt im Diagramm A.
Die Blüte des *Bärlauchs* ist dargestellt im Diagramm C.
Die Blüten lassen sich nach folgenden Merkmalen den Diagrammen zuordnen:
Rapsblüte: Im Diagramm B erkennt man, dass vier Kron- und vier Staubblätter vorhanden sind.
Hahnenfußblüte: Im Diagramm A erkennt man, dass die Staubblätter sehr zahlreich und fünf Kron- und fünf Kelchblätter vorhanden sind.
Bärlauchblüte: Im Diagramm C erkennt man, dass drei Kron- und drei Kelchblätter vorhanden sind.

Gestufte Hilfen:
Hilfe 1: Achte vor allem auf die Anzahl der Blütenbestandteile.
Hilfe 2: Berücksichtige, dass beim Bärlauch die Kron- und Kelchblätter die gleiche Farbe haben.

Material B – Pflanzenfamilien

B1 Nenne die Abbildung, die einen Blütenstand zeigen, und diejenige, in der zweiseitig symmetrische Blüten zu sehen sind!
Ein Blütenstand ist zu sehen in der Abbildung C (Gänseblümchen).
Zweiseitig symmetrische Blüten sind dargestellt in den Abbildungen A (Zaunwicke) und D (Kleine Brunelle).

B2 Ordne die abgebildeten Blüten passenden Pflanzenfamilien zu! Begründe deine Zuordnung!
A (Zaunwicke): Schmetterlingsblütler
Begründung: Die Blüte ist zweiseitig symmetrisch. Die Kronblätter bilden ein Schiffchen, zwei Flügel und eine Fahne.
B (Walderdbeere): Rosengewächse
Begründung: Die Blüte hat fünf Kronblätter, zahlreiche Staubblätter (die Kelchblätter sind in der Abbildung nicht klar erkennbar; vermutlich sind ebenfalls fünf vorhanden)
C (Gänseblümchen): Korbblütler
Begründung: Das was in der Abbildung wie eine Blüte aussieht, ist ein Blütenstand. Er setzt sich aus gelben Einzelblüten zusammen, die von einem Kranz von Blüten eingerahmt werden, die lange, weiße Kronblätter tragen, die Zungenblüten.
D (Kleine Brunelle): Lippenblütler
Begründung: Die Blüte ist zweiseitig symmetrisch. Die Kronblätter bilden einen helmartigen oberen Bereich, die Oberlippe, und einen flachen unteren, die Unterlippe. Die Sprossachse ist vierkantig.

Gestufte Hilfe: Nimm die Darstellung der Merkmale der verschiedenen Pflanzenfamilien auf den Seiten 236 bis 238 zu Hilfe. Berücksichtige dabei vor allem die Form der Kronblätter und die Anzahl der Staubblätter. Entscheide auch, ob es sich um einzelne Blüten handelt oder um Blütenstände.

Vielfalt der Bäume

Seite 46–48

1 Stelle Unterschiede zwischen Laub- und Nadelbäumen in einer Tabelle zusammen!

	Laubbaum	Nadelbaum
Blätter	breit, einfach oder zusammengesetzt	schmal mit kleiner Oberfläche, mit einer dicken Wachsschicht bedeckt
Immergrün in Mitteleuropa	selten (z.B. Stechpalme)	meistens (nicht bei Lärche)
Leitbahnen	weite und enge	alle ähnlich groß
Holz	meistens schwer, enthält Gerbstoffe	meistens leicht, gleichmäßig gebaut
Samen	ist vom Fruchtknoten umschlossen (Bedecktsamer)	liegt frei auf dem Fruchtblatt (Nacktsamer)

2 Erkläre die unterschiedliche Verbreitung von Laub- und Nadelbäumen in Europa!
Laubbäume benötigen besonders im Frühjahr, wenn das Laub austreibt, viel Wasser. Daher wachsen sie vorwiegend in feuchten Regionen. Sie sind auch empfindlich gegenüber Frost. Vor allem Frost zur Zeit des Laubaustriebs im Frühjahr schädigt die noch jungen Blätter er-

heblich. Durch Laubabwurf schützen sich die Bäume vor Verdunstung im Winter. Laubbäume sind daher vor allem in Mittel- und Westeuropa verbreitet.
Nadelbäume sind besser an Trockenheit angepasst, weil ihre Blätter klein sind und oft einen Wachsüberzug haben, der sie vor dem Austrocknen schützt. Trocken ist es auch dort, wo es lange Frost gibt, da Pflanzen kein gefrorenes Wasser aus dem Boden aufnehmen können. Daher wachsen Nadelbäume sowohl im trockenen Süden, am Mittelmeer, als auch im kalten Norden, in Skandinavien und Russland.

Seite 49 (Material)

Material A – Blätter einheimischer Laubbäume

A1 Bestimme mithilfe des Bestimmungsschlüssels die Baumarten, von denen die abgebildeten Blätter stammen!
A = Stieleiche, **B** = Traubeneiche, **C** = Spitzahorn, **D** = Bergahorn, **E** = Sommerlinde, **F** = Rosskastanie, **G** = Rotbuche, **H** = Hainbuche, **I** = Weide, **J** = Esche.

Sporenpflanzen und Pilze

Seiten 50–51

1 Vergleiche den Bau von Farnen und Moosen!
Gemeinsamkeit:
Farne und Moose bestehen aus den Grundorganen Wurzel, Sprossachse und Laubblatt.
Unterschiede:
Die Grundorgane der Moose sind kleiner und zarter als die der Farne. Die Laubblätter der Moose sind sehr klein und zart während Farne große und häufig gefiederte Laubblätter besitzen. Moose haben ein dünnes Stämmchen und dünne Wurzelfäden (Rhizoide).

2 Begründe, weshalb Pilze keine Pflanzen sind!
Pilze haben kein Chlorophyll. Sie müssen sich deshalb von energiereichen Stoffen ernähren und können keine Fotosynthese betreiben. Daher zählen Pilze nicht zu den Pflanzen, sondern bilden ein eigenes Reich.

5 Einzellige Lebewesen

Einzeller

Seite 55 (Material)

Material A – Amöbe

A1 Benenne die mit Zahlen gekennzeichneten Bereiche!
1 = Scheinfüßchen, **2** = Nahrungsbläschen, **3** = pulsierendes Bläschen, **4** = Zellkern, **5** = Zellplasma, **6** = Dauerform, **7** = Kapsel der Dauerform

Gestufte Hilfe: Fachbegriffe in ungeordneter Reihenfolge vorgeben.

A2 Beschreibe die mit Buchstaben gekennzeichneten Vorgänge!
a = Nahrungsaufnahme und Ausscheidung: Die Amöbe schließt ein Nahrungsteilchen, zum Beispiel eine Alge, in ein Nahrungsbläschen ein. Gleichzeitig werden an einer anderen Stelle der Zelle unverdauliche Reste aus einem Nahrungsbläschen abgegeben.
b = Wachsen: Die Amöbe wird größer.
c = Zellteilung: Die Amöbe teilt sich in zwei halb so große Tochterzellen, die jeweils einen Zellkern und ein pulsierendes Bläschen besitzen.
d = Übergang in eine Dauerform: Die Zelle umgibt sich mit einer dickwandigen Kapsel und wird dadurch zu einer unbeweglichen, widerstandsfähigen Dauerform.
e = Schlüpfen aus der Dauerform: Die Amöbe öffnet die Kapsel und kriecht aus ihr heraus.

Gestufte Hilfe: Vorgänge a–e benennen.

A3 Nenne Ursachen für die Vorgänge c, d und e!
c = Eine Ursache für die Zellteilung der Amöbe ist vor allem das Erreichen einer bestimmten maximalen Zellgröße.
d = Bei Verschlechterung der Lebensbedingungen der Amöben, z. B. Austrocknung des Tümpels, bilden Amöben dickwandige Kapseln aus, in denen sie überleben können.
e = Bei günstigen Lebensbedingungen schlüpfen die sich in einer Dauerform befindenden Amöben wieder aus ihren Kapseln.
Zusatzinformation: Die Dauerformen dienen außerdem der Verbreitung durch beispielsweise Insekten, Vögel oder den Wind.

Gestufte Hilfe: Benenne die Vorgänge c–e.

A4 Nimm Stellung zu der Aussage: „Amöben sterben, wenn sie alt sind“!
Amöben sterben nicht aufgrund ihres Alters. Wenn sie gute Lebensbedingungen vorfinden, nehmen sie viel Nahrung auf, wachsen, erreichen rasch ihre maximale Zellgröße und teilen sich. In jeder der beiden Tochterzellen lebt die Mutterzelle weiter. So betrachtet sind Amöben eigentlich unsterblich. Allerdings fallen sie auch Fressfeinden zum Opfer und überleben langanhaltende ungünstige Bedingungen nicht.

A5 Erläutere, wie es die Amöbe schafft, Nahrung aufzunehmen, ohne dass die Zellmembran aufreißt und Zellplasma ausfließt!

Bei der Nahrungsaufnahme umfließt die Amöbe zunächst das Nahrungsteilchen mit zwei Scheinfüßchen. Treffen die beiden Enden der Scheinfüßchen aufeinander, ist das Nahrungsteilchen von der Zelle vollständig eingeschlossen. Die Zellmembran auf der Innenseite dieser Scheinfüßchen ist nun die Membran des Nahrungsbläschens, die Zellmembran auf der Außenseite der Scheinfüßchen grenzt die Amöbe weiterhin nach außen ab. An der Stelle, an der die beiden Enden der Scheinfüßchen nun dicht aneinanderliegen, hat sich die Zellmembran verdoppelt. Diese doppelte Membran wird nun schrittweise – von der Mitte zu den Rändern hin – aufgelöst, sodass sich das Zellplasma der beiden Scheinfüßchen verbinden kann.

Material B – Augentierchen

B1 Vergleiche das Augentierchen zuerst mit einer Pflanzenzelle und dann mit einer Spermienzelle! Nenne jeweils Gemeinsamkeiten und Unterschiede!

Vergleich von Augentierchen und Pflanzenzelle:
Gemeinsamkeiten: Besitz von Zellkern, Zellplasma, Zellmembran und Chloroplasten
Unterschiede: Das Augentierchen besitzt keine Zellwand und keine Zellvakuole. Es besitzt aber ein pulsierendes Bläschen, eine Geißel, einen Augenfleck und eine lichtempfindliche Stelle; es kann sich aktiv bewegen und bei Lichtmangel Nahrung aufnehmen, ähnlich wie die Zellen von Tieren.

Vergleich von Augentierchen und Spermienzelle:
Gemeinsamkeiten: Besitz von Zellkern, Zellmembran und einer Geißel; aktive Bewegung
Unterschiede: Beim Augentierchen befindet sich die Geißel am Vorderende, bewegt sich propellerartig kreisend und zieht das Augentierchen nach vorn, bei Spermien ist die Geißel nach hinten gerichtet, bewegt sich schlängelnd und schiebt das Spermium. Einer Spermienzelle fehlen, Chloroplasten, Augenfleck und die lichtempfindliche Stelle, und sie kann auch keine Nahrung aufnehmen. Bis auf sehr geringe Rest hat sie kein Zellplasma.
Zusatzinformation: In der Antwort sind die Verhältnisse bei einzelligen Pflanzenzellen und besonders gestalteten Zellen von Pflanzen, zum Beispiel männliche Keimzellen einfach gebauter Pflanzen nicht berücksichtigt.

B2 Begründe aufgrund der Ergebnisse von B1, ob das Augentierchen zu den Tieren oder Pflanzen gehört!

Für die Zuordnung zu den Tieren spricht die Fähigkeit zur aktiven Bewegung mithilfe einer Geißel, das Fehlen einer Zellwand sowie die Fähigkeit, Nahrung aufnehmen zu können. Die Zuordnung zu den Pflanzen kann man vor allem mit dem Besitz von Chloroplasten begründen, womit die Fähigkeit vorhanden ist, durch Fotosynthese selbst Nährstoffe aufzubauen. Augentierchen weisen also sowohl Merkmale von Tieren als auch von Pflanzen auf und lassen sich daher nicht eindeutig zuordnen.

Zusatzinformation: Augentierchen werden in der biologischen Systematik sowohl in das zoologische als auch botanische System eingeordnet, in der zoologischen Literatur in die Ordnung Euglenoidina der Klasse Flagellata und in der botanischen Literatur in die Ordnung Euglenales der Abteilung Euglenophyta.
Literaturhinweis: Lexikon der Biologie in vierzehn Bänden. – Spektrum Akademischer Verlag, Heidelberg, 1999–2004.

B3 Beschreibe den Versuchsaufbau und formuliere eine Frage, die mit diesem Versuch geklärt werden kann!

Versuchsaufbau: Über ein Aquarium, in dem sich Wasser mit Augentierchen befindet, wird ein schwarzer Karton gestülpt, aus dem auf einer Seite das Wort Licht herausgeschnitten wurde. Auf dieser Seite wird das Aquarium nun mit einer Lampe beleuchtet. Nach einiger Zeit wird die Lampe ausgeschaltet und der Karton entfernt.
Zu klärende Frage: Kann man bei den Augentierchen eine Reaktion auf diese Beleuchtung beobachten?

Gestufte Hilfe: Hinweis darauf geben, dass das Licht eine entscheidende Rolle spielt.

B4 Formuliere mindestens zwei Schlussfolgerungen, die aus dem Versuchsergebnis gezogen werden können!

Schlussfolgerungen:
- Die Augentierchen haben sich dort gesammelt, wo Licht ins Aquarium einstrahlte. Aufgrund ihrer Chloroplasten zeigt sich dies im grünen Wort „Licht“.
- Augentierchen können Licht wahrnehmen.
- Augentierchen bevorzugen belichtete Bereiche ihres Lebensraums.
- Augentierchen können die Lichtrichtung feststellen.
- Augentierchen reagieren auch auf künstliches Licht.
- Augentierchen sind zum Licht geschwommen, um Fotosynthese zu betreiben und Nährstoffe aufzubauen.

B5 Begründe, weshalb das Augentierchen ein Lebewesen ist!

Das Augentierchen ist ein Lebewesen, weil es alle Kennzeichen der Lebewesen aufweist:
- Es kann sich aus eigener Kraft mithilfe einer Geißel bewegen.
- Es besitzt einen Stoffwechsel, kann Nährstoffe selbst aufbauen und Nahrung aufnehmen.
- Es pflanzt sich durch Zellteilung (Längsteilung) fort.
- Die Zelle kann bis zu einer bestimmten Größe wachsen.
- Es kann Reize aufnehmen, zum Beispiel Lichtreize, und darauf reagieren, indem es zum Licht hin schwimmt.

Gestufte Hilfen:
Hilfe 1: Nenne zunächst die Kennzeichen der Lebewesen.
Hilfe 2: Kennzeichen der Lebewesen vorgeben.

Vielfalt und Veränderung

1 Geschichte des Lebens auf der Erde

Lebewesen der Vergangenheit

Seite 62–65

1 Erstelle in deinem Heft einen Zeitstrahl, der die Zeit vom Beginn des Erdaltertums bis heute darstellt! Maßstab: 20 Millionen Jahre entsprechen einem Zentimeter.
individuelle Schülerlösung
Hinweis: Das Erdaltertum beginnt vor etwa 540 Millionen Jahren. Der Zeitstrahl muss also 27 Zentimeter lang sein.

2 Kennzeichne auf dem Zeitstrahl die einzelnen Zeitalter und benenne sie! Nutze dazu Bild 06!
individuelle Schülerlösung
Hinweis:
Erdaltertum: 27 bis 12, 5 Zentimeter
Kambrium: 27 bis 25, 5 Zentimeter
Ordovicium: 25, 5 bis 22 Zentimeter
Silur: 22 bis 21 Zentimeter
Devon: 21 bis 18 Zentimeter
Karbon: 18 bis 15 Zentimeter
Perm: 15 bis 12,5 Zentimeter
Erdmittelalter: 12,5 bis 3,2 Zentimeter
Trias: 12,5 bis 10 Zentimeter
Jura: 10 bis 7,2 Zentimeter
Kreide: 7,2 bis 3,2 Zentimeter
Erdneuzeit: 3,2 bis 0 Zentimeter
Tertiär: 3,2 bis 1,3 Zentimeter
Quartär: 1,3 bis 0 Zentimeter

3 Kennzeichne im Zeitstrahl die bedeutenden Ereignisse, die im Text genannt sind!
individuelle Schülerlösung
Hinweis:
- *Entstehung der Kieferlosen Fische als erste Wirbeltiere vor etwa 500 Millionen Jahren;*
- *Panzerfische vor etwa 420 Millionen Jahren,*
- *erste Knorpelfische und Quastenflosser vor etwa 415 Millionen Jahren,*
- *erste Landpflanzen vor etwa 400 Millionen Jahren,*
- *Ichthyostega vor etwa 370 Millionen Jahren als Beispiel für die ersten Landwirbeltiere,*
- *Schuppenbäume, Schachtelhalme und Baumfarne ebenfalls vor 350 Millionen Jahren,*
- *Zeitalter der Dinosaurier von 200 bis 145 Millionen Jahren,*
- *Archaeopteryx vor etwa 150 Millionen Jahren;*
- *Entwicklung der Bedecktsamer vor etwa 140 Millionen Jahren*
- *Entwicklung der ersten (höherer) Säugetiere vor etwa 65 Millionen Jahren*
- *Entwicklung des Menschen vor etwa 4 Millionen Jahren*
- *Abwechslung von Warm- und Kaltzeiten in den letzten 2, 5 Millionen Jahren*

4 Rechne aus, wie lang der Zeitstrahl sein müsste, wenn die Erdfrühzeit im gleichen Maßstab angefügt würde!
Die Erde entstand vor etwa 4,6 Milliarden. Das sind 4600 Millionen Jahre.
20 Millionen Jahre = 1 Zentimeter
4600 Millionen Jahre = 4600 : 20 = 230 Zentimeter.
Der Zeitstrahl müsste insgesamt 230 Zentimeter lang sein.

Fossilien

Seite 66–68

1 Erkläre den Begriff Fossil!
Fossilien sind Überreste von Lebewesen und deren Spuren aus früheren Zeiten.

2 Erstelle eine Tabelle, in der du den verschiedenen Fossilformen stichwortartig Angaben zu ihrer Entstehung und Beispiele zuordnest!
siehe Tabelle unten

Fossilform	Entstehung	Beispiel
Versteinerung	Die Überreste werden von feinem Sand oder Schlamm bedeckt. Mit der Zeit lagern sich über den Überresten dicker werdende Kalk- und Sandschichten ab. Aufgrund des Drucks entstehen daraus zunehmend festere Gesteinsschichten. Mineralstoffe lagern sich in den Knochen, Panzern oder Schalen ein und ersetzen diese fast vollständig, sodass sie zu Stein werden.	versteinerter Trilobit
Steinkern	Sediment gelangt in die Hohlräume von Schneckenhäusern oder Muschelschalen und versteinert. Die ursprünglichen Schalen lösen sich mit der Zeit auf. Es entsteht ein harter Kern, auf dessen Außenseite man	Steinkern von Ammonit oder Seeigel

	die Innenstrukturen der Schalen gut erkennen kann.	
Spurenfossilien	Ein Tier hinterlässt eine Fuß- oder eine Schleifspur im Boden, die mit der Zeit versteinert.	Fußabdrücke von Dinosauriern
Abdrücke	Pflanzenteile wie Blätter oder Zweige fallen auf den Boden. Im Laufe der Zeit wird das Gewebe völlig zersetzt. Bei weichen oder feinkörnigen Böden kann zum Beispiel der Abdruck des Blattes im Stein zurückbleiben.	Abdruck eines Farnblattes oder Schachtelhalms
Bernsteinfossilien	Baumharz versteinert im Laufe von Millionen Jahren und es entsteht Bernstein, in dem man z. B. konservierte Insekten oder Pflanzenteile finden kann.	Insekt im Bernstein
Mumien	Mumien entstehen im Moorboden, im heißen Wüstensand oder im arktischen Eis, wo sich die Zersetzung toter Lebewesen verzögert, sodass sie konserviert werden.	Moorleichen, Wollhaarmammut im Dauerfrostboden Sibiriens

3 Erkläre, wie man mithilfe von Leitfossilien Aussagen über das Alter anderer Fossilien machen kann!
Leitfossilien findet man regelmäßig nur in bestimmten Gesteinsschichten. Das bedeutet, dass alle Gesteinsschichten, in denen man sie findet, in dieser Zeit entstanden und damit gleich alt sind. Ein Beispiel sind Trilobiten. Man findet sie nur in Steinen des Erdaltertums, also Steinen, die älter als 300 Millionen Jahre sind. Weitere Fossilien, die man in denselben Schichten findet wie ein Leitfossil, sind genauso alt wie dieses. Damit hat man einen Maßstab, mit dem man das Alter von Fossilien und Gesteinsschichten im Vergleich zum Alter anderer Fossilien und Gesteinsschichten bestimmen kann.

S. 69 (Material)

Material A – Entstehung von Fossilien

A1 Ordne die Einzelbilder zur Entstehung von Fossilien, indem du die Zahlen in der richtigen Reihenfolge notierst!
2, 4, 1, 3

A2 Beschreibe mithilfe der Abbildung die Entstehung dieses Fossils!
Ein Tier stirbt und fällt zu Boden (*2*). Aasfresser, Würmer und Bakterien zersetzen seinen Körper, sodass nur noch Knochen erhalten bleiben. Diese Überreste werden mit der Zeit von Sediment bedeckt und nicht weiter zerstört (*4*). Über der ersten Schicht lagern sich weitere Schichten aus unterschiedlichen Materialien wie Sand oder Kalk an. An der Oberfläche bildet sich ein See (*1*). Aufgrund des Drucks entstehen aus den Sedimenten zunehmend festere Gesteinsschichten. Mineralstoffe lagern sich in den Knochen ein und ersetzen diese fast vollständig, sodass das Skelett versteinert. Wenn die oberen Gesteinsschichten verwittern oder weggespült werden, gelangt das Fossil wieder an die Oberfläche (*3*).

A3 Erläutere, weshalb es sich bei dem abgebildeten Fossil nicht um einen Steinkern, sondern um eine Versteinerung handelt! Bei Steinkernen erkennt man auf der Außenseite die Innenstrukturen von Schalen oder Gehäusen. Bei dem hier abgebildeten Fossil sieht man jedoch die Form und äußere Struktur der Knochen des toten Tieres.

Material B – Wollhaarmammut

B1 Erläutere, weshalb das Wollhaarmammut-Fossil eine Mumie ist!
Das gefrorene Tier ist mit Haut und Weichteilen erhalten. Auf der Haut entdeckte man dicke Wollhaare, im Magen wurden Reste von Gräsern, Moosen und Zweigen gefunden. Dies sind Hinweise dafür, dass das Mammut im Laufe der Zeit konserviert wurde. Auch das im Verhältnis zu anderen Fossilien geringe Alter spricht dafür, dass es sich bei dem Fund um eine Mumie handelt.

B2 Gib an, welches Fundmaterial Auskunft über die Ernährungsweise des Wollhaarmammuts geben kann!
Die Überreste von Gräsern, Moosen und Zweigen im Magen weisen darauf hin, dass Wollhaarmammuts Pflanzenfresser sind. Darüber hinaus kann auch das Gebiss Hinweise auf die Ernährungsweise geben. Zeigt dieses breite Mahlzähne, handelt es sich um ein Pflanzenfressergebiss und lässt darauf schließen, dass das Wollhaarmammut ein Pflanzenfresser ist.

B3 Formuliere eine Vermutung hinsichtlich der Bedeutung der Wollhaare auf der Haut des Mammuts für die Erforschung der Lebensbedingungen dieser Tiere!
Das Vorhandensein von Wollhaaren kann man als eine Angepasstheit an die herrschenden Umweltbedingungen deuten. Heute lebende Säugetiere bekommen ein Winterfell, das mehr Wollhaare hat als ein Sommerfell. Wollhaare wirken isolierend und verhindern so ein Auskühlen des Körpers bei niedrigen Außentemperaturen. Wissenschaftler können also mithilfe dieser Funde Hypothesen zu den herrschenden Außentemperaturen zu Lebzeiten der Wollhaarmammuts aufstellen: Zu Lebezeiten der Mammuts war es in ihrem Lebensraum wahrscheinlich kalt.

B4 Beschreibe anhand des Beispiels die Arbeit von Paläontologen!
Paläontologen beschäftigen sich mit der Erforschung von Überresten von Pflanzen und Tieren aus vergangenen Epochen der Erdgeschichte. Durch eine genaue Untersuchung der Fossilien und der jeweiligen Fundorte sammeln sie Erkenntnisse über den Körperbau und die Lebensweise der Lebewesen. Anhand der Mammut-Fossilien können die Wissenschaftler zum Beispiel ungefähr angeben, wie groß die Tiere geworden sind und wie sie ausgesehen haben. Mithilfe des Gebisses können sie auch Hypothesen über die Nahrung der Tiere aufstellen und diese mithilfe der Überreste im Magen der Tiere bewerten. Um Informationen über die Lebensbedingungen der Tiere zu erhalten, müssen sie sich mit anderen Wissenschaftlern wie zum Beispiel Botanikern oder Geografen austauschen. Anhand der pflanzlichen Überreste aus dem Magen können sie dann vermuten, welche Pflanzenarten im Lebensraum der Wollhaarmammuts existiert haben und wie die Landschaft zu dieser Zeit ausgesehen haben muss. Ähnliches gilt für die Außentemperatur.

2 Verwandtschaft der Lebewesen

Entwicklungsgeschichte der Wirbeltiere

Seite 70–72

1 Beschreibe die Veränderungen der Knochenstrukturen der Vorderbeine beim Übergang vom Wasser- zum Landleben!
Die muskulösen Fleischflossen der wasserlebenden Fische hatten kleine Knochen, die denen der Landwirbeltiere schon ähnlich sahen. Bei der Übergangsform Tiktaalik waren die Knochen deutlich vergrößert. Sie ermöglichten den Tieren ein Abstützen und Vorwärtskommen an Land in Ufernähe. Die Strukturen entwickelten sich weiter. Die ersten Ur-Amphibien besaßen schon Oberschenkel, Unterschenkel und Fußknochen, mit denen sie sich an Land fortbewegen konnten.

2 Nenne die Merkmale, die sich im Laufe der Entwicklungsgeschichte der Pferde verändert haben, und beschreibe ihre jeweiligen Abwandlungen!
Körpergröße: Die ersten Pferde erreichten eine Schulterhöhe von maximal etwa 40 cm. Heute lebende Wildpferde erreichen dagegen eine Schulterhöhe von etwa 160 cm. In den letzten 50 Millionen Jahren fand eine ständige Zunahme ihrer Körpergröße statt.
Knochenbau der Füße: Während das Urpferdchen am Vorderfuß Pfoten mit 4 Zehen besaß, zeigen heute lebende Wildpferde einen Vorderfuß mit einer einzigen Zehe, die einen massiven Huf trägt. Im Laufe der Entwicklungsgeschichte der Pferde fand eine Verringerung der Zehenzahl an beiden Füßen mit einer Verstärkung der 3. Zehe und der Ausbildung unpaariger massiver Hornhufe statt.
Zahnbau: Die frühesten Vorfahren der heutigen Pferde besaßen kleine Zähne mit glatten Kauflächen und einer dünnen Schutzschicht aus Zahnschmelz. Heutige Pferde besitzen große Zähne mit durch Rillen aufgerauten Kauflächen und einer dicken Schutzschicht aus Zahnschmelz und darüber zusätzlich eine weitere Schicht aus Zahnzement. In den letzten 50 Millionen Jahren fand eine Vergrößerung der Zahngröße, eine Aufrauung der Kaufläche und eine deutliche Verstärkung der äußeren Schutzschichten der Zähne statt.
Zusatzinformation: Urpferdchen besaßen an den Hinterpfoten nur 3 Zehen.

3 Erläutere den Zusammenhang zwischen den Abwandlungen dieser Körpermerkmale und den Veränderungen ihres Lebensraumes!
Lebensraum Urwald: Die geringe Körpergröße der Urpferdchen erleichterte ihnen die Fortbewegung im unwegsamen dichten Unterholz. Die vielzehigen Pfoten verhinderten das Einsinken im feuchten Boden. Die kleinen Zähne mit glatten Kauflächen und geringem Schutz durch Zahnschmelz genügten für die Ernährung von weichen Blättern der Kräuter und Büsche.
Lebensraum Steppe: Die große Schulterhöhe heutiger Wildpferde ermöglicht einen guten Überblick im freien Gelände, sodass Fressfeinde früh erkannt werden können. Außerdem sind hohe Fluchtgeschwindigkeiten und kraftvolles Abwehrverhalten möglich. Die einzehigen behuften Füße erlauben einen optimalen Abdruck auf dem trockenen harten Boden und damit eine hohe Beschleunigung beim Fluchtverhalten. Die großen Zähne sind mit ihren aufgerauten und gut geschützten Kauflächen in der Lage, auch harte und mit Sand verunreinigte Gräser zu zerkleinern.

Seite 73 (Material)

Material A – Latimeria – ein „lebendes Fossil"

A1 Beschreibe den Bau der Brustflosse der Quastenflosser!
Die Brustflosse des Quastenflossers besitzt einen massiven Ansatz am Rumpf, der drei kurze und dicke und sechs etwas längere und dünnere Knochen enthält. Am äußeren Ende der Flosse befinden sich in der geraden Verlängerung dieser Knochen zahlreiche feine Knochenstrahlen.

A2 Erläutere, weshalb sich die Brustflossen der Quastenflosser zur einfachen Fortbewegung an Land eignen!

Die dicken und kurzen Knochen der Brustflossen der Quastenflosser sind so stabil, dass sich die Tiere mit ihnen an Land am Boden abstützen können. Wenn entsprechend starke Muskeln vorhanden sind, können sie sich mit ihren Brustflossen sogar abdrücken und damit vorwärts schieben.

Gestufte Hilfe: Überlege, welche Eigenschaften deiner Arme es ermöglichen, dass Du mit ihnen am Boden robben kannst.

Material B – *Gansus yumenensis* – ein Vorfahr heute lebender Vögel

B1 Vergleiche das *Gansus*-Skelett mit dem der Taube und des *Archaeopteryx!* Nutze dazu Bild 03! Nenne zunächst deine Vergleichskriterien!

Tabelle ist nicht in der Aufgabe verlangt

	Archaeopteryx	Gansus
Körperbedeckung	– Federn – Schuppen an Beinen und Füßen	Federn
Schädelform	rundlich, nach vorne spitz zulaufend	rundlich, nach vorne spitz zulaufend
Zähne	kegelförmige Zähne in Ober- und Unterkiefer	kegelförmige Zähne in Ober- und Unterkiefer
Wirbelsäule	– freie Wirbel – lange Schwanzwirbelsäule	– hintere Brust-, Lenden- und Schwanzwirbel sind miteinander verwachsen – Schwanzwirbel sind verkürzt
Vorderextremität	– Flügelähnlich – Hand mit drei Fingern, die jedoch nicht verwachsen sind – Krallen	– Flügelähnlich – Handwurzel- und Mittelhandknochen verwachsen – zwei Finger sichtbar, die teilweise verwachsen sind – Krallen
Hinterextremität	– entspricht im Wesentlichen dem Grundbauplan einer Wirbeltierextremität – die Mittelfußknochen sind allerdings teilweise zu einem Knochen verwachsen – der fünfte Zeh ist stark verkürzt und nach hinten gerichtet – Krallen an den Zehen *Zusatzinformation: Wadenbein ist vorhanden, jedoch sehr dünn und daher in der Abbildung nicht zu erkennen.*	– entspricht dem Grundbauplan einer Wirbeltierextremität – kräftige Hinterbeine – langer Oberschenkelknochen – vier Zehen mit Krallen, eine Zehe stark verkürzt und nach hinten gerichtet
Brustbein	– klein und flach – Bauchrippen	– Brustbein vergrößert – vorne ebenfalls mit einer Knochenleiste
Schulterbein	– schmales, nach hinten gerichtetes Schulterblatt – Schlüsselbeine sind miteinander verwachsen und bilden ein Gabelbein	– Schulterblatt nicht erkennbar – Schlüsselbeine sind miteinander verwachsen und bilden ein Gabelbein

Gestufte Hilfe: Orientiere dich an folgenden Kriterien: Körperbedeckung, Schädelform, Zähne, Wirbelsäule, Vorderextremität, Hinterextremität, Brustbein, Schulterbein.

B2 Vergleiche die Bedeutung von *Gansus yumensis* und *Archaeopteryx* für die Evolutionsbiologie!

Die Untersuchung vogelähnlicher Saurier und urtümlicher Vögel machte es möglich, die Evolution der Vögel immer genauer zu beschreiben. Wissenschaftler gehen heute davon aus, dass es vor vielen Millionen Jahren reptilienähnliche Tiere aus der Gruppe der Dinosaurier gab, aus denen sich die heutigen Vögel entwickelt haben. Archaeopteryx kann eine Idee davon vermitteln, wie diese Übergangsformen ausgesehen haben könnten. *Gansus* hingegen kann aufgrund seiner Körpermerkmale in die Gruppe der Vögel eingeordnet werden. Er kann also eine Idee davon geben, wie der Vorfahre der modernen Vögel ausgesehen haben könnte.

B3 Erkläre anhand der fossilen Funde von *Gansus* seine Angepasstheit!

Bei *Gansus* weisen Knochenstrukturen an den Beinen auf eine besonders kräftige Muskulatur hin. Zudem fand man Reste von Schwimmhäuten. Als möglicher Schwimmvogel wäre *Gansus* an das Leben im Wasser also besonders gut angepasst: Die kräftigen Beine bewegen den Vogelkörper durch das Wasser. Die Schwimmhäute drücken die Wassermassen nach hinten und den Vogel damit nach vorne. Wahrscheinlich hatte *Gansus* zudem einen flachen, kahnförmigen Körper wie eine Ente. Damit konnte er gut auf der Wasseroberfläche aufliegen.

Verwandtschaft der Wirbeltiere

Seite 74–77

1 Nenne für die in Abbildung 03 gezeigten Wirbeltiergruppen die Skelettmerkmale, die der Fortbewegung dienen! Ordne ihnen die genannten Fortbewegungsweisen zu!

Säugetiere: Die langen Vorder- und Hinterbeinen dienen den Fortbewegungsweisen Laufen, Springen und Schwimmen.

Vögel: Die zu Flügeln umgebildeten Vordergliedmaßen dienen dem Fliegen, Segeln und Gleiten, während die kurzen Hintergliedmaßen für das Laufen und Hüpfen verantwortlich sind.

Reptilien: Die kurzenVorder- und Hintergliedmaßen der Eidechse ermöglichen das Kriechen.

Amphibien: Die kurzen Vordergliedmaßen und die langen Hintergliedmaßen sind für das Schwimmen und Kriechen zuständig, wobei die Hintergliedmaßen zusätzlich noch dem Springen dienen.

Fische: Die durch Knochenstrahlen versteiften flächigen Flossen ermöglichen das Schwimmen.

2 Beschreibe die Gemeinsamkeiten und Unterschiede der Gliedmaßenskelette in Abbildung 03! Berücksichtige dabei Bau und Lage der einzelnen Knochen!

In allen Wirbeltiergruppen, mit Ausnahme der Fische, besitzen die Vorder- und Hintergliedmaßen einen ähnlichen Bau aus Oberarm oder Oberschenkel, Unterarm oder Unterschenkel, Hand oder Fuß und Fingern. Oberarm und Oberschenkel besitzen immer nur einen langen und massiven Knochen, während Unterarm und Unterschenkel zwei ebenfalls lange, aber dünnere Knochen enthalten. Am äußeren Ende der Gliedmaßen befinden sich zahlreiche kleine, oft kurze Knochen, die die Hand- und Fußflächen bilden. An ihnen sitzen vier bis fünf Finger oder Zehen aus zahlreichen kleinen, oft länglichen Knochen.

Die durch zahlreiche feine Knochenstrahlen ohne Gelenke versteiften Flossen der Fische weichen in ihrem Bau von dem der übrigen Wirbeltiergliedmaßen vollständig ab.

Zusatzinformation: Die als einzige paarig angelegten Brust- und Bauchflossen befinden sich jedoch in Regionen, die mit dem Schulter- und Beckenbereich vergleichbar sind.

3 Nenne aus jeder Wirbeltiergruppe je einen Vertreter für jeden der von ihr besiedelten Lebensräume!

Fische: Der Lebensraum Wasser wird zum Beispiel dauerhaft von Forelle, Hecht und Karpfen besiedelt.

Amphibien: Der Lebensraum Wasser wird zum Beispiel vom Teichfrosch über große Zeiträume des Jahres und vom Bergmolch zumindest zeitweise besiedelt. Der Lebensraum Land wird zum Beispiel von Erdkröte und Kreuzkröte über große Zeiträume des Jahres besiedelt.

Reptilien: Der Lebensraum Land wird zum Beispiel von Zauneidechse und Smaragdeidechse besiedelt, der Lebensraum Wasser zumindest zeitweise von der Ringelnatter.

Vögel: Der Lebensraum Luft wird zum Beispiel von Taube, Turmfalke und Buntspecht besiedelt.

Säugetiere: Der Lebensraum Luft wird zum Beispiel von Fledermäusen besiedelt, der Lebensraum Land zum Beispiel von Wolf und Katze und der Lebensraum Wasser von den Walen.

Zusatzinformation: Bei den Vögeln wird der Lebensraum Land permanent von den flugunfähigen Vögeln Strauß und Emu besiedelt, der Lebensraum Wasser zumindest zeitweise von Pinguinen.

4 Erläutere die Bedeutung der unterschiedlich stark aufgefalteten inneren Oberfläche der Lungen bei Säugetieren, Reptilien und Amphibien!

Amphibien besitzen eine vergleichsweise geringe innere Auffaltung ihrer Lungen. Da sie einen Teil ihres Sauerstoffbedarfs über die Hautatmung decken, benötigen ihre Lungen keine große innere Oberfläche.

Zusatzinformation: Einen weiteren Teil ihres Sauerstoffbedarfs decken sie über die Mundbodenatmung.

Reptilien besitzen dagegen eine stärker ausgeprägte innere Auffaltung ihrer Lungen. Die trockene, mit dicken Hornschuppen bedeckte Haut verhindert eine Sauerstoffaufnahme, sodass der gesamte Sauerstoffbedarf über die Lungen gedeckt werden muss. Diese besitzen daher eine größere innere Oberfläche als die Lungen von Amphibien gleicher Größe.

Säugetiere besitzen eine stark ausgeprägte und sehr feine Auffaltung ihrer Lungen. Auch sie decken ihren hohen Sauerstoffbedarf vollständig über die Lungen, die daher eine besonders große innere Oberfläche besitzen.

Zusatzinformation: Wechselwarme Wirbeltiere zeigen während niedriger Temperaturen, vor allem nachts und im Winterhalbjahr, nur geringe körperliche Aktivität. Ihr Sauerstoffbedarf ist daher zumindest zeitweise sehr gering. Gleichwarme Wirbeltiere zeigen hingegen unabhängig von der Außentemperatur oft eine vergleichsweise hohe körperliche Aktivität. Ihr Sauerstoffbedarf ist daher meist permanent relativ hoch.

5 Erläutere die Zusammenhänge zwischen Lebensraum, äußerer Befruchtung und Embryonalentwicklung bei Fischen und Amphibien!

Fische besiedeln zeitlebens den Lebensraum Wasser, Amphibien vor allem zur Fortpflanzung und während der Embryonalentwicklung. Die Gefahr der Austrocknung besteht nicht. Dieser Lebensraum bietet daher den Ei- und Spermienzellen so gute Überlebensbedingungen, dass die Befruchtung und Entwicklung außerhalb des Mutterleibs erfolgen kann.

6 Stelle Vermutungen an, weshalb die durchschnittlich pro Jahr produzierte Nachkommenzahl bei Vögeln und Säugetieren innerhalb der Wirbeltiergruppen vergleichsweise niedrig ist!
Bei Vögeln findet die Embryonalentwicklung zwar außerhalb des Mutterleibes statt, die Eier bedürfen aber einer konstanten Bruttemperatur, sodass die Brutfähigkeit der Elterntiere die Zahl der Eier begrenzt. Außerdem ist die Flugfähigkeit der Vögel von einem möglichst geringen Körpergewicht abhängig, sodass nur eine geringe Zahl an Eiern heranreifen und abgelegt werden kann.
Bei Säugetieren findet die Embryonalentwicklung im Mutterleib statt. Dadurch ist das Raum- und Nahrungsangebot sehr begrenzt. Wie auch bei den Vögeln benötigen viele Säugetiere nach der Geburt im Gegensatz zu den allermeisten Fischen, Amphibien und Reptilien noch eine intensive Brutpflege und Versorgung durch die Eltern, was der Nachkommenzahl ebenfalls Grenzen setzt.

Seite 78–79 (Material)

Material A – Wirbeltiergliedmaßen im Vergleich

A1 Benenne die durch Farben gekennzeichneten Knochen!
Blau = Oberarmknochen
Lila = Speiche
Blaugrün = Elle
Hellgrün = Handwurzelknochen
Dunkelgrün = Mittelhandknochen
Gelbbraun= Fingerknochen

A2 Ordne jede Gliedmaße einer der Fortbewegungsweisen Schwimmen, Kriechen, Hangeln und Fliegen zu!
A = Kriechen, **B** = Schwimmen, **C** = Kriechen, **D** = Fliegen, **E** = Fliegen, **F** = Schwimmen, **G** = Hangeln, **H** = Fliegen

Gestufte Hilfe: Beachte die allgemeinen Zusammenhänge zwischen Bau (Struktur) der Gliedmaßen und der Fortbewegungsweise (Funktion).
Kriechen: Diese Gliedmaßen sind eher kurz und in den Gelenken stark angewinkelt. Ihre Knochen sind eher kurz und massiv gebaut.
Fliegen: Diese Gliedmaßen sind eher lang gestreckt und großflächig. Ihre Knochen sind sehr dünn gebaut.
Schwimmen: Diese Gliedmaßen sind eher breit und flach. Ihre Knochen sind bei den Fischen sehr dünn, bei den Walen aber sehr kompakt gebaut.
Hangeln: Diese Gliedmaßen sind eher lang. Ihre Fingerknochen sind weder besonders kurz, noch besonders lang, aber immer leicht gebogen.

A3 Wähle je eine Gliedmaße für die Fortbewegung durch Schwimmen, Kriechen, Hangeln und Fliegen und erläutere, durch welche Merkmale sie für ihre jeweilige Fortbewegungsweise besonders geeignet ist!
A *Kriechen:* Die kurzen und im Winkel von fast 90° zueinander abgewinkelten Ober- und Unterarmknochen heben den Körper kaum vom Boden ab. Die Ober- und Unterarmknochen sind sehr dick und dadurch so belastbar, dass sie das Körpergewicht problemlos tragen können. Die abgespreizten Finger erlauben einen effektiven Abdruck in weichen Untergründen, zum Beispiel im Schlamm.
B *Schwimmen:* Zahlreiche dünne Knochenstrahlen erzeugen eine leichte, aber große und stabile Oberfläche. Sie ermöglicht einen effektiven Abstoß im Wasser.
C *Kriechen:* Die kurzen und im Winkel von ungefähr 90° zueinander abgewinkelten Ober- und Unterarmknochen heben den Körper kaum vom Boden ab. Die Ober- und Unterarmknochen sind kompakt und dadurch so belastbar, dass sie das Körpergewicht problemlos tragen können. Die ausgeprägten Krallen erlauben einen effektiven Halt auf trockenen und rauhen Untergründen, zum Beispiel auf Felsen.
D *Fliegen:* Die verlängerten hohlen Unterarm- und Mittelhandknochen bieten eine große und gleichzeitig leichte Ansatzfläche für die Federn. Die dadurch entstehende große Oberfläche mit geringem Gewicht ermöglicht das Fliegen.
E *Fliegen:* Die verlängerten Unterarm-, Mittelhand- und Fingerknochen erzeugen ein großflächiges strebenartiges Gerüst für die dazwischenliegende Flughaut. Die dadurch entstehende große Oberfläche mit geringem Gewicht ermöglicht das Fliegen.
F *Schwimmen:* Die vervielfachten Fingerknochen erzeugen eine große Oberfläche. Die stark verdickten kurzen Ober- und Unterarmknochen sind sehr stabil. Dadurch können die Flossen die große Masse des Walkörpers effektiv im Wasser bewegen.
G *Hangeln:* Die kräftigen Fingerknochen erlauben einen festen Klammergriff an den Ästen. Die langen Ober- und Unterarmknochen erlauben das Erreichen auch entfernter Äste beim Hangeln.
H *Fliegen:* Die verlängerten Fingerknochen erzeugen eine lange Stützstrebe für die Flughaut. Die dadurch entstehende große Oberfläche mit geringem Gewicht ermöglicht das Fliegen.

Gestufte Hilfen:
Hilfe 1: Betrachte den Knochenbau der Gliedmaßen: Sind die Knochen eher lang gestreckt oder kurz, massiv oder dünn, gerade oder gekrümmt? Betrachte die Form der Gliedmaßen: Sind sie eher lang oder kurz, dick oder dünn , bilden sie eher eine große oder kleine Fläche?
Hilfe 2: Beachte, dass zur schwimmenden Fortbewegung die Gliedmaßen B und F, zur

kriechenden Fortbewegung die Gliedmaßen A und C, zur hangelnden Fortbewegung Gliedmaße G und zur fliegenden Fortbewegung die Gliedmaßen D und E dienen.

A4 Ordne den Zeichnungen jeweils ein passende Tier und die jeweilige Wirbeltiergruppe zu!
A = Salamander: Amphibien,
B = Forelle: Fische,
C = Eidechse: Reptilien,
D = Taube: Vögel,
E = Fledermaus: Säugetiere,
F = Wal: Säugetiere,
G = Menschenaffe: Säugetiere,
H = Flugsaurier: Reptilien

A5 Stelle Vermutungen an, weshalb sich die Baupläne der Gliedmaßen teilweise stark ähneln, obwohl die jeweiligen Tiere verschiedenen Wirbeltiergruppen angehören!
Zum einen ähneln sich alle Baupläne im Grundmuster (Anzahl und Stellung der Knochen) aufgrund der Verwandtschaft aller Wirbeltiergruppen untereinander. Zum anderen ähneln sich einzelne Baupläne auch in ihrem speziellen Bau, wenn die gleichen Lebensräume besiedelt werden und dadurch die gleiche Fortbewegungsweise vorherrscht, obwohl die Arten unterschiedlichen Wirbeltiergruppen angehören: Land/Kriechen: Salamander, Eidechse; Wasser/Schwimmen: Forelle, Wal; Luft/Fliegen: Taube, Fledermaus, Flugsaurier.

Gestufte Hilfen:
Hilfe 1: Berücksichtige, in welchen Lebensräumen sich die dargestellten Tiere überwiegend fortbewegen.
Hilfe 2: Beachte, dass sich die dargestellten Tiere überwiegend in den folgenden Lebensräumen fortbewegen:
A = Salamander: am Boden,
B = Forelle: im Wasser,
C = Eidechse: am Boden,
D = Taube: in der Luft,
E = Fledermaus: in der Luft,
F = Wal: im Wasser,
G = Menschenaffe: in den Bäumen,
H = Flugsaurier: in der Luft
Hilfe 3: Der Stammbaum der Wirbeltiere zeigt dir die Entstehung der einzelnen Gruppen. Beziehe die verwandtschaftlichen Beziehungen, die du dort erkennen kannst, in deine Überlegungen mit ein.

Material B – Brüllaffen und Schimpansen

B1 Beschreibe die Fortbewegungsweise von Brüllaffen und Schimpansen! Erläutere ihren Körperbau als Angepasstheit an verschiedene Lebensräume!

Brüllaffen bewegen sich hauptsächlich in den Bäumen. Sie sind geschickte Kletterer und springen oft von Baum zu Baum. Für diese Art der Fortbewegung sind die langen Arme und Beine und ganz besonders der geschickte lange Greifschwanz besonders gut geeignet. Ihre Oberschenkelmuskulatur scheint stark ausgeprägt zu sein, was gut für das Springen ist.
Schimpansen bewegen sich kletternd in Bäumen fort, aber auch häufig gehend am Boden. Für diese Art der Fortbewegung sind in den Bäumen die Greifhände und Greiffüße gut geeignet. Für das Gehen am Boden sind die Füße mit ihrer breiten Auftrittfläche gut geeignet.
Der Körperbau, insbesondere der Bau von Armen und Beinen und beim Brüllaffen auch der Greifschwanz, sind Angepasstheiten an die jeweilige Art der Fortbewegung.

B2 Schimpansen und Brüllaffen leben auf ganz unterschiedlichen Kontinenten, die sich vor etwa 200 Millionen Jahren getrennt haben, dennoch gehören beide zu den Primaten. Erläutere an diesem Beispiel ihre Verwandtschaft, indem du erklärst, wann der letzte gemeinsame Vorfahr dieser Primatenarten gelebt haben müsste!
Im Laufe der Evolution haben sich aus gemeinsamen Vorfahren die Brüllaffen und die Schimpansen entwickelt. Über diese gemeinsamen Vorfahren sind beide Arten miteinander verwandt. Da sich die Kontinente, auf denen Brüllaffen und Schimpansen leben, vor über 200 Millionen Jahren getrennt haben, muss der letzte gemeinsame Vorfahre der beiden Arten vor mindestens 200 Millionen Jahren gelebt haben. Bei der Betrachtung der verschiedenen Vorfahren von Arten wird die Geschichte einer Art nachvollzogen.
Da die beiden Primatenarten Schimpanse und Brüllaffe durch eine ununterbrochene Reihe von Vorfahren mit den Ursprüngen des Lebens verbunden sind, spricht man von Verwandtschaft.

Material C - Der Stammbaum der Wirbeltiere

C1 Ordne den Punkten A bis E die Merkmale der Wirbeltiergruppen zu, die erst zu diesem Zeitpunkt der Entwicklung entstanden sind! Nimm die Tabelle von Seite 77 zu Hilfe!

A	Lungenatmung
B	innere Befruchtung
C	Hornschuppen
D	Haare
E	Embryonalentwicklung im Mutterleib

B2 Erstelle ein Begriffsnetz zu den Merkmalen der Schnabeltiere! Gehe dabei auch darauf ein, ob die angeführten Merkmale jeweils charakteristisch für eine bestimmte Wirbeltierklasse sind!
siehe Abbildung nächste Seite

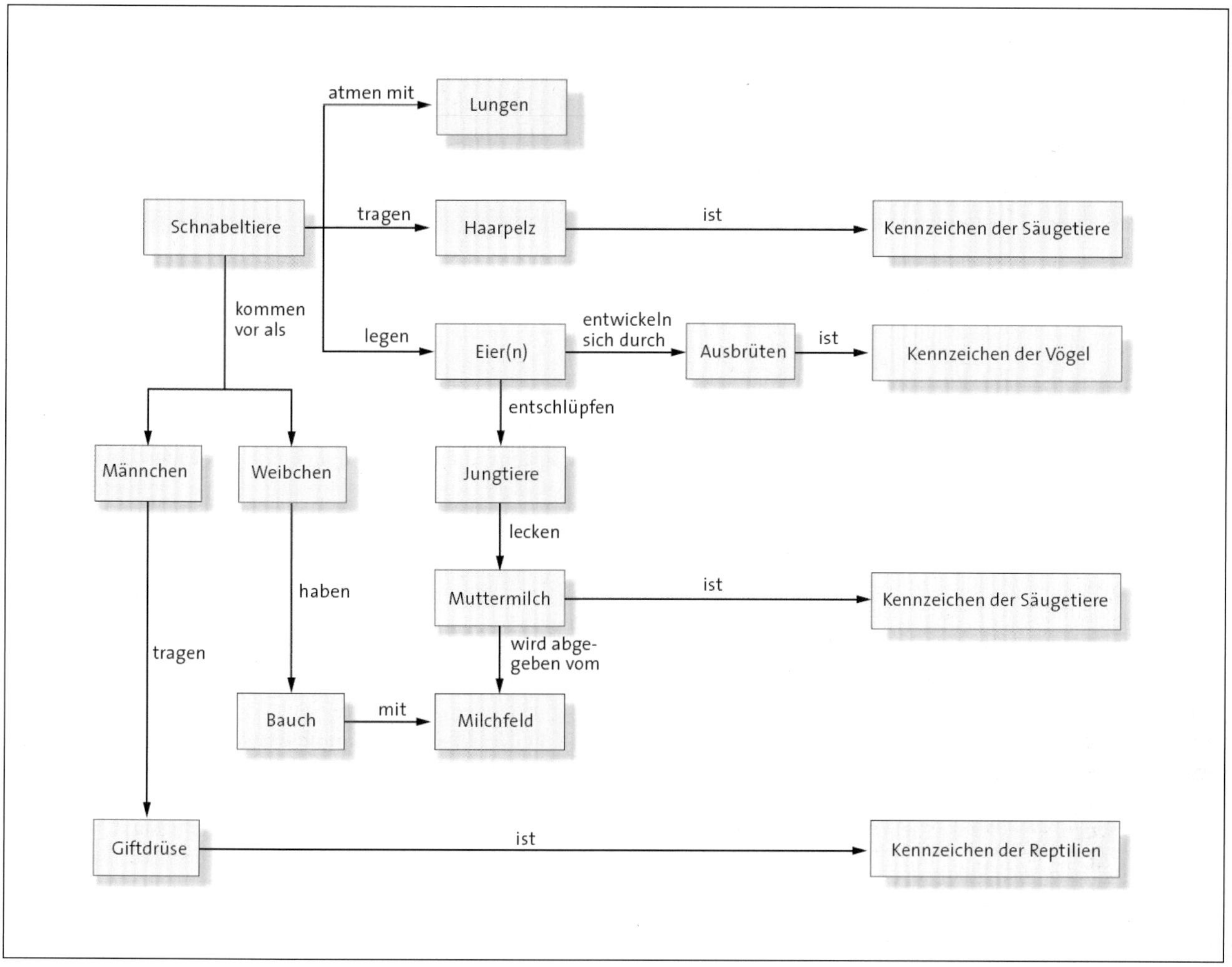

B3 Begründe mithilfe deiner Ergebnisse in B2, dass Schnabeltiere nicht eindeutig einer Gruppe der Wirbeltiere zugeordnet werden können!

Wie das Begriffsnetz aus B2 zeigt, haben Schnabeltiere einige Merkmale, die für ganz unterschiedliche Wirbeltierklassen kennzeichnend sind. Sie legen Eier wie Vögel, sie haben einen Haarpelz und bilden Muttermilch wie Säugetiere und sie tragen eine Giftdrüse, wie man das von Reptilien kennt. Aufgrund dieser Merkmale ist das Schnabeltier nicht eindeutig zuzuordnen.

3 Veränderungen der Lebewesen

Natürliche Auslese

Seite 80–82

1 Beschreibe die Angepasstheit der unterschiedlich gefärbten Kreuzottern an ihren jeweiligen Lebensraum!
Die schwarz gefärbte Höllenotter lebt im Alpenraum und in Moorgebieten. Die dunkle Färbung absorbiert besser die Sonnenstrahlen, sodass sich der Körper der Schlange schnell erwärmt. Da die Körpertemperatur von der Umgebungstemperatur abhängig ist, ist dies in kühlen Gebieten wie Gebirgen oder Moorgebieten von Vorteil. Zudem ist die Höllenotter durch ihre dunkle Färbung gut im Moor getarnt und wird seltener von Fressfeinden entdeckt.
Die Kreuzotter mit braun-grauer Färbung und dunklem Zickzack-Band auf dem Rücken verschmilzt farblich mit dem Hintergrund, sodass sie kaum im Unterholz zu sehen und gut getarnt ist.

2 Erkläre den Begriff Fitness!
Die Variabilität bezüglich eines Merkmals führt zu einer unterschiedlich ausgeprägten Angepasstheit an bestimmte Umweltfaktoren. Ist ein Individuum besonders gut an einen Umweltfaktor angepasst, kann es sich besser entwickeln als die Individuen, die nicht so gut an diesen Umweltfaktor angepasst sind. Dies führt dazu, dass dieses Individuum sich auch erfolgreich fortpflanzen kann. Die Fähigkeit, viele Nachkommen hervorzubringen, bezeichnet man als Fitness.

3 Erkläre, wie es zu Vielfalt und Veränderung von Merkmalen innerhalb einer Art kommt!
Die unterschiedlichen Merkmalsausprägungen von Individuen innerhalb einer Art sind auf Veränderungen der Erbinformationen (Mutationen) und der zufälligen Merkmalskombination bei der geschlechtlichen Fortpflanzung zurückzuführen. Durch die unterschiedlichen Merkmale sind die Individuen verschieden gut an die Umweltbedingungen angepasst. Die am besten angepassten Individuen haben den größten Fortpflanzungserfolg und geben ihre Eigenschaften an die Nachkommen weiter. Dieser Vorgang (natürliche Selektion) führt langfristig zu Veränderungen der Art durch neue Angepasstheiten an veränderte Umweltbedingungen.

4 Erläutere die Begriffe Variation und Selektion am Beispiel der Birkenspanner!
In Großbritannien hatten bis 1850 fast alle Birkenspanner eine helle Flügelfarbe. Dunkel gefärbte Birkenspanner traten selten auf. Die unterschiedliche Merkmalsausprägung der Flügelfarbe bezeichnet man als *Variation*. Mit wachsender Industrialisierung veränderten sich im England des 19. Jahrhunderts die Umweltbedingungen sehr stark. Durch die Luftverschmutzung und die damit einhergehende Rußablagerung veränderte sich die Farbe der Baumrinden. Besonders die helle Farbe der Birkenrinde wurde immer dunkler. Es wurden häufiger dunkle Exemplare des Birkenspanners um die Industriegebiete herum gesichtet. In den folgenden Jahren nahm die Anzahl der dunklen Birkenspanner weiter zu. Um 1900 gab es fast nur noch Birkenspanner mit dunklen Flügeln. Da die Birkenspanner am Tag über längere Zeit fast regungslos auf Birkenstämmen sitzen, hatten helle Exemplare auf dunkleren Rinden nicht genügend Tarnung zum Schutz vor ihren Beutegreifern, mehreren Singvogelarten. Die hellen Birkenspanner wurden häufiger gefressen, Birkenspanner mit dunkler Flügelfärbung hatten eine deutlich bessere Tarnung und wurden seltener gefressen. Damit hatten sie einen größeren Fortpflanzungserfolg und gaben ihre Eigenschaften an die Nachkommen weiter. Dieser Vorgang heißt *Selektion*.

Seite 83 (Material)

Material A – Natürliche Selektion

A1 Beschreibe die Ergebnisse des Experiments!
Kleine Modelle mit Zickzack-Muster zeigen die höchste Überlebenswahrscheinlichkeit von circa 80 %, die großen, grauen Modelle haben die geringste Überlebenswahrscheinlichkeit von etwa 58%. Insgesamt wurden die kleineren Modelle seltener attackiert als die großen. Von den großen Modellen wurden wiederum die gemusterten deutlich seltener attackiert als die einfarbigen.

A2 Stelle Vermutungen an, welchen Einfluss die Merkmale auf die Überlebenswahrscheinlichkeit haben!
Mit den Modellen wurde versucht, die natürlichen Bedingungen nachzustellen. Daraus könnte geschlossen werden, dass die Zickzackfärbung einen Vorteil bietet und Schlangen mit Zickzackmuster häufiger überleben als einfarbige. Das Muster könnte zur Tarnung dienen, so dass gemusterte Schlangen seltener gefressen werden. Das Muster könnte aber auch als Warnung vor dem Gift der Schlange dienen, sodass gemusterte Schlangen seltener gefressen werden.
Die Größe der Schlangen wirkt sich auf die Überlebenswahrscheinlichkeit vermutlich so aus, dass größere Schlangen leichter von Greifvögeln gesehen und somit häufiger gefressen werden.

A3 Stelle Vermutungen über die Aussagekraft des Experiments an!
Mögliche Antworten sind:
Die Ergebnisse aus dem Experiment sind nicht auf die Natur übertragbar, da die Modelle nicht mit lebenden Schlangen vergleichbar sind. Nach einer ersten Attacke

würde der Greifvogel sofort bemerken, dass es sich um keine echte Schlange handelt und würde von weiteren Angriffen absehen.
Die Ergebnisse sind mit der Natur vergleichbar, da sich Schlangen häufig sehr ruhig verhalten und für den Greifvogel der Unterschied zwischen dem Modell und einer echten Schlange vor der Attacke nicht erkennbar ist.

Zusatzinformation: Das Experiment stammt aus einer Veröffentlichung von Niskanen & Mappes (Journal of Animal Ecology. 2005.74. 1091–1101). Die Autoren schließen aus ihren Ergebnissen, dass die höhere Überlebenswahrscheinlichkeit der großen Schlangen mit Zickzackmuster auf Aposematismus (Warnfärbung) zurückzuführen ist. Die Ergebnisse schließen jedoch nicht aus, dass das Muster lediglich zur Tarnung dienen könnte.

Material B – Modellexperiment zu Selektionsfaktoren

B1 Vergleiche die Varianten der Fische in den Gefäßen!
Gemeinsamkeiten: Die Zahnkärpflinge sind alle gleich gebaut und gleich groß. In beiden Gefäßen gibt es jeweils sieben Fische.
Unterschiede: Die Zahnkärpflinge unterscheiden sich in ihrer Färbung: Es gibt hellgrau gefärbte und schwarze Tiere. Im linken Gefäß gibt es mehr helle Zahnkarpfen (5 helle, 2 dunkle), im rechten Gefäß sind es mehr dunkle Fische (5 dunkle, 2 helle).

B2 Erläutere an diesem Beispiel die Wirkung der Selektion in Abhängigkeit von Umweltfaktoren!
Helle Zahnkarpfen sind auf dunklem Untergrund genau wie dunkle Zahnkarpfen auf hellem Untergrund einem hohen Selektionsdruck durch Beutegreifer wie zum Beispiel Fisch fressende Vögel ausgesetzt. Deshalb überleben besonders viele Tiere, die durch ihre Färbung gut an den Untergrund angepasst sind und damit ihren Beutegreifern entgehen.
In diesem Beispiel wirken die Umweltfaktoren „Farbe der Umgebung“ und „Beutegreifer“. Beide Umweltfaktoren bewirken gemeinsam bei entsprechend langem Einwirken einen Selektionsdruck auf die Zahnkarpfen, deren Erbinformation sich daraufhin ändern kann. Diese Änderung kann dann zur Bildung von Unterarten und in langen Zeiträumen zu neuen Arten führen.

B3 Begründe, weshalb dieses Experiment nur Modellcharakter haben kann!
Modelle sind vereinfachte Darstellungen der Realität. Wichtiges wird herausgehoben, Unwichtiges wird weggelassen. In diesem Modell wird das Wirken eines Selektionsdrucks durch das Zusammenspiel von abiotischen und biotischen Umweltfaktoren beispielhaft beschrieben. Dabei wird jedoch außer Acht gelassen, dass Selektionsprozesse in einem langen Zeitraum ablaufen. Dieses Experiment zeigt nur eine Momentaufnahme. Außerdem wird nicht berücksichtigt, dass immer mehrere Selektionsfaktoren nebeneinanderwirken und sich gegenseitig beeinflussen. Hier könnten zum Beispiel Algenbewuchs im See, Wellengang oder andere Beutetiere den Selektionsdruck verringern.

DARWINS Theorie

Seite 84–86

1 Beschreibe, wie DARWIN beziehungsweise LAMARCK die Entstehung des dicken Körnerfresserschnabels beim Großen Grundfink erklären würden! Erstelle dazu zwei Flussdiagramme wie in Abbildung 04!
DARWIN, geänderte Umwelt: Eine Gruppe von Finken mit durchschnittlichem, nicht besonders dickem Schnabel ist auf einer Insel angekommen, auf der viele verschiedene Pflanzensamen mit weicher bis sehr harter Schale vorkommen. → Variabilität in der Population: Es gibt zufällig wenige Finken mit etwas dickeren und kräftigeren Schnäbeln, aber auch einige mit durchschnittlichen, nicht besonders dicken Schnäbeln und wenige mit recht kleinen Schnäbeln. → Die wenigen Finken, die einen etwas dickeren und kräftigeren Schnabel haben, können die harten Samenschalen knacken und sie können sich und ihre Nachkommen gut mit Nahrung versorgen und sich daher erfolgreicher fortpflanzen. Sie sind besonders gut an die geänderte Umwelt angepasst. Die wenigen Finken mit einem recht kleinen Schnabel erreichen gerade so viel Nahrung, wie sie zum Überleben brauchen, und haben einen geringen Fortpflanzungserfolg. → Insgesamt finden sich in den nächsten Generationen mehr Finken mit der Merkmalsausprägung „kräftiger, dicker Schnabel“ als in der ursprünglichen Population. → DARWIN betrachtet bei seiner Theorie immer eine ganze Population.
LAMARCK, geänderte Umwelt: Eine Gruppe von Finken mit durchschnittlichem, nicht besonders dickem Schnabel ist auf einer Insel angekommen, auf der viele verschiedene Pflanzensamen mit weicher bis sehr harter Schale vorkommen. → Die Finken haben das neue Bedürfnis, auch die harten Schalen zu knacken, was ihnen zunächst mit ihren Schnäbeln nicht gelingt. → Der Schnabel wird durch den ständigen Gebrauch zum Knacken härterer Samen immer dicker. → Die Finken zeigen die erworbene Merkmalsausprägung „dicker Schnabel“. Mit diesem Schnabel gelingt das Knacken der harten Samenschalen. → Die Finken mit der neu erworbenen Merkmalsausprägung pflanzen sich fort und ihre Nachkommen zeigen die Merkmalsausprägung „dicker, kräftiger Schnabel“ auch. → LAMARCK betrachtet bei seiner Theorie einzelne Individuen.

Seite 87 (Material)

Material A – Taubenzucht

A1 Stelle an einem Beispiel dar, wie Taubenzüchter vorgehen würden, um eine neue Rasse ausgehend von der Felsentaube zu erhalten!

Ein Taubenzüchter beobachtet bei seinen Tauben ein Tier, das mehr und längere Federn an den Füßen hat als die anderen Vögel. Der Züchter nimmt dieses Tier (Taube A) und bringt es mit einer kräftigen Felsentaube des anderen Geschlechts zusammen, die eventuell sogar eine ähnliche Fiederung an den Füßen zeigt. Vielleicht sucht er auch bei anderen Züchtern nach Tauben mit diesem Merkmal. Wenn sich die Tiere fruchtbar gepaart haben, wartet der Taubenzüchter die Eiablage und die Aufzucht der Jungvögel ab. Unter den Jungvögeln befinden sich vielleicht ein oder mehrere Tiere, die eine ähnliche Fiederung an den Füßen zeigen wie Taube A. Vielleicht sind sogar Exemplare darunter, die noch mehr und noch längere Federn zeigen. Vielleicht muss er die Paarung jedoch wiederholen, wenn kein Jungvogel die Eigenschaften von Taube A zeigt. Jungvögel mit dem bevorzugten Merkmal zieht er sorgsam auf und bringt sie immer wieder zur Paarung mit anderen Vögeln, die ebenfalls dieses Merkmal zeigen. Dabei achtet er darauf, dass es nicht zu oft zur Paarung zwischen eng verwandten Tieren kommt. Nach einiger Zeit erhält der Züchter Exemplare, die zunehmend der Trommeltaube in der Grafik entsprechen.

A2 Nenne die wesentlichen Aussagen von DARWINs Theorie von der Entstehung der Arten durch natürliche Zuchtwahl!

DARWIN geht davon aus, dass die Individuen einer Population immer mehr Nachkommen produzieren, als für die Arterhaltung notwendig sind. Weiterhin formuliert er, dass die Individuen einer Population nie gleich sind. Stattdessen besteht eine große genetische Variation in einem oder mehreren Merkmalen. Die Variationen der meisten Merkmale sind vererbbar. Die Varianten unter den Nachkommen, die am besten an die Umweltbedingungen angepasst sind, überleben und bekommen Nachkommen, was DARWIN als natürliche Selektion bezeichnete.

A3 Erkläre, weshalb DARWIN das Vorgehen der Taubenzüchter als Begründung für seine Idee von der Entstehung der Arten heranzog!

Ein Züchter wählt aus einer Gruppe von Tieren immer nur diejenigen zur Weiterzucht aus, die die gewünschten Merkmale zeigen. Die anderen Tiere vernachlässigt er. Weiterhin sorgt er durch die gezielte Paarung von ausgewählten Tieren, dass die Anlagen für die gewünschten Merkmale der Eltern möglichst auf die Jungvögel vererbt werden. Jungvögel, die nicht das gewünschte Merkmal zeigen, werden bei der Weiterzucht nicht mehr berücksichtigt. So erhält der Züchter schließlich eine neue Rasse. Dieses Vorgehen bestärkt DARWIN in seiner Idee, dass auch die natürliche Selektion zur Veränderung der Arten führen kann.

Material B – Röhrenschnauze des Ameisenbärs

B1 Beschreibe, wie DARWIN die Entstehung der Röhrenschnauze mit langer Zunge beim Ameisenbär erklären würde! Erstelle dazu ein Flussdiagramm wie in Abbildung 04!

Eine Gruppe von ameisenbärartigen Tieren ohne Röhrenschnauze und lange Zunge findet in offenem Grasland neuen Lebensraum. Sie sind Insektenfresser. Ameisennester und Termitenbauten stellen eine gute Nahrungsquelle dar. → Variabilität in der Population: Es gibt zufällig wenige Tiere mit etwas längerer Schnauze und längerer Zunge, aber auch einige mit durchschnittlichen Schnauzen und Zungen und wenige mit recht kurzen Schnauzen und Zungen. → Die wenigen Tiere, die eine längere Schnauze und auch eine längere Zunge haben, können die Ameisen oder Termiten sehr gut aus den Löchern und Furchen ihrer Bauten erbeuten. Sie sind daher gut mit Nahrung versorgt und können sich erfolgreich fortpflanzen. Sie sind besonders gut an die geänderte Umwelt angepasst. → Insgesamt finden sich in den nächsten Generationen mehr ameisenbärartige Tiere mit den Merkmalsausprägungen „Röhrenschnauze“ und „lange Zunge“ als in der ursprünglichen Population. → DARWIN betrachtet bei seiner Theorie immer eine ganze Population.

B2 Erkläre, welche Vorteile beziehungsweise Nachteile mit einer längeren oder kürzeren Röhrenschnauze und Zunge verbunden sein könnten!

Eine noch längere Zunge könnte den Vorteil haben, dass der Ameisenbär die Ameisen oder Termiten aus weiteren und tiefer liegenden Gängen ihrer Bauten herausholen kann. Er könnte damit mehr Nahrung bekommen als viele seiner Artgenossen. Wenn dadurch aber die Zunge länger als die Schnauze des Tieres ist und heraushängt oder die Schnauze nicht mehr geschlossen werden kann, kann das zu empfindlichen Verletzungen führen. Dann wäre der Vorteil eines vermehrten Nahrungserwerbs mit dem Gesundheitsrisiko verknüpft. Ob dann noch ein Vorteil bleibt, würde sich an den fortpflanzungsfähigen Nachkommen zeigen. Eine lange Schnauze und eine lange Zunge vergrößern das Gewicht des Schädels und es wird möglicherweise schwierig, den Kopf zu halten und zu bewegen. So würde es dem Ameisenbär schwer fallen, die sehr lange Zunge in die Gänge der Bauten einzuführen und Nahrung zu finden. Die Tiere könnten also trotz der längeren Zunge gegenüber ihren Artgenossen keinen Ernährungsvorteil haben. Ähnliches gilt auch, wenn die Röhrenschnauze und die Zunge zu kurz sind, sodass diese nicht in die hinteren Teile der Bauten gelangt, wo sich die meisten Ameisen oder Termiten befinden. Eine kürzere Zunge hat jedoch für heutige Ameisenbären keinen Vorteil gegenüber einer langen Zunge, weil sie nur die bekannte Art des Nahrungserwerbs haben. Hierzu müssen sie mit der Zunge weit genug in die Gänge der Ameisen kommen.

B3 Stelle Vermutungen an, weshalb die Röhrenschnauze der Ameisenbären im Verlaufe der Evolution nicht immer länger wird!

Mit zunehmender Verlängerung der Röhrenschnauze kommt es neben den bereits genannten Vorteilen wahrscheinlich auch zu Nachteilen, sodass die betroffenen Individuen gegenüber ihren Artgenossen schlechtere Ernährungsmöglichkeiten oder schlechtere Überlebenschancen haben. Solche Tiere finden nur selten einen oder überhaupt keinen Fortpflanzungspartner. Sie haben also weniger Nachkommen als andere Individuen in der Population. Somit wird es auch immer seltener Ameisenbären geben, die ebenfalls eine deutlich verlängerte Schnauze zeigen. Die Anlagen für dieses Merkmal werden also nur vereinzelt oder überhaupt nicht mehr in der Population auftreten und weitervererbt.

Versorgung mit Stoffen und Energie

1 Der Körper besteht aus Zellen

Von der Zelle zum Organismus

Seite 92–94

1 Beschreibe anhand von zwei ausgewählten Zellen aus Abbildung 03 den Zusammenhang zwischen Struktur und Funktion!
Nervenzellen sind lang gestreckte Zellen, die zahlreiche Verästelungen am Zellkörper aufweisen und einen langen Ausläufer besitzen, der wiederum viele Verästelungen am Ende besitzt. Verschiedene Nervenzellen stehen miteinander in Verbindung und bilden komplexe Nervengewebe, wie etwa im Gehirn. Ausläufer und Verästelungen stellen die Verbindungen zu anderen Nervenzellen her und ermöglichen den Kontakt zwischen den einzelnen Zellen. Dadurch können Informationen weitergeleitet werden. Durch den langen Ausläufer können Informationen über längere Strecken geleitet werden.

Fettzellen sind kugel- bis eiförmig. Sie enthalten nur wenig Zytoplasma, das sich hauptsächlich am Rand der Zelle befindet. Auch der Zellkern ist an den Rand gedrängt. Ein Großteil der Zelle wird zur Nährstoffspeicherung genutzt. Entsprechend ist viel flüssiges Fett in der Zelle gelagert.

Muskelzellen haben eine lang gestreckte Form und enthalten feine, fadenartige Strukturen, die sich verkürzen können. Ein Verkürzen der fadenartigen Strukturen führt dazu, dass der Muskel kontrahiert. Dadurch wird Bewegung ermöglicht.

Stammzellen besitzen keine spezialisierte Form, sodass sie noch alle Entwicklungsmöglichkeiten haben.

Seite 95 (Material)

Material A – Gewebe bei Tieren

A1 Betrachte die abgebildeten Gewebe mit einer Lupe! Zeichne und beschrifte jeweils eine typische Zelle!
siehe Abbildung rechts

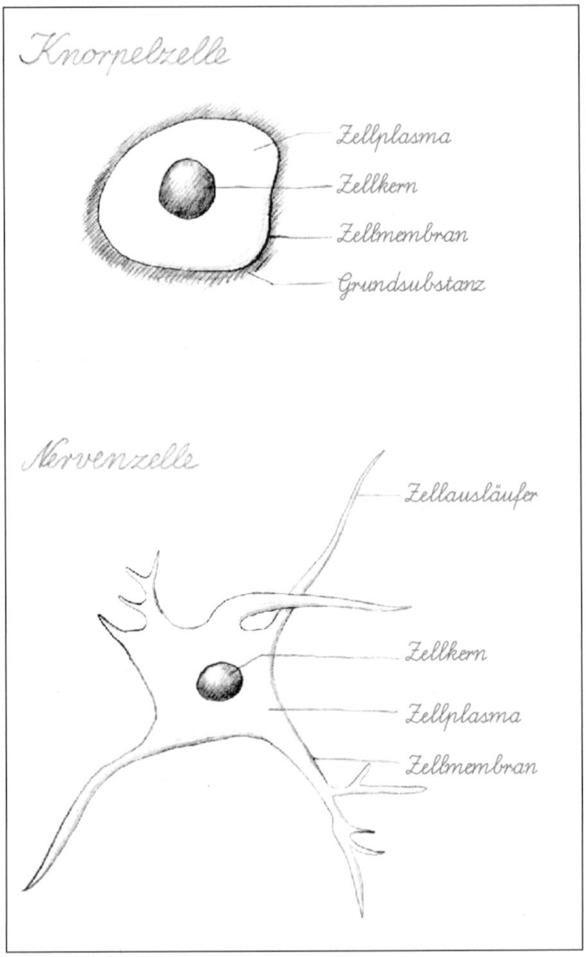

A2 Benenne die Gewebe mithilfe der gezeichneten Zellen! Nimm Abbildung 03 und Seite 93 zu Hilfe!
Die Zellen der linken Abbildung haben abgerundete Ecken und einen großen Zellkern. Sie sind in einer Grundsubstanz eingebettet und gleichen der in Abbildung 03 abgebildeten Knorpelzelle. Das Gewebe der linken Abbildung ist also *Knorpelgewebe*.
Die Zellen der rechten Abbildung haben mehrere lange Zellausläufer, ähnlich der in Abbildung 03 abgebildeten Nervenzelle. Die Abbildung zeigt *Nervengewebe*.

Material B – Gewebe und Organe des Menschen

B1 Nenne die mit Buchstaben gekennzeichneten Gewebe!
a = Nervengewebe, **b** = Dünndarmepithel, **c** = Muskelgewebe, **d** = Gewebe der Bronchien und Luftröhre, **e** = Knochengewebe

Gestufte Hilfe: Vorgabe der Fachbegriffe in ungeordneter Reihenfolge.

B2 Beschreibe den Bau von zwei der abgebildeten Gewebe und ordne diese jeweils einem Grundgewebetyp zu!
Erwartet werden zwei der folgenden Beschreibungen:

Nervengewebe: Besteht aus Zellen mit langen Fortsätzen, über die die Nervenzellen miteinander in Verbindung stehen. Der Zellkörper ist vergleichsweise klein. Nervengewebe ist ein Grundgewebe.

Dünndarmepithel: Besteht aus zylinderförmigen Zellen, die in einer Zellschicht dicht nebeneinander angeordnet sind. Die Zellen besitzen einen großen Zellkern und auf der in den Darmhohlraum weisenden Seite viele kleine Zellausstülpungen. Dünndarmepithel gehört zu den Deck- oder Epithelgeweben.

Muskelgewebe: Besteht aus langen, seitlich aneinandergrenzenden Strukturen, die eine Querstreifung aufweisen. In den Randbereichen dieser Strukturen liegen Zellkerne, die sich nicht einzelnen Zellen eindeutig zuordnen lassen, weil die Zellgrenzen nicht erkennbar sind. Muskelgewebe ist ein Grundgewebe.

Gewebe der Bronchien und Luftröhre: Besteht aus einer Schicht sehr schlanker, zylinderförmiger Zellen, die dicht in einer Reihe angeordnet sind. An der Basis dieser Zellen befinden sich zusätzlich noch kleinere, tropfenförmige Zellen zwischen den langen Zellen. Zum Luftröhrenhohlraum hin besitzen die langen Zellen viele Wimpern. Luftröhrengewebe gehört zu den Deck- oder Epithelgeweben.

Knochengewebe: Besteht aus Zellen, die viele Zellfortsätze besitzen. Die Zellen liegen in einer Grundsubstanz eingebettet. Knochengewebe gehört zu den Bindegeweben.

B3 Erläutere das Basiskonzept Struktur – Eigenschaft – Funktion an einem der abgebildeten Gewebe!
Erwartet wird eine der folgenden Erläuterungen:

Nervengewebe: Die langen Zellfortsätze dienen zur Weiterleitung von Informationen. Dadurch, dass die Nervenzellen über ihre Zellfortsätze miteinander in Verbindung stehen, ist eine Weiterleitung von Informationen an verschiedene Stellen des Körpers möglich. Die mehrfache Verknüpfung von Nervenzellen ermöglicht auch die Verarbeitung von Informationen.

Dünndarmepithel: Es dient der Aufnahme von Stoffen aus dem Darmhohlraum, die während des Verdauungsvorgangs mithilfe von Enzymen zuvor zerkleinert wurden. Da die vielen kleinen Zellausstülpungen des Dünndarmepithels, die Mikrovilli, die Oberfläche der Zellmembranen, durch die die Stoffe transportiert werden müssen, sehr stark vergrößert, ist eine rasche Aufnahme möglich.

Muskelgewebe: Bei der abgebildeten quergestreiften Muskulatur sind die Muskelzellen zu größeren Einheiten verschmolzen und die für das Zusammenziehen verantwortlichen Muskelfilamente regelmäßig angeordnet. Die sich dadurch im Lichtmikroskop ergebende Struktur der Querstreifung ermöglicht der Muskulatur, sich in eine Richtung zusammenzuziehen.

Gewebe der Bronchien und Luftröhre: Das die Bronchien und Luftröhre auskleidende Deckgewebe hat die Funktion, eingeatmete Staubpartikel und Krankheitserreger abzufangen und wieder nach außen zu befördern. Dies ermöglicht der dichte Wimpernbesatz des Luftröhrenepithels, der mit einer Schleimschicht versehen ist. Eingeatmete Partikel bleiben in dieser Schicht hängen und werden durch die gerichtete Bewegung der Wimpern nach außen transportiert.

Knochengewebe: Knochengewebe ist ein hartes Bindegewebe, das eine Stützfunktion besitzt und als Widerlager für die Muskelbewegung dient. Die Verzahnung der Muskelzellen mithilfe ihrer vielen Zellfortsätze und die Einbettung dieser Zellen in eine harte Grundsubstanz werden dieser Funktion gerecht.

B4 Stelle Vermutungen an, welche Schwierigkeiten bei der künstlichen Herstellung von Organen bestehen!
Während Gewebe aus Zellen eines Zelltyps bestehen, die sich künstlich zu einfachen Zellhaufen oder Zellschichten anordnen lassen, müssten bei Organen mehrere verschiedene Gewebe hergestellt werden, die so zusammenwirken, dass sie die gemeinsamen Aufgaben des Organs erfüllen. Eine große Schwierigkeit besteht dabei darin, die verschiedenen Gewebe räumlich richtig miteinander zu verzahnen und die räumliche Struktur des Organs herzustellen. Insbesondere die Versorgung mit Blutgefäßen und Nerven, die diese Gewebe durchdringen müssen, ist künstlich bisher kaum möglich.

2 Ernährung und Verdauung

Nahrungsmittel und ihre Inhaltsstoffe

Seite 96–98

1 Nenne die Bedeutung der Inhaltsstoffe von Lebensmitteln für den Menschen!
Kohlenhydrate: Bedeutung als Energiequelle.
Fette: Bedeutung als Energiequelle sowie für das Wachstum und die Entwicklung des Körpers.
Proteine: Bedeutung für das Wachstum und die Entwicklung des Körpers, für die Regulation von Vorgängen im Körper sowie als Energiequelle.
Vitamine: Bedeutung für lebenswichtige Vorgänge im Körper und deren Regulation.
Mineralstoffe: Bedeutung für das Wachstum und die Entwicklung des Körpers und deren Regulation sowie für die Aufnahme und Umwandlung von Stoffen.
Ballaststoffe: Anregung der Darmtätigkeit.
Wasser: Bedeutung für die Regulation von Vorgängen im Körper.

Seite 99–101 (Material)

Versuch A – Nachweis von Glukose mit Teststreifen

A1 Vergleiche sofort die Färbungen der Testfelder mit der Farbskala auf der Teststreifendose! Beschreibe deine Beobachtungen!
Beim Teststreifen, der in destilliertes Wasser getaucht wurde, bleibt das Testfeld gelb. Beim Teststreifen, der in die Glukoselösung getaucht wurde, wird das Testfeld grün bis blaugrün.
Zusatzinformation: Es ist wichtig, dass die Teststreifen nur maximal zwei Sekunden in die zu prüfende Lösung getaucht werden, dass nach dem Herausnehmen der anhaftende Lösungstropfen durch Abtupfen mit der Kante auf einem Filterpapier entfernt wird und dass die Auswertung nach 30 bis spätestens 60 Sekunden nach dem Herausnehmen erfolgt. Bei längerem Kontakt mit der zu prüfenden Lösung und späterer Auswertung ist die Farbintensität des Testfeldes verändert.

A2 Prüfe mit neuen Teststreifen, ob Traubensaft, Milch und 25 ml destilliertes Wasser, in dem ein Spatellöffel Honig gelöst wurde, Glukose enthalten!
Bei Honig und Traubensaft verfärbt sich das Testfeld grün bis grün-blau. Sie enthalten Glukose. Bei Milch bleibt das Testfeld gelb. Sie enthält keine Glukose.
Zusatzinformation: Honig hat einen sehr hohen Glukosegehalt von 33,9 Gramm pro 100 Gramm Honig, bei Weintrauben beträgt der Glukosegehalt 7,18 Gramm pro 100 Gramm. Beide Tests zeigen daher ein positives Ergebnis. Milch enthält nur 0,006 Gramm Glukose pro 100 Gramm. Der Test verläuft daher negativ.

Versuch B – Nachweis von Glukose mit der Fehling-Probe

B1 Beschreibe, woran man erkennt, dass das zweite Reagenzglas Glukose enthält!
Die Lösung im Reagenzglas mit Glukose färbt sich orangerot bis rotbraun. Am Boden des Reagenzglases setzt sich eine so gefärbte Schicht ab.

B2 Untersuche mit dieser Methode die Lebensmittel aus Versuch A! Beschreibe deine Beobachtungen!
Die Lösungen der Reagenzgläser mit gelöstem Honig, mit Traubensaft und mit Milch färben sich rot.
Zusatzinformation: Die Fehling-Probe ist im Unterschied zur Teststreifenmethode kein spezifischer Glukosenachweis, sondern zeigt generell beim Vorhandensein von Aldehydgruppen eine positive Reaktion. Aldehydgruppen wirken in alkalischem Milieu, das durch die Natronlauge der Fehling II-Lösung entsteht, reduzierend. Dabei wird das in der Fehling I-Lösung vorhandene blaue Kupfer(II)sulfat zu rotem Kupfer(I)oxid reduziert. Im Honig kommt neben der Glukose etwa die gleiche Menge Fruktose vor. Fruktose besitzt keine Aldehydgruppe, sondern eine Ketogruppe, die nicht reduzierend wirkt. Im alkalischen Milieu findet aber eine Umwandlung der Fruktose in Glukose statt. Die Fehling-Probe weist daher bei Honig auf einen noch höheren Gehalt an Glukose hin als die Teststreifenmethode. Milch enthält etwa fünf Prozent Laktose, ein aus Glukose und Galaktose bestehender Zweifachzucker. Bei der Fehling-Probe öffnen sich die ringförmigen Einfachzucker und die Aldehydgruppen bewirken eine positive Reaktion. Bei Saccharose, die aus Fruktose und Glukose besteht, ist eine Ringöffnung nicht möglich. Die Fehling-Probe ist hier negativ.
Die Fehling-Probe wurde 1848 von Hermann FEHLING als erste Methode zur quantitativen Bestimmung von Zucker im Harn eingeführt.

Versuch C – Nachweis von Stärke mit der Iod-Kaliumiodid-Lösung

C1 Beschreibe, woran man das Vorhandensein von Stärke erkennt!
Stärke färbt sich bei Zugabe von Iod-Kaliumiodid-Lösung tiefblau bis violett.

C2 Nenne die Lebensmittel, die Stärke enthalten!
Kartoffeln, Reis und Bananen enthalten Stärke.
Zusatzinformation: Bei Kartoffeln und Reis zeigt sich direkt nach dem Auftropfen ein blauer Fleck, bei Bananen entwickelt sich nach einiger Zeit ein graublauer Fleck. Diese Lebensmittel enthalten also Stärke. Bei Äpfeln und Joghurt bleibt die aufgetropfte Iod-Kaliumiodid-Lösung gelb, sie enthalten keine Stärke.

Stärke besteht zu 20 Prozent aus spiralig aufgebauter Amylose und zu 80 Prozent aus verzweigt aufgebautem Amylopektin. Beim Nachweis mit Iod-Kaliumiodid-Lösung bildet die Amylose mit Iod eine Einschlussverbindung. Iodmoleküle lagern sich in die Amylosespirale ein, wodurch die blaue bis violette Färbung zustande kommt. Bananen enthalten nur ein bis zwei Prozent Stärke. Je reifer die Bananen sind, desto mehr Stärke ist bereits zu Glukose abgebaut.

Versuch D – Nachweis von Fett mit der Fettfleckprobe

D1 Beschreibe, woran man das Vorhandensein von Fett erkennt!
Auf dem Filterpapier ist nach dem Trocknen das Wasser nicht mehr zu erkennen. Das Fett ist dagegen noch als glasiger Fleck sichtbar.

D2 Untersuche mit dieser Methode verschiedene Lebensmittel! Nenne die Lebensmittel, die Fett enthalten!
Milch sowie die filtrierten Flüssigkeiten der Erdnüsse und des Käses enthalten Fett.

Versuch E – Nachweis von Fett mit Sudan III-Lösung

E1 Beschreibe, woran man das Vorhandensein von Fett erkennt!
Das Fett setzt sich oben auf dem Wasser ab und färbt sich nach dem Schütteln rot.

E2 Stelle mit dieser Methode fest, welche Lebensmittel aus Versuch D Fett enthalten!
Vergleiche die Ergebnisse mit denen der Fettfleckprobe!
Milch, Erdnüsse und Käse enthalten Fett. Die Ergebnisse stimmen mit denen der Fettfleckprobe überein.
Zusatzinformation: Sudan III ist ein Farbstoff, der sich wesentlich besser in unpolaren Lösungsmitteln löst als in polaren. In einem Fett-Wasser-Gemisch reichert sich daher der Farbstoff in der Fettphase an.

Versuch F – Nachweis von Protein mit Teststreifen

F1 Vergleiche sofort die Färbungen der Testfelder mit der Farbskala auf der Teststreifendose! Beschreibe deine Beobachtungen!
Beim Teststreifen, der in destilliertes Wasser getaucht wurde, bleibt das Testfeld gelb. Beim Teststreifen, der in die Eiklarlösung getaucht wurde, wird das Testfeld grün.
Zusatzinformation: Für die Handhabung der Teststreifen gelten die Zusatzinformationen von A1.
Das Eiklar von einem Ei reicht für eine ganze Klasse, wenn man mit destilliertem Wasser eine Eiklarlösung herstellt und diese auf die Arbeitsgruppen aufteilt.

F2 Prüfe mit neuen Teststreifen das Vorkommen von Protein in verschiedenen Lebensmitteln! Nenne die Lebensmittel, die Protein enthalten!
Bei Milch und Bohnen ist der Proteinnachweis deutlich positiv. Bei Orangensaft ist eine schwache grünliche Verfärbung des Testfeldes zu beobachten.
Zusatzinformation: Eier enthalten 12,8 Gramm Protein pro 100 Gramm. Dabei enthält das Eigelb 16,1 Gramm und das Eiklar 10,9 Gramm pro 100 Gramm. Vollmilch enthält 3,3 Gramm, getrocknete grüne Bohnen 20,2 Gramm, getrocknete dicke Bohnen 28,1 Gramm und Orangensaft 0,7 Gramm Protein pro 100 Gramm. Orangenlimonade enthält kein Protein.

Versuch G – Nachweis von Protein mit der Biuretprobe

G1 Beschreibe, woran man das Vorhandensein von Protein erkennt!
Die Lösung im zweiten Reagenzglas, die Eiklar enthält, verfärbt sich violett. Die Lösung im ersten Reagenzglas bleibt hellblau.
Zusatzinformation: Proteine bilden aufgrund ihrer Peptidbindungen mit Kupfer(II)-Ionen im alkalischen Milieu violette Komplexverbindungen.

G2 Untersuche in gleicher Weise die Lebensmittel aus Versuch F! Vergleiche die Ergebnisse mit denen aus Versuch F!
Eiklarlösung, Milch und Bohnen enthalten Protein. Sie bewirken eine deutliche Violettfärbung. Bei Orangensaft zeigt sich eine schwache Violettfärbung. Die Ergebnisse entsprechen denen aus Versuch F.

Verdauung von Kohlenhydraten

Seite 102–104

1 Beschreibe, wie Stärke verdaut wird!
Der erste Verdauungsvorgang findet im Mund statt. Der Mundspeichel zerlegt die Stärke in kleine Stücke, die Maltose, die nur aus je zwei Glukosebausteinen bestehen. Stärke, die im Mund nicht verdaut wurde, wird im Zwölffingerdarm durch den Bauchspeichel zu Maltose abgebaut.
Der Abbau der Maltose zu Glukose findet im Dünndarm durch den Dünndarmsaft statt.
Zusatzinformation: Aus Gründen der Vereinfachung wurde im Text und in der Abbildung 04 auf Seite 104 darauf verzichtet, die genaue Wirkung der Amylase beim Menschen darzustellen.
Die α-Amylase, die in den Verdauungssäften von Tier und Mensch enthalten ist, setzt nicht am Ende der Stärkeketten an, sondern an allen Stellen des Moleküls. Die Spaltung der Stärke durch α-Amylase lässt daher nicht nur Maltosen entstehen, sondern auch kurze Ketten aus mehr als zwei Glukosemolekülen und auch einzelne Glu-

kosemoleküle. In der Abbildung der Amylase-Wirkung ist nur die Entstehung von Maltosemolekülen dargestellt. Die β-Amylase, die in keimenden Samen vorkommt, setzt am Ende des Stärkemoleküls an. Durch sie entstehen nur Maltosemoleküle.

2 Erläutere das Basiskonzept Struktur – Eigenschaft – Funktion am Beispiel des Dünndarms!

Der Dünndarm ist so gebaut, dass seine Oberfläche besonders groß ist. Dazu ist seine Wand in Falten gelegt, aus denen kleine Fortsätze, die Darmzotten in den Darmraum hineinragen. Die äußere Zellmembran der Darmzotten ist vielfältig zu Mikrovilli eingefaltet. Durch diese Oberflächenvergrößerung kann der Dünndarm seine Funktion, die Aufnahme von Bausteinen der Nährstoffe ins Blut, besonders gut erfüllen.

Zusatzinformation: Die Oberflächenvergrößerung bietet auch den Vorteil, besonders viel Dünndarmsaft abgeben zu können.

3 Beschreibe die Arbeitsweise von Enzymen!

Enzyme können Stoffe bei Körpertemperatur umwandeln. Dazu heften sich Enzyme zunächst an den Stoff, der verändert werden soll. Wenn das geschehen ist, erfolgt die Umwandlung, zum Beispiel die Spaltung in zwei Bestandteile. Danach löst sich das Enzym wieder von dem jetzt umgewandelten Stoff. Nach diesem Vorgang liegt es wieder in der gleichen Form vor, wie vorher. Es kann sich daher sofort wieder an einen Stoff binden, der umgewandelt werden soll.

Seite 105 (Material)

Material A – Wirkung des Speichels auf Stärke

A1 Beschreibe den Versuchsaufbau!

Es werden zwei Reagenzgläser mit der gleichen Menge an Stärkelösung in je ein Becherglas gestellt. Beide Stärkelösungen sind mit Iod-Kaliumiodid-Lösung blauviolett gefärbt. Das Reagenzglas steht in einem Becherglas mit Wasser, das bei Versuch A eine Temperatur von 37 °C und bei Versuch B eine Temperatur von 12°C hat. Die Temperatur wird mit einem Thermometer kontrolliert. In beide Reagenzgläser wird mit einer Pipette die gleiche Menge an Mundspeichel eingetropft. Beide Reagenzgläser bleiben drei Minuten in den Bechergläsern stehen.

A2 Erkläre das Ergebnis des Versuchs A!

Im Versuch A entfärbt sich die Stärkelösung nach der Zugabe von Speichel. Die blauviolette Färbung der Lösung zu Beginn des Versuchs zeigt an, dass Stärke vorhanden ist. Das Enzym Amylase im zugegebenen Speichel hat dazu geführt, dass die Stärke in Glukose zerlegt wurde. Weil Iod-Kaliumiodid-Lösung nur Stärke färbt, aber nicht Glukose, verschwindet die blaue Farbe, wenn die Stärke abgebaut wurde.

Gestufte Hilfe: Berücksichtige, dass Iod-Kaliumiodid-Lösung Stärke blauviolett färbt, aber nicht Glukose.

A3 Stelle Vermutungen an, wie sich das Ergebnis des Versuchs B erklären ließe!

Im Versuch B herrschen die gleichen Bedingungen vor, wie in Versuch A, bis auf die Temperatur. Sie beträgt statt 37 °C nur 12 °C. Dass sich die Stärkelösung nicht entfärbt, könnte daran liegen, dass das Enzym Amylase des Mundspeichels bei einer so geringen Temperatur nicht oder nur langsam wirken kann.

A4 Begründe, weshalb die Stärke angefärbt wurde!

Die Stärke wurde angefärbt, um nachzuweisen, dass sie im Reagenzglas enthalten ist. Wenn man die Stärke nicht anfärbt, kann man nicht erkennen, ob sie abgebaut wird oder bestehen bleibt.

A5 Begründe, weshalb in beiden Versuchen alle Versuchsbedingungen außer einer gleich sein mussten!

Durch die Versuche sollte die Frage geklärt werden, ob die Temperatur für die Wirkung von Amylase im Mundspeichel von Bedeutung ist. Wenn die Versuchsergebnisse bei 37 °C anders sind als bei 12 °C kann man darauf schließen, dass die Temperatur für die Wirkung der Amylase von Bedeutung ist. Wenn in den Versuchen noch eine weitere Bedingung unterschiedlich wäre, zum Beispiel die Menge an gelöster Stärke, könnte man nicht entscheiden, ob die unterschiedlichen Versuchsergebnisse durch die unterschiedliche Temperatur oder durch die unterschiedliche Menge an gelöster Stärke zustande gekommen sind.

Gestufte Hilfen:
Hilfe 1: Überlege, welche Folgen es hätte, wenn nicht alle Bedingungen gleich wären.
Hilfe 2: Überlege, was passieren würde, wenn bei Versuch B mehr Stärke im Reagenzglas vorhanden wäre als bei Versuch A.

Material B – Wirkung von Enzymen

B1 Beschreibe die im Schema dargestellten Vorgänge, durch die ein Stoff mithilfe eines Enzyms gespalten wird!

Der Stoff, der gespalten werden soll (*a*), heftet sich an ein Enzym (*b*).
Das Enzym beginnt, die Verbindung zwischen zwei Bestandteilen des Stoffes zu lösen (*c*).
Der Stoff ist in zwei Bestandteile gespalten (*d*).
Die beiden Bestandteile des Stoffes lösen sich vom Enzym (*e*).
Das Enzym ist unverändert und bereit, sich wieder mit dem Stoff, der bei a dargestellt ist, zu verbinden (*f*).

B2 Begründe mithilfe des Schemas, weshalb nur eine geringe Menge von Enzymen für die Spaltung einer großen Stoffmenge erforderlich ist!
Das Enzym wird bei der Spaltung des Stoffes nicht verändert. Das gleiche Enzym kann daher in kurzen Abständen hintereinander immer wieder den Vorgang der Spaltung auslösen. Wenn das Enzym bei der Spaltung verbraucht würde, wäre eine viel größere Menge an Enzym für die Spaltung der gleichen Stoffmenge erforderlich.

B3 Fertige ein ähnliches Schema an, in dem dargestellt ist, dass ein Enzym nur einen bestimmten Stoff spalten kann!

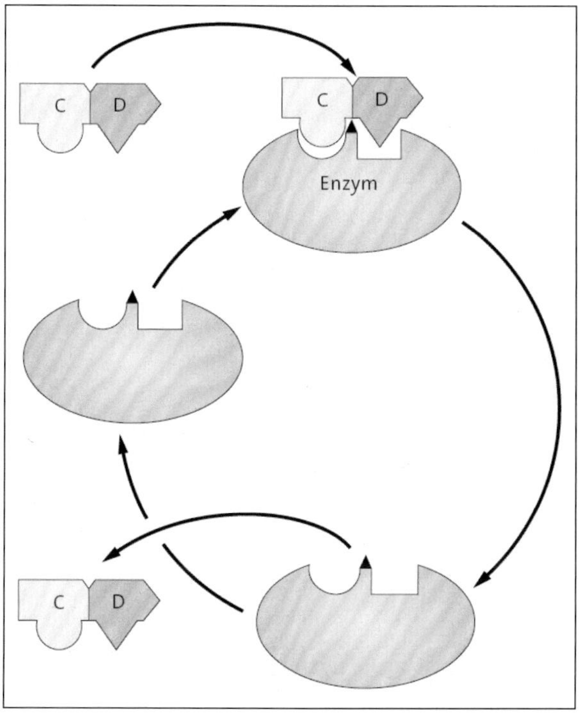

Gestufte Hilfen:
Hilfe 1: Beachte die Form des Enzyms und der Stoffe.
Hilfe 2: Überlege, welche Form ein Stoff haben müsste, wenn das Enzym ihn nicht spalten kann.

Zusatzinformation: In das Schema, das angefertigt werden soll, muss ein zweiter Stoff eingetragen werden, der von seiner Form her nicht in die Aussparungen auf der Oberseite des Symbols für das Enzym passt. Dadurch wird dargestellt, dass die Spaltung nur erfolgen kann, wenn der zu spaltende Stoff eine Verbindung mit einer bestimmten Stelle des Enzyms eingeht.

B4 Erläutere am Beispiel des bei B3 angefertigten Schemas das Basiskonzept Struktur – Eigenschaft – Funktion!
Ein Enzym kann seine Funktion, zum Beispiel die Spaltung eines Stoffes, nur erfüllen, wenn die Struktur des Enzyms zu der des Stoffes passt, der gespalten werden soll. Nur so können sich Enzym und Stoff für eine kurze Zeit miteinander verbinden, sodass die Spaltung in Gang gesetzt wird.

Verdauung von Proteinen und Fetten

Seite 83 – 84

1 Beschreibe, wie Proteine verdaut werden!
Im Magen werden die Proteine durch Proteasen des Magensafts in kurze Aminosäureketten zerlegt. Im daran anschließenden Zwölffingerdarm, der in den Dünndarm übergeht, wirken weitere Enzyme auf die Aminosäureketten ein. Sowohl der Bauchspeichel, der von der Bauchspeicheldrüse in den Zwölffingerdarm abgegeben wird, als auch der Dünndarmsaft, der von der Dünndarmwand gebildet wird, enthalten Proteasen, die die Aminosäureketten in einzelne Aminosäuren spalten.

2 Erläutere, weshalb die Proteine der Nahrung anders gebaut sind als die, aus denen die Zellen des Menschen bestehen!
Durch die Verdauung erhalten die Zellen des Menschen über das Blut Aminosäuren, die aus den Proteinen der Nahrung stammen. In den Zellen werden diese Aminosäuren zu neuen Proteinen zusammengesetzt, allerdings in einer anderen Reihenfolge als in den Proteinen der Nahrung. Daher sind die Proteine, die der Mensch mit der Nahrung aufnimmt, anders gebaut als die, aus denen seine Zellen bestehen.

3 Beschreibe die Aufgabe der Magensäure!
- Sie schafft eine saure Umgebung. Das ist erforderlich, weil die Proteasen des Magensaftes nur in saurer Umgebung wirken können.
- Sie fällt gelöste Proteine aus Flüssigkeiten aus. Dadurch werden sie nicht so schnell in den Darm weitertransportiert, sodass die Proteasen länger Zeit haben, sie abzubauen.
- Sie tötet in der Nahrung enthaltene Krankheitserreger ab, zum Beispiel Bakterien.

4 Begründe, weshalb ein Proteinmangel besonders gefährlich ist!
Proteine sind die Hauptbestandteile der Zellen des Menschen. Weil sie nicht unbegrenzt haltbar sind, müssen sie ständig neu gebildet werden. Bei Proteinmangel können alte, nicht mehr funktionsfähige Proteine nicht durch neue ersetzt werden. Dadurch kommt es zu gefährlichen Gesundheitsstörungen. Das gilt vor allem für Kinder. Wenn Proteine fehlen, können sie keine oder nicht mehr genügend neue Zellen bilden, sodass es zu Wachstumsstörungen kommt.

Gestufte Hilfe: Berücksichtige die Lebensdauer und den Hauptbestandteil der menschlichen Zellen.

5 Nenne Verdauungsorgane, die am Abbau der Fette beteiligt sind!
die Bauchspeicheldrüse, die Leber und die Gallenblase, der Zwölffingerdarm und der Dünndarm

6 Erläutere das Prinzip der Oberflächenvergrößerung am Beispiel der Wirkung von Galle!
Die Gallenflüssigkeit löst große Fetttropfen in viele kleine auf. Die gleiche Menge Fett hat eine größere Oberfläche, wenn sie als viele kleine Tropfen vorliegt, als wenn sie nur aus wenigen großen Tropfen besteht.

7 Begründe, weshalb die Galle in einigen Fachbüchern nicht als Verdauungssaft bezeichnet wird!
Unter Verdauung versteht man den Abbau von Nährstoffen in ihre Bestandteile. Galle ist zwar an der Verdauung von Fett beteiligt, enthält aber keine Fett abbauenden Enzyme. Weil sie also nicht in der Lage ist, Fett in seine Bestandteile Glycerin und Fettsäuren zu zerlegen, darf man sie nicht als Verdauungssaft bezeichnen. Die in der Galle enthaltenen Stoffe zerteilen lediglich die Fetttropfen und machen sie für die Lipasen des Bauchspeichels und des Dünndarmsafts leichter zugängig.

Seite 111 (Material)

Material A – Verdauung von Nährstoffen

A1 Benenne die mit Zahlen gekennzeichneten Bereiche!
1 = Mundhöhle, **2** = Magen, **3** = Leber, **4** = Gallenblase, **5** = Bauchspeicheldrüse, **6** = Dünndarm

Gestufte Hilfe: Vorgabe der Fachbegriffe in ungeordneter Reihenfolge.

A2 Nenne die Fachbegriffe für die in der Abbildung B dargestellten Symbole und ordne sie den passenden Stellen des Schemas A zu! Dabei sind Mehrfachnennungen möglich.
a = Protein → Mundhöhle (1) und Magen (2)
b = kurze Aminosäureketten → Magen (2) und Dünndarm (6)
c = Aminosäuren → Dünndarm (6)

Gestufte Hilfe: Vorgabe der Fachbegriffe in ungeordneter Reihenfolge.

A3 Ordne die Enzyme Proteasen, Lipasen, Maltase, Amylasen den Stellen der Abbildung A zu, an denen sie gebildet werden!
Proteasen: Magen (2), Bauchspeicheldrüse (5) und Dünndarm (6)
Lipasen: Bauchspeicheldrüse (5) und Dünndarm (6)
Maltasen: Dünndarm (6)
Amylasen: Mundhöhle (1) und Bauchspeicheldrüse (5)

Gestufte Hilfe: Vorgabe der Fachbegriffe für die Orte der Verdauung

A4 Nenne die Organe, die an der Bildung und Speicherung der Flüssigkeit beteiligt sind, die Fett in kleine Tropfen verteilt!
Leber (3) und Gallenblase (4)

A5 Nenne den Ort, an denen die Nährstoffe oder ihre Bestandteile in das Blut aufgenommen werden!
Die Nährstoffe oder ihre Bestandteile werden im Dünndarm (6) ins Blut aufgenommen.

Material B – Wirkung von Proteasen

B1 Beschreibe die Versuchsbeobachtungen und Versuchsergebnisse!
Das Fleischstück im Reagenzglas 1 wurde nicht abgebaut. Das Wasser im Reagenzglas ist klar geblieben.
Das Fleischstück im Reagenzglas 2 wurde nur zu einem geringen Teil abgebaut. Das Wasser im Reagenzglas ist trüb geworden.
Das Fleischstück im Reagenzglas 3 wurde vollständig abgebaut. Das Wasser ist trüb geworden.

B2 Erkläre das Versuchsergebnis im Reagenzglas 3!
Das im Reagenzglas enthaltene Pepsin ist eine Protease. Durch sie wurde das Protein, der wichtigste Bestandteil von Fleisch, in seine Bausteine, die Aminosäuren, zerlegt. Dadurch verschwand des Fleischstück und das Wasser wurde durch die Abbauprodukte und die Bestandteile, des Fleisches, die keine Proteine sind eingetrübt.

B3 Nenne die Voraussetzung dafür, dass Pepsin wirken kann!
Pepsin kann nur wirken, wenn die Umgebung sauer ist. Im Versuch wurde das durch die Salzsäure erreicht.

B4 Begründe, weshalb die Bedingungen in allen Reagenzgläsern gleich sein mussten!
Im Versuch sollte untersucht werden, welche der Bestandteile des Magensafts, Pepsin und Salzsäure, Fleisch abbauen. Wenn in den drei Reagenzgläsern außer der Flüssigkeit, mit der die Fleischstücke bedeckt wurden, noch weitere Bedingungen unterschiedlich gewesen wären, hätte man nicht darauf schließen können, dass der Abbau besonders schnell verläuft, wenn sowohl Pepsin wie auch Salzsäure vorhanden sind. Wenn zum Beispiel das Reagenzglas 3 in einer wärmeren Umgebung gestanden hätte, dann hätte auch die höhere Temperatur die Ursache für den Abbau des Fleischstückchens sein können. Dann hätte man nicht unterscheiden können, ob die Temperatur oder der Gehalt an Salzsäure und Pepsin die Bedingung ist, die für den vollständigen Abbau des Fleischstückchens verantwortlich ist.

Gestufte Hilfe: Überlege, welche Folgen es hätte, wenn nicht alle Bedingungen gleich wären.

B5 Entwirf einen ähnlichen Versuch, durch den die Bedeutung der Galle für den Abbau von Öl untersucht wird!
Der Versuch könnte so durchgeführt werden:
In drei Reagenzgläsern, die gleich viel Wasser enthalten, wird jeweils die gleiche Menge an Öl gefüllt. Alle Bedingungen sind für die drei Reagenzgläser gleich. Zum Beispiel wird die gleiche Art von Öl benutzt und die Temperatur, die Belichtung, die Versuchsdauer und Ähnliches sind gleich. In ein Reagenzglas werden einige Tropfen Galle gegeben und in ein weiteres einige Tropfen einer Flüssigkeit, die Lipasen enthält. In das dritte Reagenzglas gibt man sowohl Galle wie auch Lipasen in der gleichen Menge, wie in den beiden anderen Reagenzgläsern. Nach jeweils der gleichen Zeit beobachtet man, ob und gegebenenfalls welche Veränderungen sich in den Reagenzgläsern ergeben haben.

Gestufte Hilfe: Öl besteht aus Fett, Fette werden durch Lipasen abgebaut, die Galle unterstützt den Fettabbau.

Zusatzinformation: eventuell Färbung mit Sudan-III-Lösung in den Versuch aufnehmen (siehe Lehrbuch S. 100)

3 Atmung, Blut und Blutkreislauf

Lunge – Atmung und Gasaustausch

Seite 114–116

1 Beschreibe die Bewegungen bei der Brust- und Bauchatmung!
Brustatmung: Beim Einatmen zieht sich die Zwischenrippenmuskulatur zusammen. Dadurch heben sich die Rippen, sodass sie weniger schräg verlaufen. Das hat eine Erweiterung des Brustkorbs zur Folge.
Beim Einatmen erschlafft die Zwischenrippenmuskulatur und die Elastizität des Brustkorbs lässt die Rippen in die schräg nach unten gerichtete Stellung zurücksinken. Dadurch verringert sich der Raum, den der Brustkorb umschließt.
Bauchatmung: Beim Einatmen ziehen sich die Muskeln des Zwerchfells zusammen. Dadurch wird die kuppelförmige Wölbung des Zwerchfells flacher und es senkt sich in Richtung Bauchraum ab. Das hat eine Erweiterung des Brustraums nach unten zur Folge. Beim Ausatmen drücken die Eingeweide des Bauches das Zwerchfell wieder in seine ursprüngliche Stellung zurück. Dadurch wird der Brustraum wieder kleiner.

2 Beschreibe den Zusammenhang von Struktur und Funktion am Beispiel der Lungenbläschen!
Die Lungenbläschen sind so gebaut, dass in kurzer Zeit viel Sauerstoff an das Blut abgegeben und viel Kohlenstoffdioxid in die Luft aufgenommen werden kann.
Die Wände der Lungenbläschen und der sie umgebenden Lungenkapillaren sind sehr dünn, sodass die Gase leicht hindurchwandern können.
Die Lungenbläschen sind in sehr großer Anzahl vorhanden. Dadurch bilden sie eine sehr große Gesamtoberfläche, an der gleichzeitig sehr viel Sauerstoff und Kohlenstoffdioxid ins Blut beziehungsweise in die Luft übertreten können.
Die Lungenkapillaren sind ebenfalls in sehr großer Anzahl vorhanden. Auch sie bilden dadurch eine sehr große Oberfläche, an der der Gasaustausch in kurzer Zeit stark ablaufen kann.
Die Lungenkapillaren liegen den Lungenbläschen sehr eng an. Dadurch ist der Weg, den der Sauerstoff und das Kohlenstoffdioxid nehmen müssen, sehr kurz, sodass der Gasaustausch sehr schnell vonstatten gehen kann.

Seite 117 (Material)

Material A – Atembewegungen

A1 Vergleiche den Zustand des Brustkorbs bei A und B! Beschreibe, wie sich A in den bei B dargestellten Zustand ändert!
Bei A ist der Brustkorb enger und schmaler als bei B. Die Rippen sind stärker schräg nach unten gerichtet als bei B. Der Zustand des Brustkorbs bei A ändert sich in den bei B, wenn sich die Zwischenrippenmuskulatur zusammenzieht.

A2 Vergleiche die beiden Tabellen! Ordne die Tabellen den Abbildungen des Brustkorbs zu! Begründe die Zuordnung!
Vergleich: In der Tabelle 1 ist der Sauerstoffgehalt der Luft geringer (17 Prozent) als in Tabelle 2 (21 Prozent), der Gehalt an Kohlenstoffdioxid ist höher (4 Prozent) als in Tabelle 2 (0,03 Prozent). Der Gehalt an Stickstoff und an den anderen Gasen ist in beiden Tabellen gleich.
Zuordnung: Tabelle 1 – Abbildung A
Tabelle 2 – Abbildung B
Begründung: Tabelle 1 gibt die Zusammensetzung der Luft in der Luftröhre an, die ausgeatmet wird; Tabelle 2 zeigt die eingeatmete Luft. Die ausgeatmete Luft hat in der Lunge einen Teil ihres Sauerstoffs abgegeben und Kohlenstoffdioxid aufgenommen. Daher ist der Sauerstoffgehalt von 21 Prozent auf 17 Prozent gesunken und

der Gehalt an Kohlenstoffdioxid von 0,03 Prozent auf 4 Prozent gestiegen.
Beim Ausatmen wird der Raum des Brustkorbs kleiner, beim Einatmen größer. Der enge und schmale Brustkorb mit den schräg nach unten weisenden Rippen umschließt einen kleineren Raum als der weite Brustkorb in Abbildung B. Abbildung A zeigt daher den Brustkorb, wenn der Mensch ausatmet; B, wenn er einatmet. Daher muss Tabelle 1 (ausgeatmete Luft) der Abbildung A und Tabelle 2 (eingeatmete Luft) der Abbildung B zugeordnet werden.

Gestufte Hilfen:
Hilfe 1: Berücksichtige bei der Zuordnung vor allem die Werte für Sauerstoff und Kohlenstoffdioxid.
Hilfe 2: Stelle zunächst fest, welche der Abbildungen des Brustkorbs den Zustand während der Ein- beziehungsweise der Ausatmung darstellt. Überlege dann, wie hoch der Gehalt an Sauerstoff beziehungsweise Kohlenstoffdioxid ist, wenn von außen kommenden Luft durch die Luftröhre in die Lunge strömt beziehungsweise wenn Luft aus der Lunge in Richtung Mund und Nase strömt.
Hilfe 3: Tabelle 1 gibt die Werte bei der Ausatmung an, Tabelle 2 bei der Einatmung.

A3 Beschreibe die Vorgänge, die zu den Unterschieden führen, die in den Tabellen dargestellt sind!
In den Lungenbläschen wandert ein Teil des Sauerstoffs aus der Luft durch die Wände des Lungenbläschen und der daran angrenzenden Kapillaren in das Blut über. Auf dem gleichen Weg tritt Kohlenstoffdioxid aus dem Blut in die Luft der Lungenbläschen über. Dadurch verliert die Luft Sauerstoff und reichert sich mit Kohlenstoffdioxid an.

Gestufte Hilfe: Berücksichtige dabei vor allem die Vorgänge, die in den Lungenbläschen ablaufen.

Material B – Luftmenge in der Lunge

B1 Bestimme mithilfe der Grafik die Luftmenge, die bei ruhendem Körper mit einem Atemzug aufgenommen wird und die Luftmenge, die maximal aufgenommen werden kann!
Bei ruhendem Körper nimmt die Lunge mit einem Atemzug 0,5 Liter Luft auf. Maximal kann sie mit einem Atemzug 3,5 Liter Luft aufnehmen.

Gestufte Hilfe: Suche in der Grafik zunächst den Wert für den Ruhezustand, der angibt, wie viel Luft nach der Ausatmung in der Lunge vorhanden ist (2,5 l).

B2 Berechne die Luftmenge, die bei ruhendem Körper in die Lunge aufgenommen wird: pro Minute, pro Stunde und pro Tag!

Pro Minute: Der Grafik ist zu entnehmen, dass der Mensch für einen Atemzug etwa 4 Sekunden benötigt. Eine Minute hat 60 Sekunden. Er atmet also in einer Minute 15-mal (60 : 4 = 15). Bei jedem Atemzug nimmt er 0,5 Liter Luft auf.
Daher: $15 \cdot 0{,}5\,l = 7{,}5\,l$
Der Mensch nimmt pro Minute 7,5 Liter Luft auf.

Pro Stunde: $60 \cdot 7{,}5\,l = 450\,l$
Der Mensch nimmt pro Stunde 450 Liter Luft auf.

Pro Tag: $24 \cdot 450\,l = 10\,800\,l$
Der Mensch nimmt pro Tag 10 800 Liter Luft auf.

Gestufte Hilfen:
Hilfe 1: Stelle zunächst fest, wie viel Sekunden ein Atemzug dauert. Lese dazu ab, wie viel Zeit zwischen zwei aufeinanderfolgenden höchsten Punkten der grün gezeichneten Kurve vergeht.
Hilfe 2: Ein Atemzug dauert vier Sekunden. Berechne zunächst, wie viele Atemzüge in einer Minute gemacht werden. Multipliziere diese Zahl der Atemzüge mit dem bei B1 berechneten Wert.

B3 Ein Schwimmer benötigt etwa 45 Liter Luft pro Minute. Beschreibe, wie sich die Grafik ändert, wenn die Atmung des Schwimmers dargestellt wird!
Der Schwimmer atmet häufiger und die bei einem Atemzug aufgenommene Luftmenge ist größer. Im rechten Bereich der Grafik (normale Atmung) werden die Wellen schmaler, sie folgen in kürzerer Zeit aufeinander. Außerdem werden sie höher, da die pro Atemzug aufgenommene Luftmenge größer ist.

Gestufte Hilfe: Berücksichtige sowohl den Ausschlag der Kurven nach oben und unten als auch die Häufigkeit der Ausschläge.

B4 Die Leistungsfähigkeit einer Lunge kann als die Luftmenge angegeben werden, die ein Mensch maximal bei einem Atemzug ausatmen kann. Ermittle diesen Wert mithilfe der Grafik!
Zur Berechnung muss man die Luftmengen, die der Mensch maximal einatmen kann (3,5 l) zu der Menge addieren, die er maximal ausatmen kann (1,2 l).
Daher: $3{,}5\,l + 1{,}2\,l = 4{,}7\,l$
Der Mensch kann bei einem Atemzug maximal 4,7 Liter Luft ausatmen.

Gestufte Hilfe: Berücksichtige die Maximalwerte der Grafik für die Ein- und Ausatmung.

Zusatzinformation: Bei den angegebenen Daten handelt es sich um Durchschnittswerte der Bevölkerung. Der Wert gibt die Vitalkapazität an. Er kann je nach Körpergröße, Körpergewicht, Alter, Geschlecht von dem in der Aufgabe errechneten Wert (4,7 Liter) abweichen. Bei Spitzensportlern kann sie zum Beispiel sehr viel höher liegen, bis zu 7 Liter.

Material C – Kehlkopf

C1 Beschreibe die Aufgabe des Kehlkopfdeckels

Der Kehlkopfdeckel verschließt beim Einatmen die Speiseröhre und gibt die Luftröhre frei. Dadurch ist gewährleistet, dass die Luft in die Lunge strömt und nicht in den Magen.

Beim Transport der Nahrung vom Mund in die Speiseröhre verschließt der Kehlkopfdeckel die Luftröhre. So verhindert er, dass die Nahrung in die Luftröhre gerät. Das kann dazu führen, dass die Luftröhre verstopft, sodass der Mensch nicht mehr atmen kann.

C2 Um Laute beim Sprechen zu erzeugen, muss Luft durch die Stimmbänder im Kehlkopf strömen. Erkläre mithilfe der Abbildung, weshalb man beim Essen nicht reden sollte!

Beim Sprechen strömt Luft durch den Kehlkopf. Das ist nur möglich, wenn der Kehlkopfdeckel den Weg durch die Luftröhre frei gibt. Wenn man beim Essen spricht, besteht die Gefahr, dass Teile der Nahrung unbeabsichtigt durch den Rachen in die Nähe des Kehlkopfes und von dort in die offen liegende Luftröhre gelangen. Man verschluckt sich. In schweren Fällen kann das lebensgefährlich sein, weil wegen der verstopften Luftröhre keine Atmung mehr möglich ist.

Gestufte Hilfe: Vergleiche zunächst den Weg der Luft und den Weg der Nahrung im Rachen und Kehlkopf.

Blut – Zusammensetzung und Aufgaben

Seite 120–122

1 Nenne die festen und flüssigen Bestandteile des Blutes!

Flüssige Bestandteile: Blutplasma

Feste Bestandteile: rote Blutzellen, weiße Blutzellen, Blutplättchen

2 Berechne die Anzahl der roten Blutzellen, die in fünf Litern Blut enthalten sind!

In 1 Milliliter Blut befinden sich etwa 5 Milliarden = 5 000 000 000 rote Blutzellen.

In 1000 Milliliter Blut befinden sich 5 Billionen = 5 000 000 000 000 rote Blutzellen.

In 5 Liter Blut befinden sich 5 mal 5 000 000 000 000 = 25 Billionen rote Blutzellen.

Die Anzahl der roten Blutzellen in fünf Litern Blut beträgt also 25 Billionen.

Gestufte Hilfe: 1 l entspricht 1 000 ml.

3 Beschreibe den Zusammenhang zwischen Struktur und Funktion der roten Blutzellen!

Die roten Blutzellen haben die Form einer in der Mitte eingedellten Scheibe. Durch diese Form vergrößert sich die Oberfläche im Vergleich zu einer nicht eingedellten, flachen Scheibe. Über die so vergrößerte Oberfläche kann mehr Sauerstoff aufgenommen und abgegeben werden.

Die roten Blutzellen haben keinen Zellkern. Der Platz, den der Zellkern einnehmen würde, ist mit Hämoglobin gefüllt. Auf diese Weise kann eine rote Blutzelle mehr Hämoglobin enthalten und so mehr Sauerstoff transportieren.

4 Stelle die Unterschiede zwischen roten und weißen Blutzellen in Form einer Tabelle dar! Berücksichtige dabei ihre Form, Größe, Anzahl und Aufgabe!

	rote Blutzellen	weiße Blutzellen
Form	Scheiben, die in der Mitte eingedellt sind	kugelig
Größe	7 Mikrometer Durchmesse	10 Mikrometer Durchmesser
Anzahl	etwa 5 Milliarden in 1 Milliliter Blut	etwa 5 bis 8 Millionen in einem Milliliter Blut
Aufgaben	Transport von Sauerstoff	Abwehr von Krankheitserregern und Fremdkörpern

5 Stelle den Vorgang der Blutgerinnung als Pfeildiagramm dar!
Verletzung → Aufreißen der Blutplättchen → Freisetzen bestimmter Stoffe → Umwandlung eines im Blutplasma enthaltenen Proteins → Bildung von Fibrin → Verfangen von roten Blutzellen im Fibrinnetz

Gestufte Hilfe: Vorgabe der Begriffe in ungeordneter Reihenfolge

6 Erläutere die Bedeutung der Blutgerinnung!
Die Blutgerinnung sorgt für den Verschluss von Wunden. Dadurch werden Blutungen gestoppt, sodass der Blutverlust meistens gering bleibt. Bei einem Verlust von mehr als einem Liter Blut besteht Lebensgefahr.

Seite 123 (Material)

Material A – Blutspende

A1 Begründe, weshalb zwei Blutspenden nicht zu dicht aufeinanderfolgen dürfen!
Die entnommene Menge Blut, vor allem die fehlenden Blutzellen, müssen ersetzt werden. Die Neubildung der Blutzellen braucht eine gewisse Zeit. Bei zu rascher neuer Blutspende könnte die Menge der Blutzellen so stark absinken, dass gesundheitliche Schäden möglich werden.

A2 Stelle Vermutungen an, weshalb nicht jeder Mensch Blut spenden kann!
Da ein Blutverlust die Leistungsfähigkeit einschränkt und um gesundheitliche Risiken sowohl für den Spender als auch für den Empfänger zu vermeiden, können folgende Personengruppen kein Blut spenden:
- Menschen, die Krankheitserreger im Blut haben, da die Erreger durch eine Blutspende in den Körper des Empfängers gelangen können,
- Menschen, die unter Blutarmut leiden,
- Menschen, die zu alt oder zu jung sind.

A3 Begründe, weshalb die körperliche Leistungsfähigkeit kurz nach einer Blutspende herabgesetzt ist!
Wenn rote Blutzellen fehlen, ist die Sauerstoffversorgung des Körpers entsprechend geringer. Das ist der Grund für die herabgesetzte körperliche Leistungsfähigkeit.

Gestufte Hilfe: Begründe über den Verlust der roten Blutzellen.

Material B – Blutbestandteile

B1 Nenne für jede Person den Bestandteil des Blutes, dessen Wert vom normalen Zustand abweicht!
Person A: Es gibt keine Unterschiede, alle Werte sind normal.
Person B: Die Anzahl der weißen Blutzellen ist deutlich geringer.
Person C: Die Anzahl roten Blutzellen ist deutlich geringer.
Person D: Die Anzahl der Blutplättchen ist deutlich geringer.

B2 Beschreibe die Schwierigkeiten, mit denen die Personen B, C und D zu kämpfen haben! Begründe jeweils mithilfe der Tabelle!
Person B: Diese Person hat Probleme bei der Immunabwehr, weil die hierfür verantwortlichen weißen Blutzellen in zu geringer Zahl vorhanden sind.
Person C: Diese Person hat Probleme mit ihrer körperlichen Leistungsfähigkeit, weil die roten Blutzellen, die Sauerstoff transportieren, in zu geringer Zahl vorhanden sind.
Person D: Diese Person hat Probleme bei der Blutgerinnung, weil die hierfür verantwortlichen Blutplättchen in zu geringer Zahl vorhanden sind.

Material C – Bluterkrankheit

C1 Nenne Bestandteile des Blutes, die an der Blutgerinnung beteiligt sind!
Blutplättchen, ein bestimmtes im Blutplasma enthaltenes Protein

C2 Begründe, weshalb die Krankheit so gefährlich ist!
Das Blut von Bluterkranken kann Wunden nicht schließen. Dadurch kann viel Blut verloren gehen. Wenn weniger Blut vorhanden ist, kann der Körper nicht mehr so gut mit Sauerstoff und Nährstoffen versorgt werden und alle weiteren Transportaufgaben des Blutes sind nur verringert möglich. Bei großem Blutverlust besteht Lebensgefahr.

C3 Begründe, weshalb Bluterkranke schon nach kleinen Stößen große, blutunterlaufene blaue Flecke unter der Haut bilden!
Durch Stöße reißen die dünnen Wände der Kapillaren, so dass Blut in das umgebende Gewebe austritt. Bluterkranken fehlt die Fähigkeit, solche Öffnungen des Blutkreislaufs schnell zu schließen, so dass sich selbst nach geringen Verletzungen der Kapillaren viel Blut im umgebenden Gewebe ansammelt, das große blaue Flecken unter der Haut bildet.

Blutkreislauf

Seite 124–126

1 Nenne die zwei Blutgefäße, die an das Herz anschließen und sauerstoffreiches Blut transportieren!
Die Lungenvene und die große Körperarterie, die Aorta, schließen an das Herz an und transportieren sauerstoffreiches Blut.

2 Beschreibe den Vorteil eines doppelten Blutkreislaufs!

Zwei Kreisläufe bieten den Vorteil, dass in beiden Kreisläufen das Blut mit der vollen Kraft des Herzens transportiert wird. Wenn der Mensch nur einen Blutkreislauf hätte, müsste mit einem Herzschlag das Blut sowohl durch den Körper als auch durch die Lunge gepumpt werden. Der Herzmuskel ist aber nicht in der Lage, so kräftig zu pumpen, dass das Blut im selben Kreislauf zunächst den Körper und dann auch noch die Lunge durchströmen kann.

Zusatzinformation: Bei nur einem Kreislauf müsste der Blutdruck sehr viel höher sein. Im gleichen Kreislauf müsste sowohl der Körper als auch die Lunge mit Blut versorgt werden. In den Kapillaren der Lunge und des Körpers sinkt der Blutdruck jedoch stark ab. Das Blut, das zum Beispiel die Kapillaren des Körpers bereits durchflossen hätte, könnte dann nur mit sehr geringem Druck die Lunge versorgen.

Diese Schwierigkeit ließe sich durch die Erhöhung des Blutdrucks, zum Beispiel durch ein kräftiger schlagendes Herz, lösen. Das wäre aber sehr wahrscheinlich nicht möglich, weil ein höherer Blutdruck stärkere Gefäßwände erfordert. Die Wände der Kapillaren dürfen aber nicht stärker sein, weil dann die Diffusion durch die Gefäßwände nicht oder nicht mehr ausreichend möglich wäre.

3 Erläutere den Zusammenhang von Struktur und Funktion am Beispiel der Kapillarwände!

Struktur: Die Wände der Kapillaren sind sehr dünn.

Funktion: In den Kapillaren gibt das Blut Sauerstoff und Nährstoffe an die Umgebung ab und nimmt Kohlenstoffdioxid und Abfallstoffe aus der Umgebung auf.

Zusammenhang: Die abgegebenen Stoffe wandern durch die Wände der Kapillaren in die Umgebung. Die ins Blut aufgenommenen Stoffe durchqueren die Wände in umgekehrter Richtung. Dieser Transport wird dadurch erleichtert, dass die Kapillarwände sehr dünn sind.

Zusatzinformation: Es kann auch folgender Zusammenhang erläutert werden:

Struktur: Die hohe Anzahl der Kapillaren vergrößert die Oberfläche ihrer Wände (Prinzip der Oberflächenvergrößerung).

Funktion: In den Kapillaren gibt das Blut Sauerstoff und Nährstoffe an die Umgebung ab und nimmt Kohlenstoffdioxid und Abfallstoffe aus der Umgebung auf.

Zusammenhang: Durch die große Oberfläche der Kapillarwände kann das Blut in kurzer Zeit sehr viele Stoffe abgeben und aufnehmen.

Seite 127 (Material)

Material A – Blutkreislauf

A1 Nenne die Fachbegriffe für die mit Zahlen gekennzeichneten Blutgefäße!

1 = Lungenarterie, **2** = Lungenvene, **3** = Aorta (Körperarterie), **4** = obere Hohlvene, **5** = untere Hohlvene

Gestufte Hilfe: Vorgabe der Fachbegriffe in ungeordneter Reihenfolge.

A2 Beschreibe zwei Wege, die eine Blutzelle nehmen kann, wenn sie von der Aorta aus durch den Kreislauf transportiert wird, bis sie die Aorta wieder erreicht hat. Fertige dazu jeweils ein Pfeildiagramm an!

- Weg durch die Kapillaren des Gehirns und des Oberkörpers:
  Aorta → Kapillaren des Gehirns → obere Hohlvene → Herz → Lungenarterie → Kapillaren der Lunge → Lungenvene → Herz → Aorta

- Weg durch die Kapillaren der inneren Organe:
  Aorta → Kapillaren der inneren Organe → untere Hohlvene → Herz → Lungenarterie → Kapillaren der Lunge → Lungenvene → Herz → Aorta

- Weg durch die Kapillaren der Muskeln:
  Aorta → Kapillaren, die die Muskeln durchbluten → untere Hohlvene → Herz → Lungenarterie → Kapillaren der Lunge → Lungenvene → Herz → Aorta

- Weg durch die Kapillaren des Skeletts und der Haut:
  Aorta → Kapillaren die das Skelett und die Haut durchbluten → untere Hohlvene → Herz → Lungenarterie → Kapillaren der Lunge → Lungenvene → Herz → Aorta

Gestufte Hilfen:
Hilfe 1: mögliche Wege vorgeben (Gehirn und Oberkörper, innere Organe, Muskeln, Skelett und Haut).
Hilfe 2: jeweils Vorgabe der zu verwendenden Fachbegriffe.

A3 Stelle die Durchblutungsmenge der im Schema angegebenen Organe als Säulendiagramm dar!

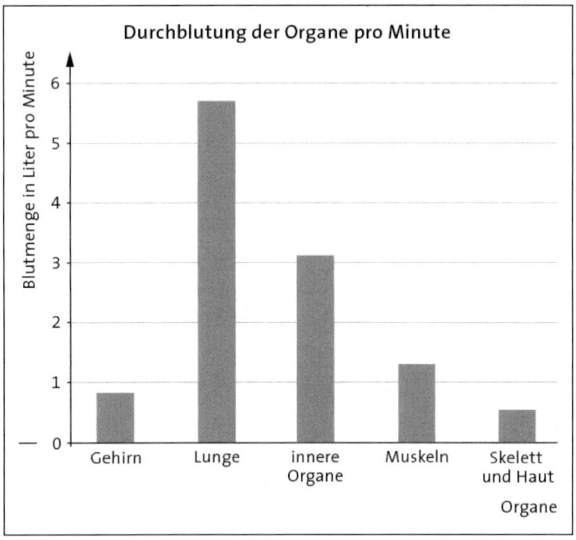

Gestufte Hilfen:
Hilfe 1: Vorgabe der Achsenbeschriftung
Hilfe 2: Vorgabe der Achsenskalierung der Hochachse (1 cm = 1 l)

A4 Während eines Marathonlaufs, einer Klassenarbeit oder der Zeit nach einem reichhaltigen Mittagessen ändert sich die Durchblutung der Organe gegenüber dem Ruhezustand. Stelle Vermutungen an, in welchen Organen die Durchblutung während der oben genannten Tätigkeiten besonders stark ansteigt!
Während eines Marathonlaufs: Muskulatur, Herz, Lunge
Während einer Klassenarbeit: Gehirn
Während der Zeit nach einem reichhaltigen Mittagessen: innere Organe
Zusatzinformation: Im Lehrbuch ist in dem Schema die Durchblutung des Herzens nicht dargestellt. Die Menge des Blutes, die das Herz versorgt, ist daher nicht berücksichtigt. Um die Darstellung zu vereinfachen, ist die Gesamtmenge des Blutes hier als Summe der übrigen Blutmengen angegeben. Die tatsächliche Menge des gesamten Blutes ist daher höher. Die Blutmenge, die das Herz versorgt, müsste noch hinzugerechnet werden.

Material B – Durchblutung der Haut

B1 Vergleiche den Durchmesser der Blutgefäße in Schema A und B!
Im Schema B ist der Durchmesser der Blutgefäße, die unmittelbar unter der Haut liegen, größer als im Schema A. Die äußeren Kapillaren und die außen liegende Vene sind erweitert.

B2 Erläutere den Vorteil, den die Veränderungen der Durchmesser im Schema B mit sich bringen!
Bei körperlicher Anstrengung produziert der Körper mehr Wärme als in Ruhe. Bei einer starken Wärmebildung kann es zu einem Überhitzen des Körpers kommen. Daher ist es vorteilhaft, wenn die Wärme an die Umgebung abgegeben werden kann.
Durch erweiterte Blutgefäße kann mehr Blut fließen. Weil bei körperlicher Anstrengung (Abbildung B) die Gefäße erweitert werden, die direkt unter der Haut liegen, kann mehr Wärme über die Haut an die Umgebung abgegeben werden.

Gestufte Hilfe: Berücksichtige, dass bei körperlicher Anstrengung die Wärmeproduktion hoch ist.

Herz – Bau und Funktion

Seite 128–130

1 Beschreibe die Lage der Segelklappen und der Taschenklappen!
Die Segelklappen befinden sich auf jeder Herzseite zwischen dem Vorhof und der Herzkammer. Die Taschenklappen liegen auf beiden Seiten des Herzens zwischen den Herzkammern und den Arterien.

2 Begründe, weshalb die Herzkranzgefäße so wichtig für das Herz sind!
Der Herzmuskel verrichtet sehr viel Arbeit. Hierfür benötigt er Energie. Diese gewinnt er aus den Nährstoffen, hauptsächlich Glukose. Dazu benötigt er Sauerstoff. Nährstoffe und Sauerstoff werden von den Herzkranzgefäßen an den Herzmuskel heran transportiert. Es müssen aber auch Abfallstoffe und Kohlenstoffdioxid abtransportiert werden. Auch dies erledigen die Herzkranzgefäße.
Wird der Herzmuskel von den Herzkranzgefäßen nicht mehr ausreichend versorgt, so sterben Teile von ihm ab.

3 Beschreibe die Vorgänge während der Diastole und während der Systole!
Während der *Diastole* ist der Herzmuskel entspannt. Das Blut strömt aus den Vorkammern durch die geöffneten Segelklappen in die Herzkammern. Die Taschenklappen sind geschlossen.
Während der *Systole* kontrahiert die Herzmuskulatur, sodass das Blut in den Herzkammern unter Druck gerät, die Taschenklappen sich öffnen und Blut in die Aorta beziehungsweise in die Lungenarterie gepresst wird. Die Segelklappen sind geschlossen. Die Vorkammern sind inzwischen wieder mit Blut aus den Hohlvenen beziehungsweise der Lungenvene gefüllt.

Gestufte Hilfe: Berücksichtige dabei die Kontraktion des Herzmuskels, die Stellung der Klappen und den Blutfluss.

4 Erkläre, wodurch die Segelklappen geschlossen und die Taschenklappen geöffnet werden!
Durch die Kontraktion des Herzmuskels, die den Druck des Blutes in den Herzkammern erhöht, werden die Segelklappen geschlossen. Die Taschenklappen werden dadurch geöffnet.

Seite 131 (Material)

Material A – Bau des Herzens

A1 Benenne die mit Zahlen gekennzeichneten Teile mit Fachbegriffen!
1 = Aorta, **2** = obere Hohlvene, **3** = Segelklappen, **4** = rechte Herzkammer, **5** = untere Hohlvene, **6** = Herzscheidewand, **7** = linke Herzkammer

Gestufte Hilfe: Vorgabe der Fachbegriffe in ungeordneter Reihenfolge.

A2 Begründe, ob sich das Herz in der Diastole oder der Systole befindet!
Das Herz befindet sich in der Diastole, weil die Segelklappen geöffnet und die Taschenklappen geschlossen sind.

Gestufte Hilfe: Beachte den Zustand der Herzklappen.

Zusatzinformation: Eine Begründung über den Kontraktionszustand der Herzkammern und Vorhöfe ist nicht möglich, weil die Abbildung des anderen Zustandes (also der Systole) zum Vergleich nicht vorliegt.

A3 Beschreibe die Fließrichtung des Blutes in den Gefäßen 1 und 5!
1: (sauerstoffreiches) Blut fließt aus der rechten Herzkammer in den Lungenkreislauf zur rechten Lunge.
5: (sauerstoffarmes) Blut fließt aus dem Körperkreislauf in den rechten Vorhof

A4 Stelle Vermutungen an, welche Folgen es hätte, wenn die beiden Bereiche 4 und 7 durch ein Loch im Bereich 6 nicht vollständig voneinander getrennt wären!
Sauerstoffarmes Blut aus der rechten Herzhälfte würde in die linke Herzhälfte gelangen und sich dort mit dem sauerstoffreichen Blut vermischen. Der Sauerstoffgehalt des Blutes in der linken Herzhälfte würde dadurch sinken. Wegen der zu geringen Sauerstoffversorgung wäre die körperliche Leistungsfähigkeit stark beeinträchtigt.

Material B – Sportlerherz

B1 Berechne die Unterschiede der Herzmassen in Prozent zwischen der untrainierten Person und den Sportlern!
Herzmasse (untrainierte Person) = 647 g
→ entsprechend 100 %;
Herzmasse (Kurzstreckenläufer) = 806 g
→ entsprechend 125 % (Steigerung also um 25 %);
Herzmasse (Radsportamateur) = 929 g
→ entsprechend 144 % (Steigerung also um 44 %);
Herzmasse (Radrennprofi) = 1012 g
→ entsprechend 156 % (Steigerung also um 56 %).

Gestufte Hilfen:
Hilfe 1: Gehe davon aus, dass 647 g 100 % entsprechen.
Hilfe 2: Berechne nach der Formel:

$$\frac{100 \cdot \text{Herzmasse der Sportler}}{\text{Herzmasse der untrainierten Person}}$$

B2 Stelle Vermutungen an, wie es zu den dargestellten Unterschieden gekommen sein könnte!
Da die untrainierte Person die kleinste Herzmasse besitzt, müssen die Unterschiede damit im Zusammenhang stehen, wie gut die jeweiligen Personen trainiert sind. Dies legt die Vermutung nahe, dass sich die Masse des Herzens durch Sporttraining vergrößern kann. Eine besonders starke Zunahme der Herzgröße ist möglich, wenn Sportarten betrieben werden, die Ausdauer erfordern. Das zeigen die sehr großen Herzmassen von Radrennprofis und Radsportamateuren.

B3 Erkläre, weshalb das Herz eines trainierten Sportlers unter anderem dafür verantwortlich ist, dass seine Körperleistung höher ist als die einer untrainierten Person!
Je größer ein Herzvolumen ist, desto mehr sauerstoffreiches Blut kann das Herz über die Aorta in den Körperkreislauf pumpen. Durch die bessere Versorgung der Zellen (vor allem der Muskelzellen) mit Sauerstoff sind diese leistungsfähiger.

Gestufte Hilfe: Bedenke dabei vor allem die Sauerstoffversorgung für die Energiegewinnung des Körpers.

B4 Erkläre, weshalb das Herz von Radrennprofis bei ruhendem Körper weniger häufig pro Minute schlägt als das Herz einer untrainierten Person!
In Ruhe besteht kein erhöhter Sauerstoffbedarf. Dieser geringere Sauerstoffbedarf kann wegen der größeren Blutmenge, die das Herz des Radrennprofis in den Körper pumpt, mit weniger Herzschlägen (im Vergleich zur untrainierten Person) gedeckt werden. Die untrainierte Person braucht wegen ihres kleineren Herzvolumens mehr Herzschläge, um den Körper mit der gleichen Sauerstoffmenge zu versorgen wie der Radrennprofi.

Gestufte Hilfe: Bedenke dabei den geringeren Sauerstoffbedarf des ruhenden Körpers.

Material C – Leistungen des Herzens

C1 Berechne jeweils für dem ruhenden und den belasteten Körper, wie viel Liter Blut in einer halben Stunde in die Aorta gepumpt werden!

eine halbe Stunde = 30 Minuten

In Ruhe:

70 ml pro Herzschlag, 70 Herzschläge pro Minute

Blutmenge:

70 ml · 70 · 30 = 147 000 ml = 147 l

Bei Belastung:

70 ml / Herzschlag, 130 Herzschläge / Minute

Blutmenge:

70 ml · 130 · 30 = 273 000 ml = 273 l

In Ruhe werden 147 l Blut und bei Belastung 273 l Blut in einer halben Stunde in die Aorta gepumpt.

Gestufte Hilfen:
Hilfe 1: 1 000 ml entsprechen 1 l.
Hilfe 2: Berechne zunächst die Anzahl der Herzschläge pro Minute und multipliziere diesen Wert mit dem Wert der Blutmenge, die pro Herzschlag in die Aorta gepumpt wird.

C2 Erkläre die Unterschiede, die sich für den ruhenden und den belasteten Körper ergeben!

Der ruhende Körper hat einen weit geringeren Sauerstoffbedarf als der belastete, deshalb ist die Anzahl der Herzschläge pro Minute auch viel kleiner (im vorliegenden Beispiel etwa halb so groß).

Gestufte Hilfe: Berücksichtige den Sauerstoffbedarf des Körpers.

C3 Berechne, wie oft pro Tag bei ruhendem Körper das gesamte Blut durch das Herz fließt!

Wie in C1 ausgerechnet wurde, werden in einer halben Stunde 147 l Blut durch die linke Herzhälfte bewegt, somit 294 l durch beide Herzhälften. In 24 Stunden sind das 48 · 294 l = 14 112 l.

Ein erwachsener Mensch besitzt etwa 6 l Blut. 14 112 l : 6 l = 2 352 l.

Das gesamte Blut des Menschen fließt 2352-mal durch das Herz.

Gestufte Hilfen:
Hilfe 1: Verwende bei der Berechnung den bei C1 ermittelten Wert (147 l). Bedenke dabei, dass bei C1 der Wert nur für eine Herzkammer errechnet wurde.
Hilfe 2: Multipliziere den bei C1 für eine halbe Stunde berechneten Wert mit 48 (pro Tag 24 Stunden, also 48 halbe Stunden). Teile dann den errechneten Wert für die Menge des pro Tag durch das Herz fließende Blut durch den Wert für die gesamte Blutmenge des Körpers (6 l). Antworte in einem ganzen Satz.

C4 Begründe, weshalb die aus beiden Herzkammern in die Blutgefäße ausströmenden Blutmengen gleich groß sein müssen!

Das Herz pumpt Blut in zwei Kreisläufe, in den Lungen und in den Körperkreislauf. und des großen Kreislaufs (Körperkreislauf). Das Kreislaufsystem kann aber nur funktionieren, wenn die vom Herzen abtransportierte Blutmenge genauso groß ist wie die aufgenommene. Es muss also im Lungenkreislauf genauso viel Blut in Richtung Lungen gepumpt werden, wie von den Lungen wieder in das Herz zurückfließt. Entsprechendes gilt auch für den Körperkreislauf.

Gestufte Hilfe: Bedenke, dass das Blut in einem geschlossenen Kreislauf fließt, die Blutgefäße also nie verlässt.

4 Auch Zellen atmen

Zellatmung

Seite 136 (Im Blickpunkt Physik: Energie)

1 Beschreibe den Wechsel des Energieträgers an zwei Beispielen der Abbildung 06!

A: Beim Känguru wird die in der Glukose gespeicherte Energie durch die Zellatmung für die Muskeln nutzbar gemacht. Daher kann das Känguru sich bewegen. Ein Teil der freigesetzten Energie nutzt das Känguru zur Aufrechterhaltung seiner Körpertemperatur.

B: Beim Glühwürmchen wird die Energie der Nährstoffe durch chemische Reaktionen auf Licht übertragen.

C: Im Verbrennungsmotor des Autos wird die Energie des Kraftstoffgemisches zum Antrieb des Motors genutzt. Durch ebenfalls freigesetzte Wärme wird der Motor erhitzt.

D: Beim Verbrennen der Kerze wird die Energie des Kerzenwachses auf Licht übertragen. Ebenfalls wird Wärme freigesetzt.

E: Beim Ventilator wird die Energie des elektrischen Stroms für dessen Bewegung genutzt.

F: Solarzellen nehmen die Energie des Lichts auf und übertragen sie auf elektrischen Strom.

Seite 137 (Material)

Material A – Versuch zum Gasaustausch

Hinweis: Es empfiehlt sich, die dargestellten Versuche durchzuführen. Kalkwasser kann man leicht herstellen, indem man zwei Teelöffel festes Kalziumhydroxid („Löschkalk", $Ca(OH)_2$) mit Wasser in einer 1-Liter-Polyethylenflasche kräftig schüttelt und 24 Stunden verschlossen stehen lässt. Der klare Überstand wird dekantiert oder filtriert. Luftdicht verschlossen kann Kalkwasser einige Wochen aufbewahrt werden.
Bei Verwendung sind die Gefahrstoffhinweise zu beachten.

A1 Beschreibe den Weg der Luft beim Einatmen und beim Ausatmen!

Beim Einatmen wird die Luft durch die linke Waschflasche mit dem darin befindlichen Kalkwasser gesaugt. (In der rechten Waschflasche wird das Kalkwasser nur ein wenig in dem Glasrohr ansteigen.) Die Luft gelangt dann durch den Gummischlauch und das Y-Rohr in den Mund. Beim Ausatmen wird die Luft durch die rechte Waschflasche mit dem Kalkwasser gedrückt. (In der linken Waschflasche steigt das Kalkwasser ein wenig in dem Glasrohr an.) Die ausgeatmete Luft gelangt dann über das Rohr in der rechten Waschflasche nach „draußen".

A2 Formuliere das Versuchsergebnis in zwei Antwortsätzen nach dem Muster: „Wenn ..., dann ..."!

Wenn man durch Kalkwasser ausatmet, dann trübt sich das Kalkwasser und wird milchig weiß.
Wenn man durch Kalkwasser einatmet, dann bleibt das Kalkwasser unverändert farblos und klar.
Hinweis: Der Kohlenstoffdioxidgehalt der Luft im Raum ist so gering, dass er erst zu einer Trübung des Kalkwassers führt, wenn man sehr viel Luft durch Kalkwasser drückt. Dies lässt sich nachweisen, wenn man längere Zeit durch Kalkwasser einatmet.

A3 Erläutere, welche Aussagen man mit diesem Versuch über die eingeatmete und die ausgeatmete Luft machen kann!

Wenn ausgeatmete Luft Kalkwasser weiß und trüb werden lässt, kann man sagen, dass in der ausgeatmeten Luft Kohlenstoffdioxid enthalten ist. Da Kalkwasser durch die eingeatmete Luft nicht getrübt wird, kann man sagen, dass in der eingeatmeten Luft kein Kohlenstoffdioxid nachweisbar ist.

A4 Stelle den Weg der Atemgase durch den menschlichen Organismus in einem Pfeildiagramm dar!

Sauerstoff in der Umgebungsluft
↓
Aufnahme von Luft in das Atmungssystem (Nase, Mund, Rachen, Kehlkopf, Luftröhre, Bronchien mit Bronchiolen, Lungenbläschen in der Lunge)
↓
Aufnahme von Sauerstoff in die roten Blutzellen
↓
Abgabe von Sauerstoff aus den roten Blutzellen an die Zellen der Organe
↓
Verbrauch von Sauerstoff in den Zellen (Mitochondrien)
↓
Abgabe von Kohlenstoffdioxid aus den Zellen an die roten Blutzellen
↓
Abgabe von Luft in das Atmungssystem (Lungenbläschen, Bronchien mit Bronchiolen, Luftröhre, Kehlkopf, Rachen, Mund, Nase)
Kohlenstoffdioxid in der Umgebungsluft

A5 Beschreibe den Zusammenhang zwischen dem Gasaustausch in der Lunge und der Zellatmung in den Mitochondrien!

Der bei der Zellatmung in den Mitochondrien der Zellen benötigte Sauerstoff tritt über die Atemwege in die Lunge und anschließend ins Blut über. Dieses transportiert den Sauerstoff zu den Zellen der Organe. In den Mitochondrien der Zellen findet die Zellatmung statt. Dabei wird Kohlenstoffdioxid freigesetzt, welches mit dem Blut zur Lunge transportiert und in die Ausatemluft abgegeben wird. Da es so scheint, als ob Sauerstoff und Kohlenstoffdioxid getauscht würden, spricht man vom Gasaustausch in der Lunge.

A6 Erstelle ein Schema, in dem du die ablaufenden Vorgänge im Mitochondrium symbolisch darstellst!

individuelle Schülerlösung. Mögliche Darstellungen wären:

Möglichkeit 1:

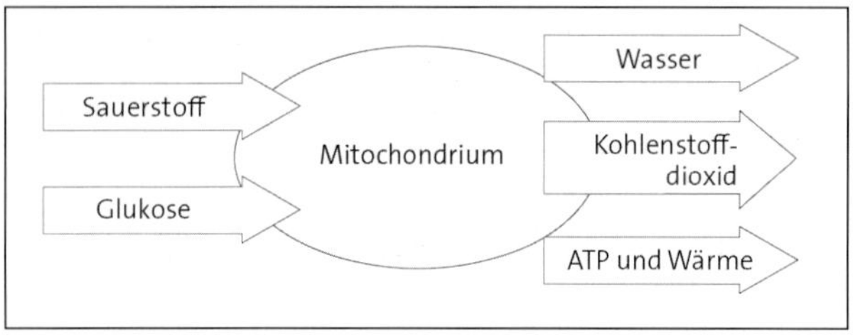

Möglichkeit 2 (chemische Reaktionsgleichung):

Energie

$$6O_2 + C_6H_{12}O_6 \rightarrow 6\,CO_2 + 6\,H_2O$$

Möglichkeit 3: s. Abbildung unten

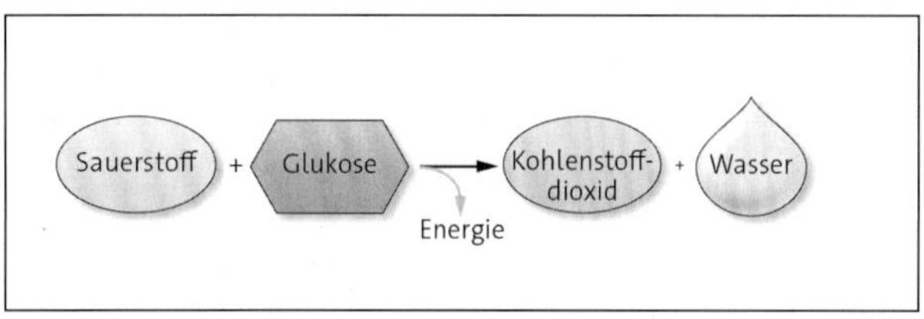

Material B – Energiegehalte von Stoffen

B1 Beschreibe die Aussage des Energiediagramms!

Im Energiediagramm ist der Energiegehalt der Stoffe vor und nach einer Holzverbrennung dargestellt.

Der Energiegehalt des Ausgangsstoffes (Holz) ist höher als der Energiegehalt der Endprodukte (Ruß, Asche, Kohlenstoffdioxid, Wasserdampf).

B2 Energie kann nicht verlorengehen. Erkläre die energetischen Zusammenhänge am Diagramm und ergänze dieses!

Bei der Verbrennung wurde Energie an die Umgebung abgegeben. Dies wird als Lichterscheinung und Erwärmung deutlich.

Hinweis: Im Diagramm muss der linke Balken genauso hoch gezeichnet werden wie der rechte Balken.

B3 Vergleiche die Verbrennung von Holz mit der Zellatmung!

Gemeinsamkeit: Bei beiden Vorgängen werden energiereiche Stoffe zu energiearmen Stoffen und es wird Wärme freigesetzt.

Unterschiede: Bei der Holzverbrennung ist der energiereiche Ausgangsstoff Holz und bei der Zellatmung die Glukose. Bei der Zellatmung gibt es keine Lichterscheinung im menschlichen Körper.

B4 Stelle den Weg der Energie aus den verspeisten Würstchen in einem Pfeildiagramm durch den menschlichen Organismus dar!

Würstchen mit energiereichen Nährstoffen

↓

Transport und/oder Abbau der Nährstoffe
in Mund, Speiseröhre, Magen, Dünndarm

↓

Resorption der energiereichen Bausteine
der Nährstoffe ins Blut

↓

Aufnahme der energiereichen Nährstoffe in die Zellen

↓

Übertragung der Energie aus den Nährstoffen auf andere
Energieträger in den Körperzellen durch die Zellatmung

↓

Nutzen der Energie für z. B. Muskelbewegung,
Aufrechterhaltung der Körpertemperatur

Licht ermöglicht Stoffaufbau

1 Pflanzen produzieren Stoffe

Pflanzen bestehen aus Zellen

Seite 142–143

1 Beschreibe die Aufgaben des Zellkerns, der Chloroplasten und der Mitochondrien!
Der *Zellkern* steuert die Lebensvorgänge in der Zelle. Zuständig dafür ist die Erbinformation, die in der Erbsubstanz, der DNA, liegt.
Die *Chloroplasten* sind die Bereiche einer Zelle, in denen Fotosynthese stattfindet. Hier werden Nährstoffe hergestellt.
In den *Mitochondrien* baut eine Zelle Glukose ab. Sie zerlegt diese Zuckerteilchen in Wasser und Kohlenstoffdioxid, um die dabei frei werdende Energie zu erhalten. Mitochondrien werden daher auch als Kraftwerke der Zelle bezeichnet.
Zusatzinformation: Aus Gründen der didaktischen Reduktion bleibt hier die DNA der Mitochondrien und Plastiden unberücksichtigt.

2 Beschreibe die beiden Zellbestandteile, die die Pflanzenzelle umhüllen!
Das *Zellplasma* wird nach außen hin von einer Membran, der Zellmembran, begrenzt. Darüber liegt bei Pflanzenzellen noch eine stabile, aus miteinander verflochtenen Fäden bestehende Hülle, die *Zellwand.*

3 Nenne den Zellbereich, in dem der Stoffwechsel abläuft!
Der Stoffwechsel einer Zelle läuft im Zellplasma ab.

Seite 144 (Methode)

4 Mikroskopiere das Präparat und betrachte es bei unterschiedlichen Vergrößerungen!
individuelle Schülerlösung. Die Schülerinnen und Schüler können hier eigenständig das Anfertigen eines einfachen Präparats üben.

Seite 145 (Material)

Material A – Die Ebenen einer Pflanzenzelle

A1 Nenne zu den Ziffern 1 bis 4 in Foto B die entsprechenden Fachbegriffe!
1 = Zellkern, **2** = Vakuole, **3** = Zellwand,
4 = Chloroplasten

A2 Die Zeichnungen 1 bis 3 gehören jeweils zu einem der Fotos A bis C. Ordne die Zeichnungen entsprechend zu und begründe deine Zuordnungen!
Zeichnung 1 entspricht Foto B. *Begründung*: Beide Abbildungen zeigen die im Innenbereich liegenden Chloroplasten und den Zellkern.
Zeichnung 2 entspricht Foto C. *Begründung*: Beide Abbildungen zeigen die im Innenbereich liegenden Chloroplasten, der Zellkern ist nicht zu erkennen.
Zeichnung 3 entspricht Foto A. *Begründung*: Beide Abbildungen zeigen nur die im Außenbereich liegenden Chloroplasten.

Material B – Eine Pflanze hat unterschiedliche Zellen

B1 Vergleiche die Struktur der in den Abbildungen A bis C gezeigten Zellen! Beziehe dich hierbei vor allem auf die erkennbare Ausbildung der Zellbestandteile!
Während die Zellen in Abbildung A viele Chloroplasten enthalten und eine relativ dünne Zellwand haben, weisen die Zellen in Abbildung B stark verdickte Zellwände auf; weitere Bestandteile im Zellinneren sind nicht erkennbar. Die Zellen in Abbildung C haben wiederum sehr dünne Zellwände, eine unregelmäßige Form und enthalten mehrere große Stärkekörner.

B2 Deute die Struktur der Zelltypen A bis C im Hinblick auf deren Funktion und nenne entsprechende Teile der Kartoffelpflanze, in denen diese Zellen vorkommen könnten!
Die Zellen in Abbildung A sind aufgrund der Chloroplasten für die Fotosynthese zuständig und kommen wahrscheinlich in den grünen Blättern vor. Die Zellen in Abbildung B haben aufgrund der verdickten Zellwände eine höhere Festigkeit und stützen vielleicht den Stängel der Kartoffelpflanze. Die Zellen in Abbildung C dienen mit den großen Stärkekörnern vielleicht als Stärkespeicher und kommen wahrscheinlich in den stärkehaltigen Kartoffelknollen vor.

Fotosynthese

Seite 146–148

1 Beschreibe den Vorgang der Fotosynthese!
Bei der Fotosynthese wird aus den energiearmen Substanzen Kohlenstoffdioxid und Wasser die energiereiche Substanz Glukose hergestellt. Daneben entsteht Sauerstoff. Licht liefert die dazu notwendige Energie.

2 Erkläre, weshalb es vorteilhaft für die Pflanze ist, dass das Palisadengewebe im oberen Blattbereich liegt!

Das Palisadengewebe besteht aus Zellen, die viele Chloroplasten enthalten. In diesem Gewebe findet der Hauptanteil der Fotosynthese statt. Für die Fotosynthese ist Sonnenlicht notwendig. Damit die Palisadenzellen möglichst viel Licht für die Fotosynthese nutzen können, ist es vorteilhaft, wenn sie dem Sonnenlicht zugewandt sind. Auch die Zellen des Schwammgewebes enthalten Chloroplasten. Da die nutzbare Lichtstärke im Blatt von oben nach unten abnimmt, kann im Schwammgewebe nur wenig Fotosynthese stattfinden.

Seite 149–151 (Material)

Material A – Entdeckung der Fotosynthese

A1 Beschreibe das Versuchsergebnis!
Bei einem Ausgangsgewicht von 2,5 Kilogramm wog die Weide nach fünf Jahren 84,5 Kilogramm. VAN HELMONT stellte somit fest, dass die herangewachsene Weide in fünf Jahren 82 Kilogramm an Masse zugenommen hatte. Die Masse der Erde, in die das Weidenbäumchen eingepflanzt war, nahm um 60 Gramm ab.

A2 Stelle Vermutungen an, weshalb die Erde mit einer Metallplatte abgedeckt wurde!
Durch die Abdeckung der Erde mit einer Metallplatte konnte VAN HELMONT verhindern, dass Erde oder ein anderes Material hinzukam oder abgetragen wurde.
Weitere Vermutungen wären: Die Metallplatte verhindert das Umkippen des Blumenkübels. Die Metallplatte verhindert, dass Insekten oder andere Tiere in die Erde eindringen.

A3 Deute das Versuchsergebnis, wie es auch VAN HELMONT vermutlich getan hat!
Die Weide wurde während der fünf Jahre lediglich mit Regenwasser begossen, die Masse der Erde reduzierte sich kaum. VAN HELMONT schloss aus seinem Experiment, dass Pflanzen außer einer geringen Menge an Stoffen, die sie aus dem Boden beziehen, für ihr Wachstum nur ausreichend Wasser benötigen. Beides nehmen Pflanzen mit ihren Wurzeln aus dem Erdreich auf.

A4 Erkläre das Versuchsergebnis auf Grundlage heutiger Erkenntnisse!
VAN HELMONT konnte nicht wissen, dass die Fotosynthese Grundlage für das Wachstum der Weide ist. Deshalb sind für das Wachstum nicht nur Wasser und Mineralstoffe ausreichend. Heute wissen Biologen, dass Pflanzen neben dem Wasser aus dem Boden Kohlenstoffdioxid aus der Luft entnehmen und mithilfe des Lichts beides in Glukose und Sauerstoff umwandeln.

Gestufte Hilfe: Angabe der Wortgleichung der Fotosynthese.

Material B – Nachweis der Stärkebildung

B1 Erstelle ein Versuchsprotokoll! Gehe von der Frage aus, in welchen Bereichen solcher Laubblätter Stärke nachgewiesen werden kann!
Versuchsprotokoll Datum:
Frage: Wo kann Stärke in grün-weißen Laubblättern nachgewiesen werden?
Vermutung: Nur in den grünen Blattbereichen kann Stärke gebildet werden.
Material: eine Lampe, zwei Bechergläser, eine Petrischale, eine Pinzette, grün-weiße Blätter, siedendes Wasser, heißer Brennspiritus
Aufbau und Durchführung: Zunächst wird eine Pflanze mit grün-weißen Laubblättern für 24 Stunden im Dunkeln gehalten. Anschließend wird sie für mehrere Stunden mit einer Lampe bestrahlt. Ein grün-weißes Laubblatt wird mithilfe einer Pinzette in siedendes Wasser getaucht und anschließend in heißem Alkohol entfärbt. Danach wird das Laubblatt in eine Petrischale gelegt und mit Iod-Kaliumiodid-Lösung betropft.
Beobachtung: Nach der Behandlung mit Iod-Kaliumiodid-Lösung färben sich nur die ursprünglich grünen Blattbereiche dunkelblau. Die hellen Bereiche nehmen die bräunliche Farbe der Iod-Kaliumiodid-Lösung an.
Deutung: Nur in den grünen Blattbereiche wird Stärke gebildet.

Gestufte Hilfe: Vorgabe des allgemeinen Aufbaus eines Versuchsprotokolls (siehe Lehrbuch Seite 107).

B2 Erkläre das Versuchsergebnis!
Die Grünfärbung der Laubblätter in den grünen Blattbereichen grün-weißer Blätter wird durch den Farbstoff Chlorophyll verursacht, der in den Chloroplasten enthalten ist. Nur in den Chloroplasten findet die Fotosynthese statt, die die Glukosebausteine liefert, aus denen die Pflanze den Vielfachzucker Stärke herstellt.
In den hellen Blattbereichen, die frei von Chlorophyll sind, kann daher keine Stärke gebildet werden.

Gestufte Hilfen:
Hilfe 1: Die Fotosynthese findet in den Chloroplasten statt.
Hilfe 2: Das in den Chloroplasten enthaltene Chlorophyll färbt Blattbereiche grün.

B3 Erkläre, weshalb die Pflanze vor dem Stärkenachweis belichtet wurde!
Erst durch die Belichtung wird die Fotosynthese möglich und damit auch die Bildung von Stärke. Somit färben sich die grünen Blattbereiche bei Behandlung mit Iod-Kaliumiodid-Lösung dunkelblau.

B4 Erkläre, weshalb die Pflanze vor dem Stärkenachweis im Dunkeln gehalten wurde!
Die Dunkelhaltung ist erforderlich, weil Stärke auch außerhalb der Chloroplasten im Laubblatt, zum Beispiel

in den hellen Blattbereichen, gespeichert wird. Diese Speicherstärke liegt also nicht an der Stelle, an der sie gebildet wurde. Während der Dunkelheit baut die Pflanze die Stärke ab und verwendet sie als Nährstoff.
Durch die Dunkelhaltung im Experiment wird gewährleistet, dass mit der Blaufärbung tatsächlich nur die Orte der Stärkebildung nachgewiesen werden und nicht auch andere Orte, an denen Stärke nur gespeichert wird.

Gestufte Hilfe: Überlege, was passiert, wenn man die Pflanze nicht im Dunkeln halten würde.

Material C – Fotosynthese und Licht

C1 Stelle das Versuchsergebnis in einem Liniendiagramm grafisch dar!

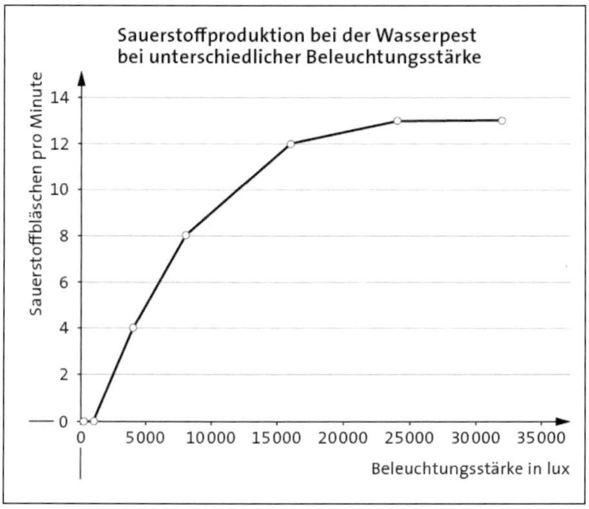

Gestufte Hilfe: Vorgabe der Achsenbeschriftung.

C2 Beschreibe den Kurvenverlauf!
In dem Diagramm ist dargestellt, wie viele Sauerstoffbläschen pro Minute bei verschiedener Beleuchtungsstärke entstehen. Die Hochachse repräsentiert die Sauerstoffbläschen pro Minute, die Rechtsachse die Beleuchtungsstärke in Lux. Bis zu einer Beleuchtungsstärke von 4000 lux können keine Sauerstoffbläschen pro Minute gezählt werden. Ab 4000 lux steigt die Anzahl der gemessenen Sauerstoffbläschen pro Minute mit zunehmender Beleuchtungsstärke stark an. Ab 10000 lux steigt die Kurve weniger stark an. Bei Beleuchtungsstärken von mehr als 24000 lux wird keine weitere Änderung der Anzahl der Sauerstoffbläschen pro Minute festgestellt.
Zusatzinformation: Die dargestellte Kurve entspricht einer Sättigungskurve. Ab 24000 lux pendelt sich die Anzahl der Sauerstoffbläschen pro Minute auf den sogenannten Sättigungswert ein.

C3 Deute das Versuchsergebnis!
Die Anzahl der Sauerstoffbläschen stellt ein Maß für die Fotosyntheserate dar. Mit zunehmender Beleuchtungsstärke nimmt die Anzahl der gebildeten Sauerstoffbläschen zu. Die Beleuchtungsstärke von 1000 lux ist für die Wasserpest so gering, dass pro Minute keine Sauerstoffbläschen gebildet werden können. Erhöht man die Beleuchtungsstärke, erhält die Pflanze genug Lichtenergie für ihre Fotosynthese und es wird Sauerstoff produziert. Die Fotosyntheserate nimmt mit steigender Beleuchtungsstärke immer mehr zu, bis sie ab einem Wert von 24000 lux nicht weiter erhöht werden kann. Mehr Licht kann die Pflanze nicht verwerten.

C4 Zwischen der Lampe und dem Reagenzglas wurde im Experiment ein Hitzefilter aufgestellt, der Licht ungefiltert passieren lässt. Erläutere, weshalb dies erforderlich ist!
Ein Hitzefilter verhindert, dass sich durch die Wärme, die von der Lampe abgestrahlt wird, die Wassertemperatur im Reagenzglas erhöht. Da die Temperatur ebenfalls einen Einfluss auf die Fotosynthese hat, ist es ohne Hitzefilter nicht möglich zu entscheiden, ob die Änderung der Fotosyntheserate durch das Lichts oder die Wärme zustande kommt.

Gestufte Hilfe: Überlege, welche Folgen es hätte, wenn man keinen Hitzefilter benutzen würde.

Material D – Fotosynthese und Temperatur

D1 Beschreibe den Kurvenverlauf!
In dem dargestellten Liniendiagramm wird dargestellt, wie sich die Fotosyntheserate bei Erhöhung der Temperatur ändert. Die Kurve beginnt bei 0 °C. Mit steigender Temperatur steigt die Fotosyntheserate an, bis bei etwa 35 °C die höchste Fotosyntheserate zu verzeichnen ist. Die Kurve fällt anschließend wieder ab, bis bei einer Temperatur von 40 °C die Fotosyntheserate Null ist.
Zusatzinformation: Die dargestellte Kurve entspricht einer Optimums- oder Maximumskurve.

D2 Deute das Versuchsergebnis!
Es gibt eine Temperatur, bei der die Fotosyntheserate optimal ist. In diesem Versuch ist dies bei 35 °C der Fall. Hier wird am meisten Glukose und Sauerstoff produziert. Bei niedrigeren oder höheren Temperaturen ist die Fotosyntheserate geringer, bis bei einer Temperatur von 0 °C bzw. 40 °C die Pflanze keine Fotosynthese mehr betreibt.

D3 Nenne eine Möglichkeit, was gemessen werden könnte, um die Fotosyntheserate zu bestimmen! Verwende dazu die Wortgleichung der Fotosynthese!
Laut Wortgleichung der Fotosynthese könnte sowohl die Herstellung von Glukose, Stärke oder Sauerstoff, aber auch der Verbrauch von Kohlenstoffdioxid oder Wasser gemessen werden.
Zusatzinformation: Am gebräuchlichsten ist der Nachweis der Stärke und Sauerstoffproduktion.

Material E – Fotosynthese und Kohlenstoffdioxid

E1 Nenne die Frage, die durch den Versuch beantwortet werden soll!
Welchen Einfluss hat der Kohlenstoffdioxidgehalt im Wasser auf die Fotosyntheserate?

E2 Beschreibe die zu erwartenden Versuchsergebnisse bei den Teilversuchen A, B, C!
Im Becherglas A werden Sauerstoffbläschen von der Pflanze abgesondert. Im Becherglas B dagegen werden nur sehr wenige oder keine Sauerstoffbläschen abgesondert. Die meisten Sauerstoffbläschen werden im Becherglas C gezählt.

E3 Erläutere die Versuchsergebnisse!
Im Becherglas A findet Fotosynthese statt, und daher werden Sauerstoffbläschen von der Pflanze abgesondert. Im Becherglas B dagegen werden nur sehr wenige oder keine Sauerstoffbläschen abgesondert, da bei geringem oder fehlendem Angebot an Kohlenstoffdioxid die Fotosynthese nur langsam oder gar nicht ablaufen kann. Die meisten Sauerstoffbläschen werden im Becherglas C gezählt. Das Wasser enthält im Vergleich zu Becherglas A mehr Kohlenstoffdioxid, sodass die Fotosyntheserate erhöht ist.

E4 Erkläre das Versuchsergebnis in Teilversuch D!
Im Becherglas D werden keine Sauerstoffbläschen gezählt. Obwohl das Wasser kohlenstoffdioxidreich ist, bildet die Pflanze keinen Sauerstoff, da ohne Licht die Pflanze keine Fotosynthese betreiben kann.

E5 Erläutere, worauf man achten muss, um Fehler in der Versuchsdurchführung zu vermeiden!
Mit Ausnahme des Kohlenstoffdioxidgehalts sollten für jeden Teilversuch alle Ausgangsbedingungen gleich sein. So müssen die Anzahl sowie die Länge der Sprossachsen der *Wasserpest* in jedem Becherglas gleich sein. Jedes Bechergas mit Ausnahme von Teilversuch D wird mit der gleichen Lichtintensität bestrahlt. Ebenso sollte die Menge und die Temperatur des Wassers in allen Bechergläsern die gleiche sein. Nur so sind die Ergebnisse vergleichbar.

Material F – Messung der Glukosemenge

F1 Stelle das Versuchsergebnis in einem Liniendiagramm grafisch dar!

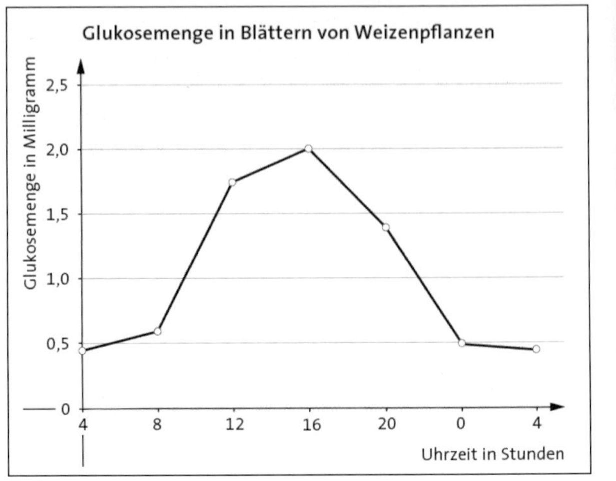

Gestufte Hilfen:
Hilfe 1: Vorgabe der Achsenbeschriftung
Hilfe 2: Vorgabe der Achsenskalierung (x-Achse: 1 cm = 0,5 mg Glukose; y-Achse: 1,5 cm = 8 h)

F2 Beschreibe den Kurvenverlauf!
In dem Liniendiagramm wird dargestellt, wie sich die Glukosemenge pro Stunde mit der Tageszeit ändert. In den frühen Morgenstunden ist die gemessene Glukosemenge pro Stunde gering, nimmt aber im Tagesverlauf zu. Um 16 Uhr ist der Maximalwert von 2 Milligramm Glukose pro Stunde erreicht. Danach nimmt die Glukosemenge pro Stunde wieder bis zum Minimalwert von 0,45 Milligramm ab.
Zusatzinformation: Der Kurvenverlauf entspricht einer sogenannten Maximum- oder Optimumskurve. Nicht berücksichtigt ist bei diesem Experiment der Verbrauch der Glukose durch die Zellatmung.

F3 Gib an, welche Konzentration jeweils bei 10 Uhr und 14 Uhr zu erwarten ist!
Bei 10 Uhr ist eine Glukosemenge von etwa 1,25 Milligramm zu erwarten, um 14 Uhr eine Glukosemenge von etwa 1,8 Milligramm.

F4 Erkläre die zeitlichen Schwankungen der Glukosemenge im Tagesverlauf!
Je stärker die Fotosynthese abläuft, desto höher ist die Bildung von Glukose. Die Fotosyntheserate hängt von mehreren Faktoren ab. Von besonderer Bedeutung ist vor allem das Sonnenlicht. Es nimmt vormittags bis zu seinem höchsten Wert am Mittag zu und am Nachmittag wieder ab. Ähnlich ändert sich die Lufttemperatur im Verlauf eines Tages. Der gemessene Verlauf der Glukoseproduktion kann daher wahrscheinlich durch die tagezeitliche Schwankung von Licht und zum Teil durch Temperatur erklärt werden.

F5 Berechne, wie viel Glukose pro Stunde die Pflanze in den beiden Zeiträumen produziert hat! Vergleiche die Ergebnisse miteinander!

3 284 cm^2 = 0,3284 m^2 bzw. 6 567 cm^2 = 0,6567 m^2.
Pro m^2 Fläche produziert die Pflanze in einer Stunde 1 g Glukose. Das bedeutet, dass bei einer Fläche von 0,3284 m^2 die Pflanze 0,3284 g (= 328 mg) Glukose pro Stunde produziert, bei einer Fläche von 6 567 cm^2 etwa 656 mg Glukose pro Stunde.
Vergleicht man die Ergebnisse miteinander, so produziert die Pflanze in den Monaten September und Oktober doppelt so viel Glukose pro Stunde wie in den Monaten Mai, Juni, Juli und August.

Gestufte Hilfen:
Hilfe 1: Rechne zunächst die Angaben von cm^2 in m^2 um.
Hilfe 2: Berechne, wie viel Glukose pro m^2 und Stunde produziert wird.

Zusatzinformation: In der Rechnung wurde der Verbrauch von Glukose durch Zellatmung nicht berücksichtigt.

F6 Stelle Vermutungen an, welche Unterschiede in den Bedingungen für die Fotosynthese dazu führen können, dass die bei F5 berechneten Werte von der tatsächlichen Fotosyntheserate in den beiden Zeiträumen abweichen!
In den beiden Zeiträumen Mai bis August und September bis Oktober können sowohl die Lufttemperatur als auch die Stärke und Dauer der Belichtung durch die Sonne unterschiedlich sein. Da die bei F5 berechneten Werte Mittelwerte sind, können diese von der tatsächlichen Fotosyntheserate abweichen.

Gestufte Hilfe: Licht, Temperatur und Kohlenstoffdioxid beeinflussen die Fotosyntheserate.

Fotosynthese und Zellatmung

Seite 152–153

1 Nenne die Wortgleichungen von Fotosynthese und Zellatmung!
Fotosynthese:
Kohlenstoffdioxid + Wasser →
Glukose + Sauerstoff

symbolisch: Lichtenergie zum Reaktionspfeil

Zellatmung:
Glukose + Sauerstoff →
Kohlenstoffdioxid + Wasser

symbolisch: freiwerdende Energie

2 Erkläre die Begriffe autotroph und heterotroph!
Alle Lebewesen brauchen Energie für ihre Lebensvorgänge. Bei der Zellatmung wird die energiereiche Glukose in die energiearmen Stoffe Kohlenstoffdioxid und Wasser umgewandelt. Die darin enthaltene Energie wird dabei so umgewandelt, dass sie für die Lebewesen nutzbar ist.
Pflanzen können Glukose durch die Fotosynthese selbst aufbauen. Dabei wandeln sie die Lichtenergie der Sonne so um, dass sie in der Glukose gespeichert wird. Sie können also die Glukose für ihre Zellatmung selbst aufbauen. Sie können sich selbst ernähren und sind damit *autotroph.*
Tiere und Menschen können keine Fotosynthese betreiben und daher auch keine energiereiche Glukose herstellen. Sie müssen die Glukose aufnehmen, um damit Zellatmung betreiben zu können. Sie ernähren sich von anderen Lebewesen, sind also fremd ernährend oder *heterotroph.*

3 Ordne folgende Begriffe Tieren, Menschen und Pflanzen zu: Zellatmung, Fotosynthese, Mitochondrien, Chloroplasten, Kohlenstoffdioxidabgabe, Sauerstoffabgabe, Sauerstoffaufnahme!
Tabelle ist nicht in der Aufgabenstellung verlangt.

Tiere	Menschen	Pflanzen
Zellatmung	Zellatmung	Zellatmung
–	–	Fotosynthese
Mitochondrien	Mitochondrien	Mitochondrien
–	–	Chloroplasten
Kohlenstoff-dioxidabgabe	Kohlenstoff-dioxidabgabe	Kohlenstoff-dioxidabgabe
–	–	Sauerstoffabgabe
Sauerstoffaufnahme	Sauerstoffaufnahme	Sauerstoffaufnahme

4 Begründe, weshalb die Pflanze bei Tag mehr Glukose bilden muss, als durch die Zellatmung abgebaut wird!
Am Tag betreibt die Pflanze verstärkt Fotosynthese und stellt mithilfe des Kohlenstoffdioxidgehalts der Luft und Wasser Glukose und Stärke her. Ein Teil dieser Vorräte wird durch die Zellatmung verbraucht. In der Nacht stellt die Pflanze aufgrund des fehlenden Lichts die Fotosynthese ein und betreibt ausschließlich Zellatmung. Dabei verbraucht sie die Glukose- bzw. Stärkevorräte, die sie tagsüber gebildet hat, ohne neue zu bilden.

Seite 154 (Material)

Material A – Keimende Erbsen

A1 Stelle das Versuchsergebnis in einem Liniendiagramm dar!

siehe Abbildung nächste Seite

Gestufte Hilfe: Vorgabe der Achsenbeschriftung.

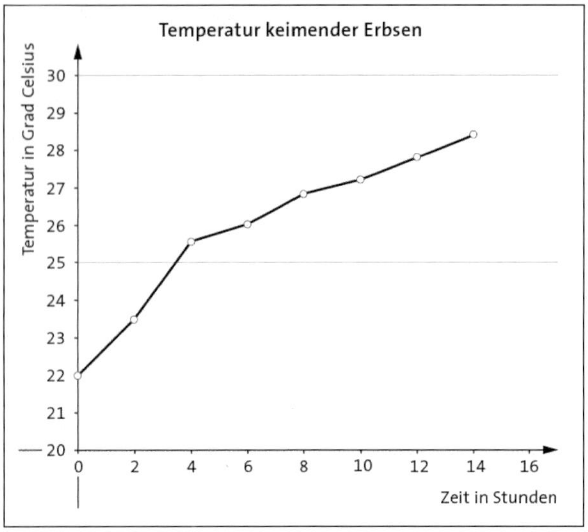

A2 Beschreibe das Liniendiagramm und den Kurvenverlauf!
In dem Diagramm ist dargestellt, wie viel Wärme die Pflanze während der Keimung freisetzt. Die Ausgangstemperatur liegt bei 22 °C. Während des Keimungsprozesses steigt die Temperatur an. Nach 14 Stunden kann ein Temperaturanstieg von etwa 6 °C beobachtet werden.

A3 Nenne die Frage, die durch den Versuch beantwortet werden soll!
Folgende Fragen könnten formuliert werden:
Wird bei den Keimungsvorgängen Wärme frei?
Wie hoch steigt die Temperatur durch die bei der Keimung freigesetzte Wärme?
Wie hoch steigt die Temperatur durch den Abbau von Nährstoffen während der Keimung?

A4 Deute das Versuchsergebnis!
Als Keimung bezeichnet man alle Wachstums- und Entwicklungsvorgänge einer Pflanze von der Quellung bis zum Ergrünen der ersten Laubblätter. Diese Vorgänge benötigen Energie. Die keimende Pflanze erhält diese Energie aus den Nährstoffen, die im Samen gespeichert sind. Die Nährstoffe werden in der Zellatmung abgebaut. Dadurch wird Energie frei. Ein Teil der freiwerdenden Energie tritt als Wärme auf. Diese Wärme kann im Experiment am Thermometer abgelesen werden.

Gestufte Hilfe: Bei der Keimung werden gespeicherte Nährstoffe durch die Zellatmung abgebaut.

A5 Stelle Vermutungen an, weshalb die Erbsen vorgequollen wurden!
Der erste Vorgang der Keimung ist die Quellung des Samens. Der Samen nimmt dabei viel Wasser auf. Wenn man bereits gequollene Erbsen verwendet, benötigt der Versuch weniger Zeit.

Material B – Wechselbeziehungen

B1 Begründe für jedes Aquarium, wie sich der Gehalt an Kohlenstoffdioxid und Sauerstoff ändert!
Im *Aquarium A* befinden sich Fische, aber keine Pflanzen. Das Aquarium wird belichtet. Die Fische verbrauchen durch Zellatmung den noch vorhandenen Sauerstoff des Wassers und atmen dabei Kohlenstoffdioxid aus. Der Gehalt an Kohlenstoffdioxid steigt und der an Sauerstoff sinkt.

Aquarium B ist gleich ausgestattet wie Aquarium A, nur die Belichtung fehlt. Der Gehalt an Kohlenstoffdioxid nimmt aufgrund der Zellatmung der Fische zu, der Gehalt an Sauerstoff nimmt aus demselben Grund ab. Das fehlende Licht hat keine Auswirkung auf die Zellatmung.

Aquarium C enthält Fische und Pflanzen. Das Aquarium wird belichtet. Die Pflanzen betreiben mithilfe des Lichts Fotosynthese und geben dabei Sauerstoff ab. Der freigesetzte Sauerstoff kann nun von den Fischen aufgenommen werden. Diese stellen während der Zellatmung Kohlenstoffdioxid her. Der Gehalt an Kohlenstoffdioxid und an Sauerstoff bleibt somit ungefähr gleich. Beide Lebewesen können für längere Zeit überleben.

Aquarium D enthält wie Aquarium C Fische und Pflanzen, nur ist kein Licht vorhanden. Ohne Licht können die Pflanzen keine Fotosynthese betreiben. Sie geben also keinen Sauerstoff ab und nehmen kein Kohlenstoffdioxid auf. Durch die Zellatmung der Fische nimmt der Gehalt an Sauerstoff ab und der Gehalt an Kohlenstoffdioxid steigt.
Die Änderung des Gehalts beider Gase entspricht dem vom Aquarium A und B.

Gestufte Hilfen:
Hilfe 1: Nimm die Wortgleichungen der Fotosynthese und der Zellatmung zur Hilfe.
Hilfe 2: In der Fotosynthese wird Sauerstoff gebildet und Kohlenstoffdioxid verbraucht. In der Zellatmung wird Kohlenstoffdioxid gebildet und Sauerstoff verbraucht.

B2 Erkläre, unter welchen Bedingungen offene Aquarien mit Sauerstoff versorgt werden müssen!
In der Regel enthält ein Aquarium Fische und Pflanzen. Die Pflanzen betreiben am Tag Fotosynthese und stellen Sauerstoff her. Dieser kann von den Fischen aufgenommen und für die Zellatmung verwendet werden. Das dabei freigesetzte Kohlenstoffdioxid dient der Pflanze als Ausgangsstoff für die Fotosynthese. Häufig sind aber die Bedingungen wie Lichtstärke oder der Gehalt an Sauerstoff für die Fotosynthese nicht so weit erfüllt, um ausreichend Sauerstoff für die Fische zu bilden. Eventuell reicht auch die Menge an Pflanzen im Aquarium nicht aus. In solchen Fällen muss das Aquarium zusätzlich mit Sauerstoff versorgt werden.

Ökosysteme im Wandel

1 Wechselbeziehung zwischen Pflanze und Tier

Pflanzen und Tiere sind aufeinander angewiesen

Seite 158–159

1 Beschreibe, wie PRIESTLEY zu seinen Erkenntnissen kam!
PRIESTLEY verwendete in seinen Versuchen eine Art Flaschengarten, eine Glasglocke, die stets luftdicht verschlossen wurde. Zunächst setzte er eine Maus unter die Glocke, die wenig später starb, nachdem die Glocke verschlossen wurde. In einem weiteren Versuch stellte er eine Pfefferminzpflanze unter die Glocke. Die Pflanze gedieh, auch über einen längeren Zeitraum. Anschließend brachte PRIESTLEY eine Maus unter die Glasglocke, unter der zuvor die Pflanze gestanden hatte. Die Maus überlebte länger als im ersten Versuch. Aus diesen Versuchen schloss er, dass die Maus die Luft in der Glasglocke „verschlechterte", die Pflanze sie aber „verbesserte". In einem Kontrollversuch setzte PRIESTLEY eine Pflanze und eine Maus unter die Glocke. Die Maus überlebte viele Tage und die Pflanze wuchs.

2 Beschreibe die Bedeutung der Wechselbeziehung zwischen Pflanzen und Tieren in einem Flaschengarten!
Die Pflanzen betreiben Fotosynthese und bilden aus den energiearmen Stoffen Kohlenstoffdioxid und Wasser die energiereiche Glukose. Dabei wird Sauerstoff freigesetzt. Die Tiere nehmen den Sauerstoff auf. Mithilfe von Sauerstoff wird in der Zellatmung energiereiche Glukose in die energiearmen Stoffe Kohlenstoffdioxid und Wasser umgewandelt und freigesetzt. Kohlenstoffdioxid steht nun den Pflanzen wieder zur Verfügung. Die Pflanzen verwenden also das Kohlenstoffdioxid, das Tiere abgeben, für ihre Fotosynthese und die Tiere gebrauchen den Sauerstoff aus der Fotosynthese für ihre Zellatmung.

2 Ökosystem – mehr als ein Lebensraum

Trockenmauer

Seite 160–162

1 Erkläre den Begriff Ökosystem!
Ein Ökosystem ist eine Funktionseinheit aus einem Biotop und einer Biozönose. Im Biotop herrschen bestimmte abiotische Umweltfaktoren. Die Biozönose ist die Lebensgemeinschaft, die in einem Biotop lebt und an die dort herrschenden abiotischen Umweltfaktoren angepasst ist. Biotop und Biozönose stehen in einer Wechselbeziehung zueinander.

Zusatzinformation: Der Begriff Ökosystem leitet sich vom englischen Begriff ecosystem ab. Dieser wurde von dem englischen Botaniker Sir Arthur George TANSLEY 1935 in die Wissenschaft eingeführt. TANSLEY erkannte die vielseitige Abhängigkeit von Pflanzen und Tieren und dass beide in einer engen Beziehung zur unbelebten Welt stehen. Der Begriff Biozönose wurde schon 1877 von dem deutschen Zoologen Karl August MÖBIUS in seiner Arbeit „Die Auster und die Austernwirtschaft" eingeführt. MÖBIUS hatte bei seinen Untersuchungen die starke wechselseitige Abhängigkeit zwischen allen Lebewesen einer Austernbank erkannt. Der deutsche Zoologe Friedrich DAHL übertrug die von MÖBIUS erkannten Prinzipien in die terrestrische Ökologie und prägte 1908 den Begriff Biotop. Auch der Begriff Ökologie, die Lehre vom Haushalt der Natur, wurde von einem deutschen Zoologen, von Ernst HAECKEL, 1866 geprägt.

2 Beschreibe die Nahrungsbeziehungen im Ökosystem Trockenmauer!
Die Grundlage für die Nahrungsbeziehungen im Ökosystem Trockenmauer stellen die Pflanzen der Trockenmauer dar. Sie bauen durch Fotosynthese Nährstoffe auf und werden deshalb als Produzenten bezeichnet. Pflanzenfresser, wie Asseln und Schnecken, die sich sowohl von den lebenden Pflanzen als auch von abgestorbenen Pflanzenresten ernähren, sind Konsumenten erster Ordnung. Asseln werden zum Beispiel von den räuberisch lebenden Steinläufern gefressen, die man als Konsumenten zweiter Ordnung bezeichnet. Räuberische Tiere, die sich wiederum von anderen Räubern ernähren, wie die Mauereidechse, stehen am Ende dieser Nahrungskette und sind Konsumenten dritter Ordnung. Bakterien und Pilze bauen die Nährstoffe abgestorbener Pflanzenreste, toter Tiere und Tierkot zu Mineralstoffen ab, die Pflanzen wieder aufnehmen können. Sie sind die Destruenten oder Mineralisierer des Biotops.

Seite 163 (Material)

Material A – Trockenmauerbewohner

A1 Erstelle für zwei der abgebildeten Trockenmauerbewohner Steckbriefe!

Zimbelkraut:
Wissenschaftlicher Name: Cymbalaria muralis
Familie: Wegerichgewächse
Aussehen und Bau: Krautige Pflanze mit herzförmigen Laubblättern und zweiseitig symmetrischen violetten Blüten. Die Pflanze bildet bis zu 60 Zentimeter lange kletternde oder hängende Stängel.
Vorkommen auf der Trockenmauer: Verankerung mit den Wurzeln in den Mauerfugen. Die Blätter und Blüten sind zum Licht hin gewandt.
Ernährung: Fotosynthese, Wasser und Mineralstoffe aus den Mauerfugen.

Mauerflechte:
Wissenschaftlicher Name: *Lecanora muralis*
Familie: Krustenflechten
Aussehen und Bau: Flechten bestehen aus Pilzen und Algen, die eine enge Lebensgemeinschaft, eine sogenannte Symbiose bilden. Aussehen und Bau einer Flechte werden vor allem durch den Pilz bestimmt, der mit seinen Zellfäden, den Pilzhyphen, ein sogenanntes Lager bildet, in das die Alge eingebettet ist. Das Lager der Mauerflechte hat eine rosettenartige Form, ist graugrün gefärbt und erreicht einen Durchmesser von bis zu zehn Zentimetern.
Vorkommen auf der Trockenmauer: Die Mauerflechte liegt sehr eng dem steinigen Untergrund der Maueroberfläche an.
Ernährung: Fotosynthese der Algen, Wasser und Mineralstoffe nimmt der Pilz aus Niederschlägen und der Mauer auf.

Mauereidechse:
Wissenschaftlicher Name: *Podarcis muralis*
Familie: Eidechsen
Aussehen und Bau: Die Mauereidechse kann eine Gesamtlänge von bis zu 25 Zentimetern erreichen. Ihre Körperfärbung variiert je nach Herkunft sehr stark. Meistens ist der Rücken grau, hell- bis mittelbraun mit unregelmäßigen schwarzen Flecken gefärbt, der Bauch weißlich, gelblich oder rot.
Vorkommen auf der Trockenmauer: Sie nutzt die gesamte Mauer als Lebensraum.
Ernährung: Sie ernährt sich räuberisch von Insekten, Steinläufern, Spinnen und Würmern.

Felsenspringer:
Wissenschaftlicher Name: *Lepismachilis notata*
Familie: Machilidae, Ordnung: Felsenspringer
Aussehen und Bau: Felsenspringer sind flügellose Insekten von neun bis 18 Millimeter Länge. Sie besitzen lange Antennen, große Facettenaugen und tragen am Ende des Hinterleibs drei lange fadenförmige Anhänge, wovon der mittlere am längsten ist. Die Körperoberfläche ist mit grauen bis graubraunen Schuppen bedeckt.
Vorkommen auf der Trockenmauer: Tagsüber halten sie sich vor allem in den Mauerfugen auf, nachts auf der Mauerfläche.
Ernährung: Sie ernähren sich von Algen und Flechten.

Steinpicker:
Wissenschaftlicher Name: *Helicigona lapicida*
Familie: Schnirkelschnecken
Aussehen und Bau: Der Steinpicker besitzt ein sehr flaches, linsenförmiges Gehäuse, das 12 bis 20 Millimeter breit und sieben bis neun Millimeter hoch ist. Die äußerste Windung weist eine sehr deutlich ausgeprägte Kante, einen sogenannten Kiel, auf. Die Gehäuseoberfläche ist fein gestreift und graubraun mit verschwommenen rotbraunen Flecken gefärbt. Die Gehäuseöffnung ist zu einer deutlichen weißen Lippe erweitert.
Vorkommen auf der Trockenmauer: Der Steinpicker zieht sich bei Trockenheit in die Mauerfugen zurück. Bei schattigem und feuchtem Wetter hält er sich auf der Maueroberfläche auf.
Ernährung: Seine Nahrung besteht vor allem aus Algen.

Spaltenkreuzspinne:
Wissenschaftlicher Name: *Nuctenea umbratica*
Familie: Echte Radnetzspinnen
Aussehen und Bau: Die Männchen sind sieben bis zehn Millimeter lang, die Weibchen 13 bis 16 Millimeter. Der Vorderkörper, an dem sich acht Beine befinden, ist stark behaart und dunkelbraun gefärbt, mit einem rötlichen Fleck im vorderen Teil. Der Hinterkörper ist im Unterschied zu anderen Arten dieser Familie stark abgeflacht. Er ist im mittleren Teil rot- bis schwarzbraun gefärbt und seitlich durch eine hellere, blattförmige Zeichnung eingefasst. Auf der Oberseite sind paarige Vertiefungen erkennbar.
Vorkommen auf der Trockenmauer: Tagsüber versteckt sie sich in den Mauerfugen. Nachts lauert sie in einem Versteck, zum Beispiel einer Mauerritze, nahe bei ihrem Netz auf Beute.
Ernährung: Die Spaltenkreuzspinne ernährt sich wie alle Spinnen räuberisch, indem sie die mit ihrem Radnetz erbeuteten Insekten aussaugt.

Gestufte Hilfen:
Hilfe 1: Angabe von Seiten in entsprechenden Lexika oder von Internetseiten
Hilfe 2: Vorgabe der Kriterien für den Steckbrief.

A2 Beschreibe die abiotischen Umweltfaktoren, denen die Mauereidechse und die Spaltenkreuzspinne ausgesetzt sind!
Auf der Mauer ist die Mauereidechse starker Sonneneinstrahlung, Wind oder Regen unmittelbar ausgesetzt. Die Mauer kann nach längerer Sonneneinstrahlung sehr heiß werden und ist deshalb meistens sehr trocken. Die aufgeheizten Mauersteine halten die Wärme eine zeitlang, sodass sie auch in den Abendstunden noch warm sein können. Die rauhe Gesteinsoberfläche bietet der Mauereidechse sicheren Halt bei ihren flinken Bewegungen. Sind die abiotischen Bedingungen auf der Mauer für die Mauereidechse zu extrem, zieht sie sich in Mauerspalten zurück, in denen es windstill, schattig, feucht und kühl ist. Diesen abiotischen Umweltfaktoren ist die Spaltenkreuzspinne ständig ausgesetzt, da sie sich vor allem in den Mauerspalten aufhält.

Gestufte Hilfe: Die Mauereidechse hält sich auf der Mauer und in Mauerspalten auf, die Spaltenkreuzspinne vor allem in Mauerspalten.

A3 Erläutere an den Beispielen Felsenspringer und Spaltenkreuzspinne das biologische Prinzip *Angepasstheit!*
Angepasstheiten des Felsenspringers: Er ist durch seine Körperfärbung auf Mauern sehr gut getarnt und damit vor Fressfeinden geschützt. Sein Sprungvermögen ermöglicht ihm außerdem eine rasche Flucht in Mauerritzen. Er findet sowohl in den Mauerritzen als auch auf der Mauerfläche seine Nahrung, Algen und Flechten. Sein nachtaktives Verhalten und sein Rückzug in Mauerritzen tagsüber schützen ihn vor Austrocknung.

Angepasstheiten der Spaltenkreuzspinne: Der flache Hinterkörper, der durch Muskeln noch stärker abgeflacht werden kann, ermöglicht ihr, sich in enge Mauerspalten zurückzuziehen. Dadurch und durch ihr dämmerungs- und nachtaktives Verhalten ist sie vor Austrocknung und Fressfeinden geschützt. Die Mauerspalten dienen ihr zudem als Versteck beim Lauern auf Beute.

Gestufte Hilfe: Nenne jeweils Angepasstheiten im Bau und Verhalten an die abiotischen Umweltbedingungen auf der Mauer oder in den Mauerfugen. Berücksichtige dabei vor allem Feuchtigkeit, Temperatur und Tagesabhängigkeit.

A4 Trockenmauern sind künstlich vom Menschen angelegt und werden erst schrittweise besiedelt. Stelle Vermutungen an, in welchen natürlichen Biotopen diese Lebewesen vorkommen!
Den Trockenmauern vergleichbare abiotische Umweltfaktoren herrschen an nach Süden ausgerichteten Felswänden oder an Stein- und Geröllhalden. Sie könnten natürliche Biotope der an Trockenmauern vorkommenden Lebewesen sein.

Material B – Ökosysteme

B1 Begründe, ob es sich bei den Abbildungen jeweils um ein Ökosystem handelt!
Aquarium: Ein Aquarium mit Pflanzen und Tieren ist ein Ökosystem. Es besteht aus einem Biotop, dem Glasbehälter mit Wasser und Bodenmaterial, und einer Biozönose, die zum Beispiel Wasserpflanzen, Fische, Einzeller und Bakterien umfasst.

Lavastrom: Ein heißer Lavastrom ist kein Ökosystem. Die extrem hohen Temperaturen des flüssigen Gesteins liegen weit über der für Lebewesen erträglichen Temperaturen. Der Lavastrom ist deshalb kein Biotop, weil keine Lebewesen auf ihm leben können.

Quelle: Eine Quelle ist ein Ökosystem. Sie ist zwar kühl, stellt aber in der Regel einen Biotop für Wasserlebewesen dar, die an kühles, sauerstoffreiches Wasser angepasst sind.

Schulhof: Ein Schulhof ist ein Ökosystem. Die abiotischen Umweltfaktoren dieses Biotops erlauben die Existenz einer vielfältigen Biozönose, die zum Beispiel krautige Pflanzen, Bäume, Würmer, Schnecken, Gliederfüßer, Mäuse, Vögel, Schüler und Lehrer umfasst.

Mond: Der Mond ist kein Ökosystem. Die abiotischen Bedingungen, insbesondere das Fehlen von Wasser und Sauerstoff, sind lebensfeindlich.

Kuhfladen: Ein Kuhfladen ist ein Ökosystem. Die noch unvollständig abgebauten pflanzlichen Nährstoffe stellen zum Beispiel einen Lebensraum für Bakterien, Pilze, aber auch für Mistkäfer und Fliegen dar.

Gestufte Hilfe: Überlege bei jeder Abbildung, ob die abiotischen Bedingungen die Existenz von Leben ermöglichen und damit ein Lebensraum, Biotop, vorhanden ist, der eine Biozönose beherbergt.

B2 Erläutere, ob die Bezeichnung „Biotop" für einen im Garten selbst angelegten Teich zutreffend ist!
Ein im Garten selbst angelegter Teich ist mehr als ein Biotop, denn er beherbergt schon nach kurzer Zeit eine Vielzahl von Lebewesen, zum Beispiel Wasserpflanzen

und Wassertiere. Da er also sowohl einen Lebensraum, Biotop, darstellt, als auch eine Biozönose umfasst, ist er ein Ökosystem.

Gestufte Hilfe: Berücksichtige dabei die Definitionen der Begriffe Biotop, Biozönose und Ökosystem.

B3 Ordne in einem Schema folgende natürlichen Ökosysteme so an, dass die Rangfolge deutlich erkennbar wird: *Binnengewässer, Bach, Wüste, Tiefsee, Gewässerökosysteme, Buchenwald, Biosphäre, See, Regenwälder, Meer, Laubwälder, Fließgewässer, Landökosysteme, Fluss, Tümpel, Moor, Buchenlaubstreu, Stehende Gewässer, Watt!*

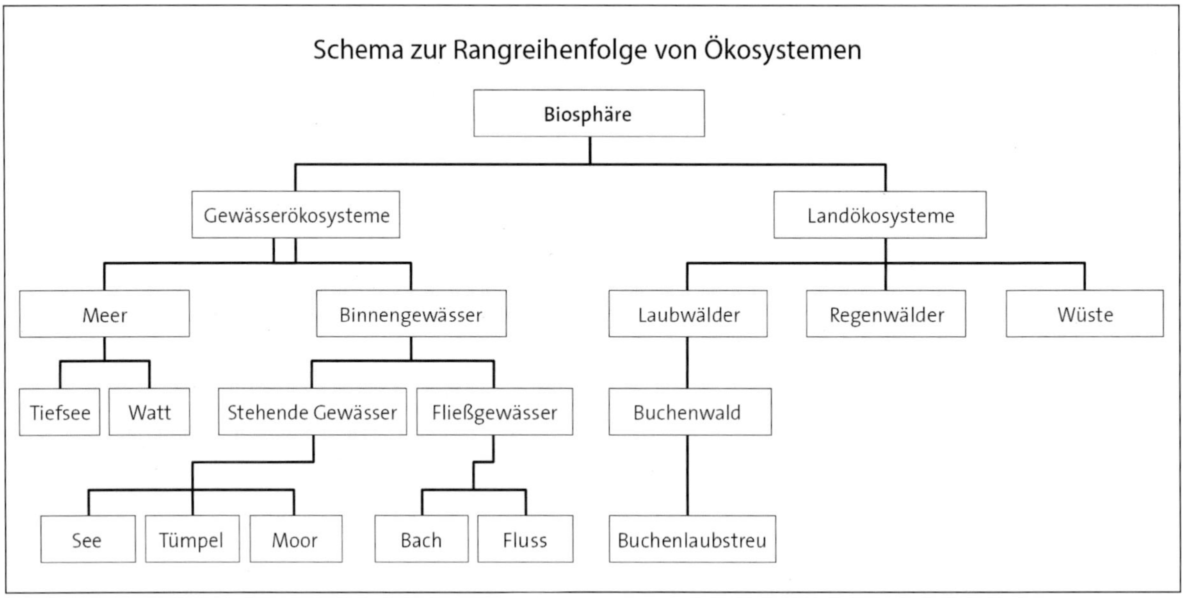

Zusatzinformation: Der Begriff Biosphäre wird in der Literatur unterschiedlich abgegrenzt. Neben der Bezeichnung für das größte Ökosystem, wird Biosphäre sowohl als größter Biotop als auch als größte Biozönose verstanden. Hier ist mit Biosphäre das größte Ökosystem gemeint, das sowohl alle Lebensräume der Erde als auch alle Lebewesen auf der Erde umfasst. Die Biosphäre erstreckt sich etwa 60 Kilometer über und zehn Kilometer unter die Erdoberfläche der kontinentalen Erdkruste. Im Meer reicht sie bis in eine Tiefe von elf Kilometern unter den Meeresspiegel und fünf Kilometer tief in die ozeanische Erdkruste.

Gestufte Hilfen:
Hilfe 1: Beginne mit dem größten Ökosystem, der Biosphäre, und wähle aus den gegebenen Begriffen zwei aus, in die man die Biosphäre unterteilen kann.
Hilfe 2: Vorgabe des Lösungsschemas mit leeren Kästchen, in die die Begriffe einzusetzen sind.

3 Ökosystem Wald

Standortansprüche von Pflanzen

Seite 166–168

1 Erkläre den Zusammenhang zwischen den Lichtverhältnissen und dem Stockwerkbau des Waldes!
Die verschiedenen Pflanzenarten eines Mischwaldes konkurrieren um Licht. Sie sind an unterschiedlichen Lichtbedarf angepasst. Neben Pflanzenarten, die volles Sonnenlicht zum Wachsen benötigen, gibt es Pflanzenarten, welche lediglich wenig Licht zum Wachsen brauchen.
Pflanzenarten, die viel Sonnenlicht benötigen, wachsen in der dem vollen Sonnenlicht ausgesetzten Kronenschicht, wohingegen Pflanzen mit geringerem Lichtbedarf zum Beispiel in der Strauch- oder Krautschicht wachsen.

Seite 169 (Material)

Material A – Der Rotbuchenwald

A1 Beschreibe die Abbildung!
Die Abbildung zeigt die relative Lichtintensität in Prozent am Boden eines Rotbuchenwaldes im Verlauf eines Jahres in einem Liniendiagramm. Außerdem sind die Blütezeit und der Zeitraum vom Austreiben bis zum Absterben der oberirdischen Pflanzenteile in einem Balkendiagramm dargestellt.

Im Liniendiagramm ist zu erkennen, dass die Lichtintensität am Waldboden von Januar bis April von knapp 10 Prozent Lichtintensität stetig ansteigt, bis sie Ende April ein Maximum von 45 Prozent erreicht hat. Im Mai fällt die Lichtintensität am Boden stark ab und bleibt von Juni bis Anfang September bei einem Wert von 1,6 Prozent. Von September bis November steigt die Lichtintensität noch einmal leicht auf circa 15 Prozent an, ab Mitte November bis Ende Dezember ist schließlich ein erneutes Absinken auf ungefähr 10 Prozent zu verzeichnen.
Dem Balkendiagramm kann man entnehmen, dass die Rotbuche von Anfang April bis Ende Oktober belaubt ist und von Anfang April bis Mitte Mai Blüten ausbildet. Die Frühblüher Scharbockskraut und Buschwindröschen haben von Mitte beziehungsweise Ende Februar bis Mitte Mai oberirdische Pflanzenteile, sie blühen jeweils von Mitte März bis Mitte April.

A2 Erkläre die Veränderungen in der Krautschicht eines Rotbuchenwaldes im Jahresverlauf!
Die Lichtintensität auf dem Waldboden ist abhängig von der Belaubung der Rotbuchen sowie der Jahreszeit. Das Wachstum der Krautschicht im Wald ist abhängig von der Lichtintensität auf dem Boden.
Im Herbst und Winter sind die Laubbäume kahl und lassen das wenige Sonnenlicht durch. Bis Mitte Februar ist keine Krautschicht vorhanden, da Licht und Wärme zum Austreiben und Wachsen der Pflanzen nicht ausreichen. Die Frühblüher Scharbockskraut und Buschwindröschen können Ende Februar trotz relativ geringer Lichtintensität bereits austreiben, da sie in ihren Speicherorganen einen Nährstoffvorrat haben, von dem sie zehren können.
Im Frühjahr nimmt die Lichtintensität auf dem Boden zu. Scharbockskraut und Buschwindröschen beginnen zu blühen. Die Zeit, in der sie Blüten bilden, fällt in die Zeit der höchsten Lichtintensität auf dem Waldboden. Dies stellt eine Angepasstheit dar, weil der Energiebedarf einer Pflanze aufgrund der Samenbildung am Ende der Blütezeit erhöht ist.
Mit einsetzender Belaubung der Rotbuchen sinkt die Lichtintensität auf dem Waldboden, was dazu führt, dass die Blütezeit der Frühblüher beendet wird. Solange die Rotbuchen noch Licht auf den Boden durchlassen, betreiben die Frühblüher weiterhin Fotosynthese, wodurch ihre Speicherorgane für das nächste Frühjahr aufgefüllt werden. Die oberirdischen Pflanzenteile von Scharbockskraut und Buschwindröschen sterben Ende Mai ab, da kaum noch Licht auf den Waldboden fällt. Von Ende Mai bis Anfang September hält diese geringe Lichtintensität auf dem Boden an, da das stark ausgebildete Blätterdach der Rotbuchen kaum Licht durchlässt.

Gestufte Hilfe: Am Ende der Blütezeit bilden die Pflanzen Samen aus, in denen energiereiche Stoffe gespeichert werden. Sie liefern dem Keimling die während des Austreibens benötigte Energie.

A3 In einem Rotbuchenwald sind selten andere Baumarten zu finden. Erkläre diesen Sachverhalt mithilfe der Abbildung und der Tabelle!
Die Tabelle zeigt, dass Rotbuchenkeimlinge den geringsten Lichtbedarf haben. Er liegt bei 1,2 Prozent des vollen Sonnenlichtes. Der Lichtbedarf von Keimlingen der Stieleichen, Eschen, Kiefern und Birken liegt zwischen 2 und 15 Prozent. Die Samen der Bäume keimen im Frühjahr. Die Keimlinge wachsen in der Krautschicht heran. Aus der Abbildung ist ersichtlich, dass die Lichtintensität in der Krautschicht eines Rotbuchenwaldes im Juli 1,6 Prozent beträgt. Diese Lichtmenge deckt den Lichtbedarf der Rotbuchenkeimlinge, nicht aber den Lichtbedarf aller übrigen in der Tabelle genannten Baumkeimlinge. Deshalb verkümmern die Keimlinge anderer Baumarten. Entsprechend wachsen kaum andere Baumarten heran.

Material B – Abiotische Faktoren

B1 Stelle die Messwerte für Temperatur und Luftfeuchtigkeit jeweils in einem Liniendiagramm dar!

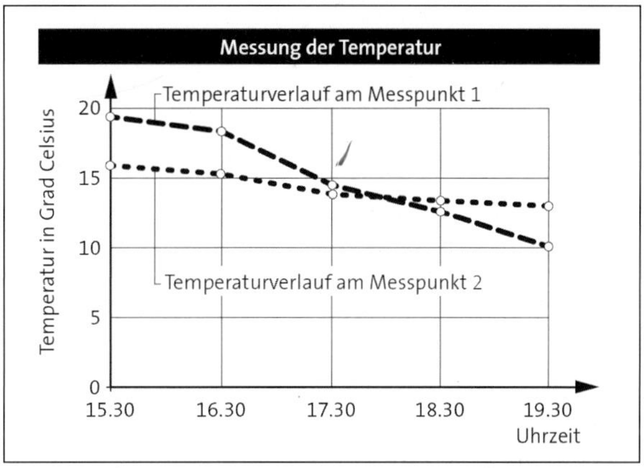

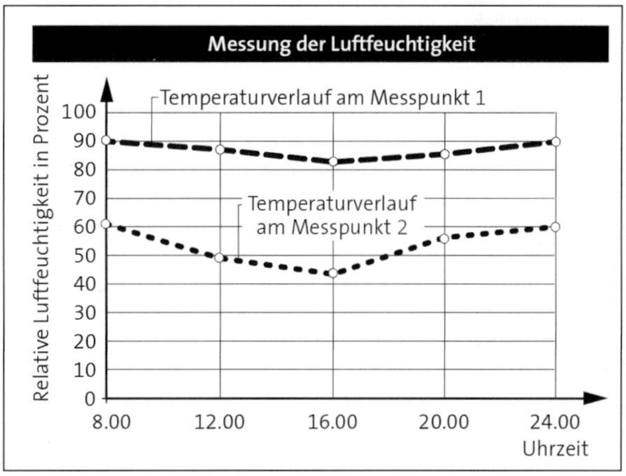

Gestufte Hilfen: Zusätzlich die Beschriftung und Skalierung der Achsen vorgeben.

B2 Vergleiche in den Diagrammen jeweils die beiden Kurven!
Diagramm zur Temperatur: An beiden Messpunkten sinkt die Temperatur im Verlauf der Messungen. Der

Temperaturverlauf beginnt am Messpunkt 1 auf einem höheren Niveau und endet auf einem niedrigeren Niveau als am Messpunkt 2. Der Abfall der Temperatur ist am Messpunkt 1 deutlich stärker ausgeprägt als am Messpunkt 2.

Diagramm zur Luftfeuchtigkeit: An beiden Messpunkten sinkt die Luftfeuchtigkeit im Tagesverlauf. Sie erreicht in beiden Fällen ihren Tiefpunkt am Nachmittag (16.00 Uhr), wobei der Minimalwert am Messpunkt 1 deutlich unter dem von Messpunkt 2 liegt. Der Kurvenverlauf beginnt am Messpunkt 1 bei einem deutlich niedrigeren Wert und endet ebenso auf einem niedrigeren Wert als am Messpunkt 2.

B3 Ordne die Messpunkte 1 und 2 jeweils einem der beiden Orte zu und begründe!
Messpunkt 1 befindet sich auf einer Wiese. Die stärkeren Temperaturschwankungen gehen auf die stärkere Sonneneinstrahlung am Mittag und die ungehinderte Wärmeabstrahlung am Abend zurück. Die geringere Luftfeuchtigkeit ist eine Folge der geringeren Wasserverdunstung durch den geringeren Pflanzenbewuchs.
Messpunkt 2 befindet sich am Waldboden. Die geringeren Temperaturschwankungen gehen auf die geringere Sonneneinstrahlung am Mittag und die durch den dichten Pflanzenbewuchs behinderte Wärmeabstrahlung am Abend zurück. Die höhere Luftfeuchtigkeit ist eine Folge der höheren Wasserverdunstung durch den dichten Pflanzenbewuchs.

Material C – Wasser und Boden

C1 Beschreibe die Durchführung des Versuchs!
3 Materialproben, Kies, Sand und Waldhumus, werden jeweils in einen Trichter gegeben. Anschließend wird jeweils 100 Milliliter Wasser auf die Proben geschüttet. In einem Messzylinder wird nun für jede Probe der Durchlauf, also das nicht aufgenommene Wasser, nach 10, 20, 30, 40, 50 und 60 Sekunden gemessen.

C2 Stelle die Werte in einem Diagramm dar!

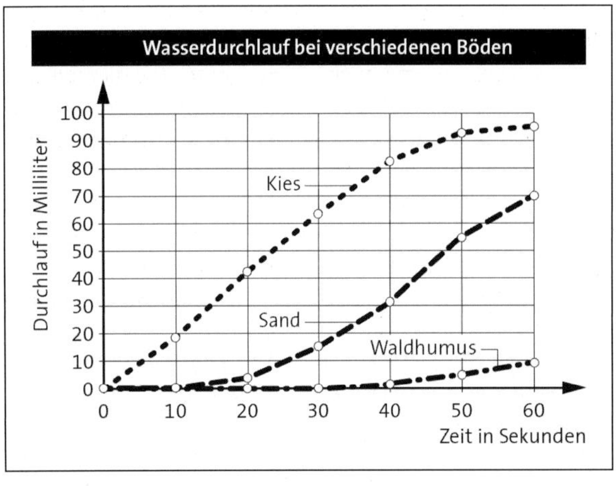

Gestufte Hilfen:
Hilfe 1: Das Liniendiagramm als geeignete Form vorgeben.
Hilfe 2: Zusätzlich die Beschriftung und Skalierung der Achsen vorgeben.

C3 Leite aus den Ergebnissen eine Funktion des Waldes ab!
Die Messungen zeigen eine besonders hohe Wasserspeicherfähigkeit des Waldhumus. Daher kann der Wald bei starken Regenfällen oder während der Schneeschmelze große Mengen an Wasser im Boden speichern, die er erst langsam wieder abgibt. Durch diese Wasserregulation hat der Wald eine wichtige Funktion: Er leistet einen Beitrag zum natürlichen Hochwasserschutz.

Zusatzinformation: Aufforstungen stellen eine wichtige ökologische Hochwasserschutzmaßnahme dar!

Nahrungsbeziehungen im Wald

Seite 170–172

1 Notiere mithilfe des Nahrungsnetzes auf Seite 170 zwei Nahrungsketten des Waldes, die man untereinander verknüpfen kann!
Beispiel 1:
Brennnessel → Raupe des Tagpfauenauges → *Eichhörnchen* → Baummarder → Habicht
Eiche → *Eichhörnchen* → Waldkauz

Beispiel 2:
Brennnessel → Raupe des Tagpfauenauges → Buchfink → *Waldkauz*
Eiche → Eichenwicklerraupe → Kohlmeise → *Waldkauz*

2 Formuliere vier Je-desto-Sätze zur Räuber-Beute-Beziehung von Buntspechten und Borkenkäfern!
Je mehr Borkenkäfer es gibt, desto mehr Spechte gibt es. (+)
Je mehr Spechte es gibt, desto weniger Borkenkäfer gibt es. (–)
Je weniger Borkenkäfer es gibt, desto weniger Spechte gibt es. (+)
Je weniger Spechte es gibt, desto mehr Borkenkäfer gibt es. (–)

Seite 173 (Material)

Material A – Bedeutung von Bodenlebewesen

A1 Fasse die in der Tabelle dargestellten Ergebnisse mit eigenen Worten zusammen!
In der Tabelle ist die Anzahl verschiedener Bodenlebewesen in einem Quadratmeter der obersten zehn Zentimeter Boden angegeben. Die häufigsten Bodenlebewesen sind Bakterien und Einzeller. In einem Quadratmeter der obersten zehn Zentimeter dicken Boden-

schicht kommen jeweils Billionen dieser Lebewesen vor. Auch Fadenwürmer sind mit einer Anzahl von einer Million sehr häufig. Sie werden von Bärtierchen, Milben und Springschwänzen gefolgt, von denen jeweils 10 000 bis 100 000 im Boden gezählt werden können. Größere Lebewesen, wie Schnecken, Asseln, Spinnen, Regenwürmer, Fliegenlarven, Käfer und Tausendfüßler, sind seltener und kommen jeweils 50- bis 300-mal in der obersten Bodenschicht vor.

A2 Erläutere, welche Folgen für das Ökosystem Wald eintreten würden, wenn ein Großteil der Bodenlebewesen durch Umweltverschmutzung absterben würde!

Ohne die Destruenten würde abgestorbenes Material im Wald nicht mehr zersetzt werden, sodass viele tote Pflanzen und Tiere, sowie Exkremente im Wald zu finden wären. Eine weitere Folge wäre ein Mangel an Mineralstoffen für die Pflanzen. Die Mineralisierer könnten die energiereichen Stoffe nicht zu Kohlenstoffdioxid, Wasser und Mineralstoffen abbauen, sodass diese den Pflanzen nicht mehr zur Verfügung stehen. Da die Destruenten auch ein Bestandteil des Nahrungsnetzes im Wald sind, würden andere Tiere ihre Nahrungsgrundlage verlieren. Zusammenfassend kann man sagen, dass der Stoffkreislauf des Waldes gestört wird.

Material B – Räuber-Beute-Beziehungen

B1 Beschreibe die Entwicklung der im Diagramm dargestellten Individuenanzahl von Baummarder und Eichhörnchen!

In dem Diagramm sind die Individuenanzahlen von Baummardern und Eichhörnchen, die in dem Versuchsfeld leben, in Abhängigkeit von der Zeit dargestellt. Auf der y-Achse ist die Individuenanzahl und auf der x-Achse die Zeit in Jahren angegeben. Die Anzahl der Baummarder schwankt gleichmäßig zwischen zwei und zehn Tieren. Die Anzahl der Eichhörnchen schwankt gleichmäßig zwischen 100 und 300 Tieren. Es gibt also immer mehr Eichhörnchen als Baummarder. Nach einem Maximum der Anzahl der Eichhörnchen folgt etwa drei Monate später ein Maximum der Anzahl der Baummarder.

Mit einem Anstieg der Anzahl der Eichhörnchen kommt es einige Monate später zu einem Anstieg der Baummarder um bis zu fünf Tiere. Wenn die Zahl der Baummarder angestiegen ist, beginnt die Zahl der Eichhörnchen zu sinken. Wenn die Anzahl auf etwa 250 Tiere abgefallen ist, sinkt auch die Zahl der Baummarder wieder. Sobald die Anzahl der Baummarder wieder auf etwa fünf Tiere gefallen ist, kommt es wieder zu einem Anstieg der Anzahl der Eichhörnchen.

B2 Erkläre, warum sich die Populationen auf diese Weise entwickeln!

Der Baummarder ernährt sich vom Eichhörnchen. Er ist also der Räuber und das Eichhörnchen ist die Beute. Durch diese Nahrungsbeziehung sind die Populationen voneinander abhängig.

Wenn es viele Eichhörnchen in einem Wald gibt, steht für die Baummarder viel Nahrung zur Verfügung, sodass viele der Jungen überleben und die Zahl der Baummarder ebenfalls ansteigt. Durch die gestiegene Anzahl der Baummarder, die alle auf der Jagd nach Eichhörnchen sind, sinkt die Zahl der Eichhörnchen. Als Folge der geringeren Zahl an Eichhörnchen sinkt die Zahl der Baummarder wieder, da sie weniger zu fressen haben und somit zum Beispiel weniger Junge überleben. Nun kann sich die Zahl der Eichhörnchen wieder erhöhen, da es weniger Baummarder gibt, von denen sie gejagt werden.

B3 In einem natürlichen Wald folgt die Entwicklung einer Eichhörnchen- und einer Baummarderpopulation nicht dem dargestellten Kurvenverlauf.
Stelle eine begründete Vermutung auf, warum dies so ist!

In einem natürlichen Wald werden die Eichhörnchen nicht gefüttert und sie werden nicht nur von Baummardern gefressen. Auch zum Beispiel der Waldkauz frisst Eichhörnchen. Wenn es viele Eichhörnchen gibt, bedeutet das nicht automatisch, dass sich die Anzahl der Baummarder erhöht, weil auch der Waldkauz die Eichhörnchen frisst.

Ebenso hat der Baummarder in einem natürlichen Wald mehrere Nahrungsquellen. Er frisst neben Eichhörnchen zum Beispiel auch Holunder, andere kleine Säugetiere und Vögel. Sinkt die Zahl der Eichhörnchen, kann der Baummarder auf andere Nahrungsquellen ausweichen. Aus diesem Grund muss die Anzahl der Baummarder nicht geringer werden, wenn es wenig Eichhörnchen gibt.

Energiefluss und Stoffkreisläufe im Wald

Seite 176–178

1 Beschreibe die Zehn-Prozent-Regel des Energieflusses im Ökosystem Wald!

Die Pflanzen des Waldes wandeln die bei der Fotosynthese aufgenommene Lichtenergie in chemische Energie um, die in ihrer Biomasse gespeichert ist. Von dieser chemischen Energie werden nur zehn Prozent an die Konsumenten 1. Ordnung, die sich von Pflanzen ernähren, weitergegeben. Ein Prozent davon gelangt in die Weidegänger-Nahrungskette und neun Prozent in die Laubstreuzersetzer-Nahrungskette. Den Konsumenten 2. Ordnung, die sich von den Konsumenten 1. Ordnung ernähren, stehen ebenfalls nur zehn Prozent der in der Biomasse der Konsumenten 1. Ordnung gespeicherten Energie zur Verfügung, und an die Konsumenten 3. Ordnung können wiederum nur zehn Prozent der Energie der Konsumenten 2. Ordnung weitergegeben werden.

Seite 179 (Material)

Material A – Biomasse und Energiefluss

A1 Beschreibe, was in den Biomassen- und Energiefluss-Pyramiden dargestellt ist!
Bei den Biomassenpyramiden sind die Biomassen in Gramm pro Quadratmeter von drei Ernährungsebenen, den Produzenten, den Konsumenten 1. Ordnung und den Konsumenten 2. Ordnung, grafisch dargestellt. Die Anordnung dieser zu einem bestimmten Zeitpunkt gemessenen Biomassen ist so, dass die Produzenten die Pyramidenbasis und die Konsumenten 2. Ordnung die Pyramidenspitze bilden.
Bei den Energieflusspyramiden ist die grafische Anordnung der drei Ernährungsebenen gleich wie bei den Biomassenpyramiden. Hier ist aber jeweils die im Laufe eines Tages in den Biomassen eines Quadratmeters gespeicherte Energiemenge in Joule dargestellt.

A2 Vergleiche die Biomassen von Wald und Grasland sowie deren Energieflusspyramiden!
Die Biomassen der Produzenten sind sowohl beim Wald als auch beim Grasland jeweils deutlich größer als die Biomassen der Konsumenten und bilden eine breite Pyramidenbasis. Beim Grasland sind aber die Biomassen der Konsumenten 1. Ordnung wesentlich höher als beim Wald und auch die der Konsumenten 2. Ordnung sind beim Grasland höher.
Bei den Energieflusspyramiden sind die für die Biomassen genannten Unterschiede zwischen Wald und Grasland noch deutlicher.

A3 Stelle Vermutungen an, worauf die in A2 festgestellten Unterschiede zurückzuführen sind!
Im Wald besteht die Biomasse der Produzenten zu einem großen Teil aus Holz, das von den meisten Konsumenten 1. Ordnung nicht als Nahrung genutzt werden kann. Für die Weidegänger-Nahrungskette ist nur ein geringer Teil der grünen Blätter und krautigen Pflanzen nutzbar, und die Laubstreuzersetzer nutzen einen Teil des Falllaubs.
Im Grasland können dagegen die Konsumenten 1. Ordnung alle Teile der Produzenten, des Grases, als Nahrung nutzen. Da zudem Gras schnell nachwächst und keine Energie über einen langen Zeitraum in Biomasse gespeichert wird wie beim Holz der Bäume, ist auch der Energiefluss von den Produzenten in die Nahrungskette der Konsumenten stärker.

Gestufte Hilfe: Vorgabe der Lösung von A2.

A4 Nenne wichtige Produzenten und Konsumenten 1. Ordnung im offenen Meer!
Produzenten = Pflanzenplankton, einzellige Algen
Konsumenten 1. Ordnung = Tierplankton, zum Beispiel Kleinkrebse, die einzellige Algen fressen, Fischlarven

A5 Stelle Vermutungen über die Abweichungen der Biomassenpyramide der Lebewesen im offenen Meer an!
Im Unterschied zu den Biomassenpyramiden des Waldes und Graslands ist im offenen Meer die Biomasse der Produzenten geringer als die der Konsumenten 1. Ordnung. Die Produzenten sind hier einzellige Algen, die sich rasch vermehren können und im Laufe eines Tages ein Vielfaches der Biomasse produzieren, die hier in Gramm pro Fläche zu einem bestimmten Zeitpunkt angegeben ist. Deshalb stellen die Produzenten trotz der geringeren Biomasse zu einem bestimmten Zeitpunkt genügend Nahrung für die Aufrechterhaltung der großen Biomasse der Konsumenten 1. Ordnung her.

Material B – Stickstoffkreislauf

B1 Beschreibe die mit Zahlen markierten Stellen des Stickstoffkreislaufs!
1 = Die Produzenten bauen organische Stickstoffverbindungen auf.
2 = Die Konsumenten nehmen organische Stickstoffverbindungen mit ihrer Nahrung auf, bauen sie in körpereigene Stoffe um und zu energieärmeren Stickstoffverbindungen ab.
3 = Die Destruenten bauen die in totem organischen Pflanzenmaterial sowie in Ausscheidungen der Tiere und toten Tieren enthaltenen Stickstoffverbindungen zu anorganischen Stickstoffverbindungen ab.
4 = Ammonium, NH_4^+, ist das Abbauprodukt, das beim Abbau von Stickstoffverbindungen durch die Destruenten entsteht. Es wird zum Teil von den Produzenten aufgenommen, zum Teil wandeln es Bakterien in Nitrit um.
5 = Knöllchenbakterien binden Luftstickstoff und überführen ihn in Ammonium.
6 = Bestimmte Bakterien wandeln Nitrit, NO_2^-, in Nitrat, NO_3^-, um, das von den Produzenten aufgenommen wird.
7 = Bestimmte Bakterien wandeln Nitrat in Luftstickstoff um.

B2 Nenne zwei organische Stoffe in Lebewesen, die Stickstoff enthalten, und deren jeweilige Funktion!
Proteine enthalten Stickstoff. Sie haben sehr viele wichtige Funktionen in Lebewesen. Zum Beispiel bestehen Muskel- und Bindegewebe, Haare, Hörner und Nägel oder das für den Sauerstofftransport zuständige Hämoglobin in den roten Blutzellen aus Proteinen. Außerdem sind die meisten Enzyme Proteine, ohne die kein Stoffwechsel möglich wäre.
Die Erbsubstanz, DNS, enthält Stickstoff in ihren Basen Adenin, Guanin, Cytosin und Thymin. Ihre Funktion ist die Speicherung der Erbinformation.

B3 Erkläre, weshalb das Anpflanzen von Pflanzen mit Knöllchenbakterien das Wachstum anderer Pflanzen fördert!
Die Knöllchenbakterien binden den Luftstickstoff und überführen ihn in Ammonium. Beim Anpflanzen von Pflanzen mit Knöllchenbakterien wird deshalb der Boden

mit Ammonium angereichert. Pflanzen ohne Knöllchenbakterien können Luftstickstoff zum Aufbau von organischen Stickstoffverbindungen nicht nutzen. Enthält der Boden aber reichlich Ammonium, das auch von diesen Pflanzen genutzt werden kann, wird damit auch deren Wachstum gefördert.

Wald im Wandel

Seite 180–181

1 Erstelle ein Begriffsnetz zur Erholungsfunktion, wirtschaftlichen Bedeutung oder ökologischen Bedeutung des Waldes!

siehe Abbildungen unten und nächste Seite oben

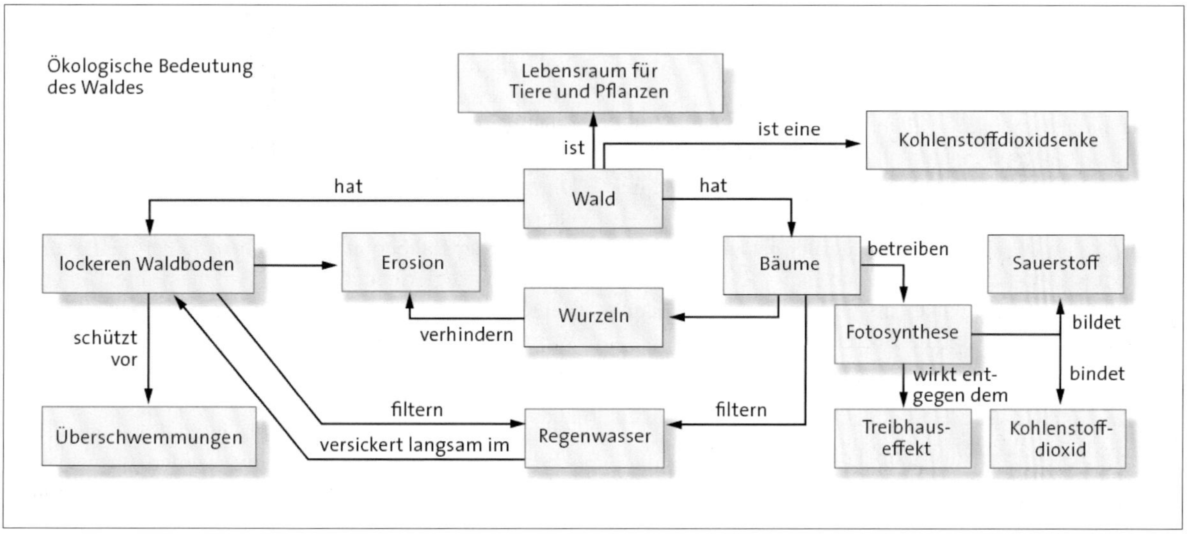

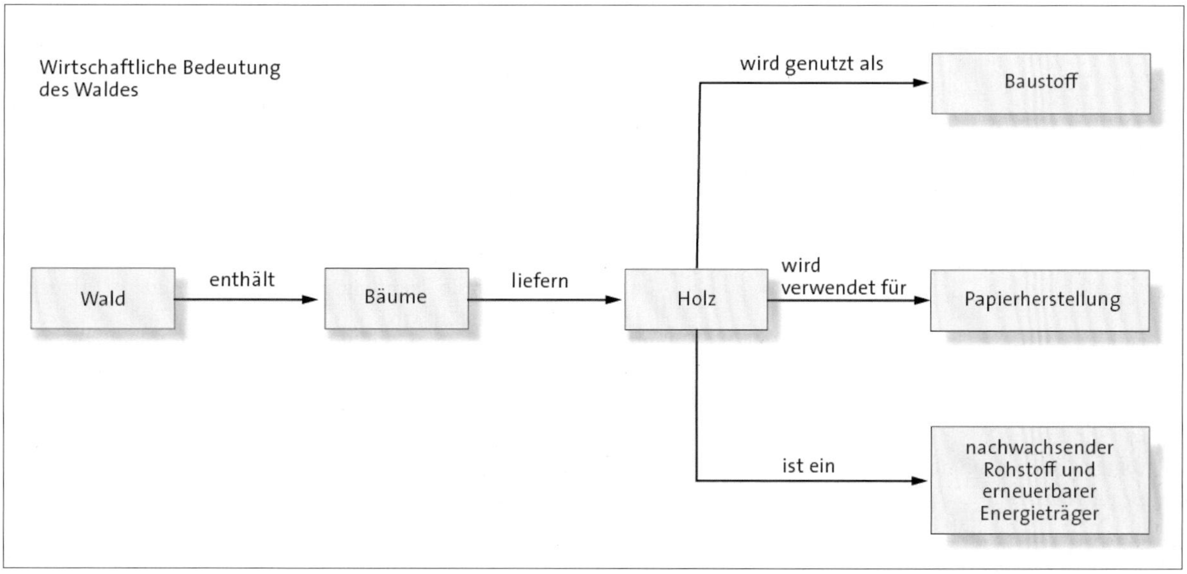

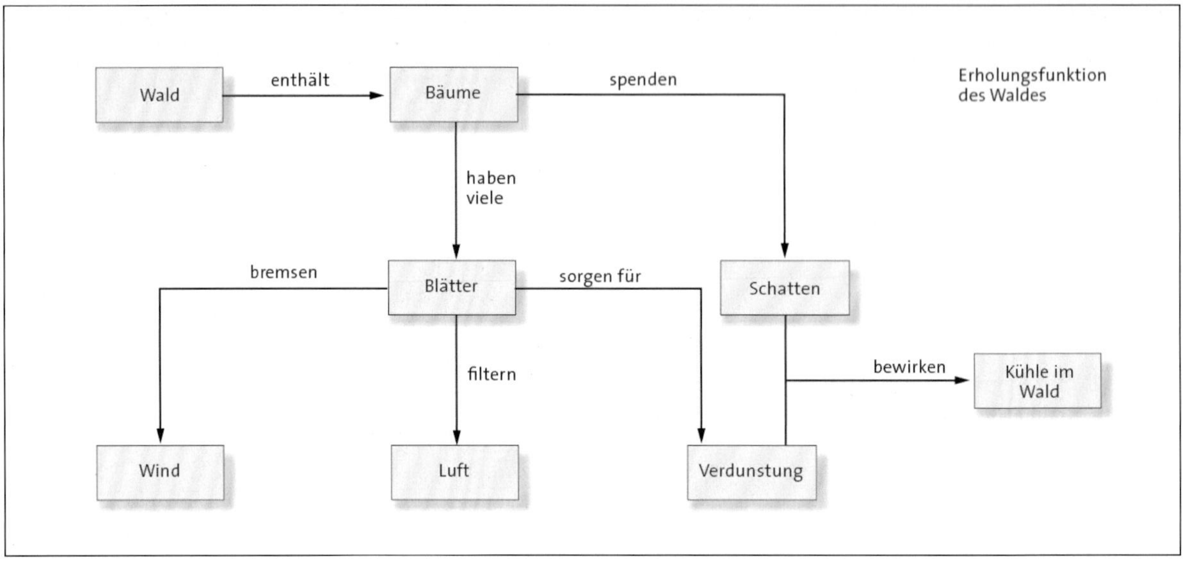

2 Erkläre, welche Bedeutung der Wald für dich und deine Familie und Freunde hat!

Die Schülerinnen und Schüler könnten zum Beispiel auf folgende Aspekte eingehen:

- Spaziergänge im Wald, da dort ein angenehmes Klima und Ruhe herrscht.
- Spielen im Wald, da es ungefährlich ist und es Spaß macht, sich in der Natur aufzuhalten.
- Nahrungsquelle, da man als Jäger Tiere jagen kann oder man kann Pilze oder Beeren sammeln.

Seite 183 (Material)

Material A – Entfernung von Totholz

A1 Erstelle zunächst ein Wirkungspfeilschema zur Wechselbeziehung Abendsegler und Buchenspinner und formuliere entsprechende Je-desto-Sätze!

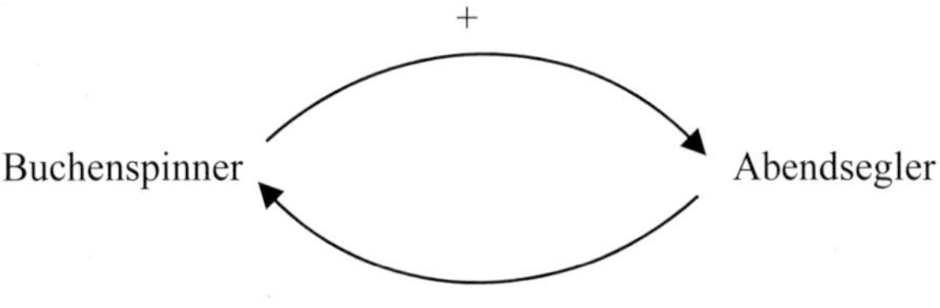

Je mehr Buchenspinner es gibt, desto mehr Abendsegler gibt es. (+)
Je mehr Abendsegler es gibt, desto weniger Buchenspinner gibt es. (–)
Je weniger Buchenspinner es gibt, desto weniger Abendsegler gibt es. (+)
Je weniger Abendsegler es gibt, desto mehr Buchenspinner gibt es. (–)

A2 Erläutere, wie es sich auf den Bestand von Abendseglern und Buchenspinnern auswirkt, wenn die alten morschen Bäume eines Waldes entfernt werden!

Die Abendsegler ernähren sich von fliegenden Insekten, wie zum Beispiel den Buchenspinnern. Der Abendsegler ist somit der Räuber und der Buchenspinner die Beute.
Die Abendsegler benötigen zur Aufzucht ihrer Jungtiere Baumhöhlen, die sie häufig in alten Bäumen finden. Wenn die alten morschen Bäume aus dem Wald entfernt werden, fehlen den Abendseglern die Baumhöhlen für die Aufzucht ihrer Jungtiere. Aus diesem Grund sinkt die Zahl der Abendsegler. Durch die geringere Anzahl von Abendseglern, also den Räubern, werden weniger Buchenspinner gefressen. Der Bestand an Buchenspinnern steigt an.

A3 Stelle eine begründete Vermutung auf, welche Auswirkungen die Entfernung von Totholz auf das gesamte Nahrungsnetz im Wald hat!

Durch die Entfernung von Totholz steigt die Zahl der Buchenspinner an (siehe A2). Die Raupen der Buchenspinner ernähren sich von Buchenblättern. Durch die hohe Anzahl an Buchenspinnern können viele Raupen schlüpfen und es werden sehr viele Buchenblätter gefressen, sodass großer Schaden an den Bäumen entstehen kann und die Nahrungsgrundlage für andere Pflanzenfresser zerstört wird.
Durch die hohe Anzahl an Buchenspinnern steht nicht nur dem Abendsegler, sondern auch anderen Tieren, die sich von fliegenden Insekten oder Raupen ernähren viel Nahrung zur Verfügung, sodass diese sich wiederum besser vermehren können.

Material B – Holz als erneuerbarer Energieträger

B1 Beschreibe die Abbildung A!
Bei der Verbrennung von Holz in kleinem Maßstab und bei der Verrottung von abgestorbener Biomasse entsteht Kohlenstoffdioxid. Die gleiche Menge an Kohlenstoffdioxid kann durch Pflanzen beziehungsweise die Fotosynthese wieder gebunden werden. Der Gehalt an Kohlenstoffdioxid in der Atmosphäre steigt nicht an.

B2 Obwohl Holz ein erneuerbarer Energieträger ist, ist die Verbrennung von Holz in großem Maßstab umstritten. Finde mögliche Gründe, die gegen die Verwendung Holz als Brennstoff sprechen!
Wenn Holz wie in Abbildung B in großem Maßstab verbrannt wird, entsteht mehr Kohlenstoffdioxid, als durch die verbliebenen Pflanzen durch die Fotosynthese gebunden werden kann. Aus diesem Grund steigt der Kohlenstoffdioxidgehalt in der Atmosphäre.
Der höhere Bedarf an Holz führt dazu, dass große Waldflächen abgeholzt werden und somit der Lebensraum vieler Tiere und Pflanzen zerstört wird.

B3 Stelle begründete Vermutungen auf, wie sich der Kohlenstoffdioxidkreislauf verändern würde, wenn zusätzlich zu Holz auch fossile Brennstoffe verbrannt werden würden!
In fossilen Brennstoffen ist Kohlenstoffdioxid dauerhaft gebunden. Wenn fossile Brennstoffe verbrannt werden, wird das Kohlenstoffdioxid, das vor vielen Millionen Jahren von Pflanzen gebunden wurde, wieder frei. Auch bei der Verbrennung von Holz entsteht Kohlenstoffdioxid. Da mehr Kohlenstoffdioxid entsteht, als von lebenden Pflanzen gebunden werden kann, steigt der Kohlenstoffdioxidgehalt in der Atmosphäre an.

4 Ökosystem Fließgewässer

Lebensräume entlang eines Fließgewässers

Seite 184–186

1 Stelle folgende Umweltbedingungen in Oberlauf, Mittellauf und Unterlauf in Form einer Tabelle dar: Fließgeschwindigkeit, Bodenbeschaffenheit, Wassertemperatur, Sauerstoffgehalt und Pflanzenvorkommen!
siehe Tabelle auf der nächste Seite

Seite 187 (Material)

Material A – Uferbeschaffenheit im Mittellauf

A1 Beschreibe die Beschaffenheit der beiden Uferseiten des dargestellten Flussabschnittes!
Am Prallufer fällt das Ufer steil ab. Das Wasser höhlt den Uferhang teilweise aus, Baumwurzeln sind freigelegt und hängen über den Uferrand. Das Wasser ist am Prallufer tief, der Untergrund ist steinig. Am Gleitufer hingegen fällt das Ufer nur leicht in das Wasser ab, das Flussbett ist an dieser Seite flach. Den Untergrund bilden feiner Kies und Sand. Hier wachsen Wasserpflanzen.

Umweltbedingung	Oberlauf	Mittellauf	Unterlauf
Fließgeschwindigkeit	hoch	mittel, geringer als im Oberlauf	gering
Bodenbeschaffenheit	Fels, große Steine	Kies, Sand	feiner Sand, Schlamm
Wassertemperatur	kalt, unter 10 °C	bis zu 15 °C im Sommer	warm, über 20 °C im Sommer, im Winter kann sich Eis bilden
Sauerstoffgehalt	sauerstoffreich	über dem Grund eher geringer Sauerstoffgehalt, in den oberen Wasserschichten ist Sauerstoff vorhanden	über dem Grund sehr geringer Sauerstoffgehalt, in den oberen Wasserschichten sauerstoffreich
Pflanzenvorkommen	nur wenige Produzenten	ja, zum Beispiel Flusslaichkraut, Flutender Hahnenfuß, Wasserdost	reichlich Pflanzenbewuchs, zum Beispiel Pfeilkraut

Zusatzinformation: Die unterschiedliche Uferbeschaffenheit rührt von den unterschiedlichen Strömungsgeschwindigkeiten her. An der Außenkurve fließt das Wasser schnell, durch Erosion bildet sich der Prallhang. An der Innenkurve fließt das Wasser langsam, sodass sich Sand ablagern kann. Es bildet sich das Gleitufer.

A2 Der Hecht laicht an flachen, pflanzenreichen Uferstellen. Stelle eine Vermutung auf, welchen Uferbereich er zur Aufzucht seiner Jungtiere aufsucht, und begründe deine Vermutung!
Der Hecht wird vermutlich das Gleitufer für die Aufzucht seiner Jungtiere wählen. Am Gleitufer ist das Wasser flach und es gibt viele Wasserpflanzen. Die Strömung ist im flachen Wasser gering, sodass der Fischlaich bzw. die Jungtiere nicht weggespült werden. Die Jungtiere können sich leicht zwischen den Pflanzen verstecken und sind so vor Beutegreifern geschützt. Somit findet der Hecht am Gleitufer gute Bedingungen zum Laichen und zur Aufzucht seiner Jungtiere.

A3 Verschiedene Lebewesen können in einem Flussabschnitt wie diesem dicht nebeneinander leben, obwohl sie sehr unterschiedliche Ansprüche an ihren Lebensraum stellen. Erläutere diesen Sachverhalt!
Der dargestellte Flussabschnitt ist in viele kleine Bereiche unterteilt, in denen jeweils andere Umweltbedingungen vorliegen. Zum Beispiel ist an der einen Uferseite das Wasser tief und der Boden steinig, während an der anderen Uferseite das Wasser flach und der Boden sandig ist. Man kann sagen, dass viele kleine Lebensräume, die jeweils unterschiedliche Lebensbedingungen bieten, sehr dicht nebeneinanderliegen. Deshalb können hier Lebewesen mit unterschiedlichen Ansprüchen an ihren Lebensraum dicht nebeneinander leben.

Material B – Angepasstheit der Schwarzerle

B1 Beschreibe die Struktur und Funktion der Korkwarzen und Zellzwischenräume bei der Schwarzerle!
Korkwarzen bilden Öffnungen in der Borke, sodass sauerstoffhaltige Luft in den Stamm gelangen kann. Die Zellzwischenräume im Innern der Erle sind groß und bilden ein zusammenhängendes Netz, das bis in die Wurzeln reicht. Dadurch wird der Luftsauerstoff bis in die Wurzelspitzen geleitet.

B2 Erläutere den Zusammenhang zwischen der Struktur von Borke und Bast bei Schwarzerlen und dem Sauerstoffgehalt des Auenwaldbodens!
Im Auenwald ist der Boden sehr nass, weil er häufig überschwemmt wird. In der Grafik kann man erkennen, dass nasser Boden nur einen sehr niedrigen Sauerstoffgehalt besitzt. Die Wurzelzellen können also keinen Sauerstoff aus dem Boden aufnehmen. Bei Schwarzerlen gelangt sauerstoffhaltige Luft durch die oberirdischen Korkwarzen in den Stamm hinein und gelangt über die großen Zellzwischenräume im Bast bis zu den Wurzelspitzen. Dort steht der Luftsauerstoff den Wurzelzellen für die Zellatmung zur Verfügung. Schwarzerlen sind somit an die sauerstoffarmen, nassen Auenböden angepasst, indem ihre Wurzeln mit Sauerstoff über den Stamm versorgt werden. Schwarzerlen können deshalb besser als andere Baumarten auf nassem Boden wachsen und sind deshalb typische Bäume des Auenwalds.

Leben in der Strömung

Seite 188–190

1 Erläutere verschiedene Angepasstheiten an starke Strömung!
Der stromlinienförmige Körper der *Fische* verringert den Wasserwiderstand und erleichtert das Gleiten durchs Wasser auch gegen starke Strömung.
Eintagsfliegenlarven sind durch ihren flachen und stromlinienförmigen Körperbau an die starke Strömung angepasst, da sie so der Strömung nur wenig Widerstand bietet und nicht so leicht abgedriftet werden kann.
Köcherfliegenlarven sind durch ihren mit Steinen beschwerten Köcher an die Strömung angepasst, da sie mit ihrem schweren Köcher nicht so leicht weggeschwemmt werden. Mit ihrem Fangnetz sind sie an den Nahrungserwerb in der Strömung angepasst, da sie mithilfe des Netzes Nahrungspartikel aus der Strömung sieben können.

Seite 191 (Material)

Material A – Bewohner von Fließgewässern

A1 Beschreibe anhand des Diagramms die Änderung der Fließgeschwindigkeit, des Sauerstoffgehalts und der Temperatur von der Quelle bis zur Mündung eines Fließgewässers!
Im abgebildeten Diagramm ist auf der Hochachse die Fließgeschwindigkeit eines Fließgewässers aufgetragen, auf der Rechtsachse die Fließgewässerzonen von der Quelle bis zur Mündung. Von der Quelle bis zum Oberlauf nimmt die Fließgeschwindigkeit kaum ab, sie liegt bei etwa 1,8 m/s. Vom Oberlauf zum Mittelauf fällt sie stark ab auf 0,5 m/s und vom Unterlauf zur Mündung ändert sie sich wieder kaum. Sie liegt dort bei etwa 0,3 m/s. Die Wassertemperatur steigt von der Quelle bis zum Mittellauf von 8°C auf 17°C zu, sie verdoppelt sich. Bis zur Mündung nimmt die Wassertemperatur bis auf 22°C weiter zu. Im Gegensatz zur Temperatur nimmt der Sauerstoffgehalt im Fließgewässer von der Quelle bis zur Mündung von 12 mg/l auf 5 mg/l stark ab. Je niedriger die Wassertemperatur, desto höher der Sauerstoffgehalt des Wassers.

A2 Ordne die in den Steckbriefen dargestellten Tiere einer Zone eines Fließgewässers zu! Begründe deine Zuordnung!
Der Bachflohkrebs *Gammarus* kommt im Oberlauf eines Fließgewässers vor, da er sauerstoffreiches Wasser benötigt und das Wasser im Oberlauf sauerstoffreich ist.
Die Groppe kommt im Oberlauf eines Fließgewässers vor, da sie sauerstoffreiches Wasser benötigt und das Wasser im Oberlauf sauerstoffreich ist.
Die Köcherfliegenlarve *Anabolia* kommt im Mittel- oder Unterlauf von Fließgewässern vor. Nur hier kann sie genügend Nahrung im Sediment finden und nicht abgetrieben werden, da die Strömung weniger stark ist.

Fließgewässer im Wandel

Seite 194–196

1 Erstelle eine Tabelle, in der du die Baumaßnahmen des Menschen und die dabei verfolgten Ziele darstellst!

Baumaßnahme	Ziel
Rodung des Auenwaldes	landwirtschaftliche Nutzung als Grünland oder Ackerland
Flussbegradigung	Festlegen des Flussverlaufs zur kontrollierten Be- und Entwässerung der angrenzenden Nutzflächen
Wehre	Kontrolle des Wasserstandes
Vertiefung	Schiffbarmachung, Entwässerung des Umlandes
Deiche	Schutz vor Überflutung des Umlandes bei Hochwasser

2 Beschreibe die Folgen menschlicher Eingriffe auf das Ökosystem Fließgewässer!
Aktivitäten des Menschen wie Abwassereinleitung und Begradigung können Wasserlebewesen töten oder deren Lebensräume zerstören. Weitere Folgen können eine Verschmutzung des Trinkwassers sowie eine Zunahme der Hochwassergefahr sein. Stauwehre können die Wanderungen von wandernden Wasserlebewesen verhindern.

3 Erläutere Maßnahmen, mit denen die Folgen dieser Eingriffe abgeschwächt werden können!
Durch Abwasserklärung kann die Wasserqualität eines Fließgewässers so weit verbessert werden, dass Trinkwasser entnommen werden kann. Das sauberere Wasser kann wieder vielen Wasserlebewesen als Lebensraum dienen. Durch Renaturierungsmaßnahmen können Lebensräume für die Wasserlebewesen geschaffen und die Hochwassergefahr verringert werden.

4 Erstelle eine Übersicht, in der du die Folgen einer Flussbegradigung für das Ökosystem und für den Menschen darstellst!
siehe Abbildung auf der nächsten Seite

3 Erkläre die Bedeutung von Retentionsflächen für den Hochwasserschutz!
Auf Retentionsflächen kann sich das Wasser bei Hochwasser ausbreiten und wird für eine Weile zurückgehalten. So wird der Wasserabfluss im Flussbett gebremst und die stromabwärts liegenden Flussbereiche entlastet. Hierdurch werden die Hochwasserschäden gering gehalten. Bei natürlichen Gewässern übernehmen diese Aufgabe die natürlichen Flussauen, die meist mit Auenwald bewachsen sind.

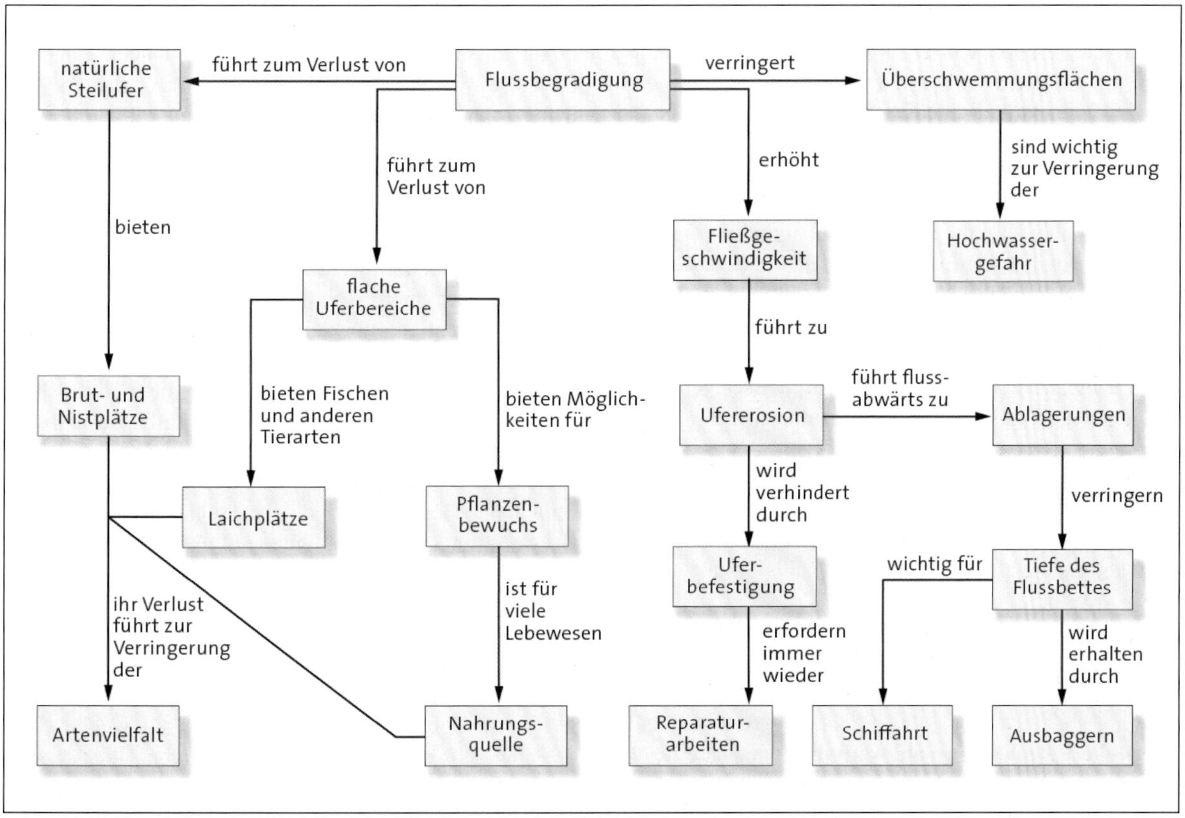

Seite 197 (Material)

Material A – Abwassereinleitung in ein Fließgewässer

A1 Beschreibe den Verlauf aller Kurven!
Belastung: Direkt nach der Einleitung ist die Belastung hoch und nimmt allmählich im Verlauf des Fließgewässers ab.

Sauerstoffgehalt: Der Sauerstoffgehalt nimmt direkt nach der Einleitung stark ab und steigt dann im Verlauf des Fließgewässers wieder an.

Bakterien: Die Anzahl der Bakterien nimmt direkt nach der Einleitung stark zu und sinkt dann wieder ab.

Reinwassertiere: Die Anzahl der Reinwassertiere nimmt direkt nach der Einleitung stark ab und steigt dann langsam wieder an.

Schlammröhrenwürmer: Die Anzahl der Schlammröhrenwürmer nimmt nach der Einleitung stark zu und geht dann im Verlauf des Fließgewässers wieder zurück.

A2 Stelle Vermutungen an, wie der Verlauf der Kurven zu erklären sein könnte!
Belastung: Die Belastung des Fließgewässers ist direkt nach der Einleitung am stärksten. Durch Selbstreinigung nimmt die Belastung im weiteren Verlauf des Fließgewässers ab.

Sauerstoffgehalt: Durch die Zunahme der Anzahl von sauerstoffatmenden Bakterien steigt der Sauerstoffbedarf an. Der Sauerstoffgehalt ist daher direkt nach der Einleitung am niedrigsten.

Bakterien: Die Anzahl schadstoffabbauender Bakterien nimmt direkt nach der Einleitung zu, da viele Schadstoffe als Nahrung vorhanden sind.

Reinwassertiere: Die auf sauberes Wasser angewiesenen Tiere werden durch das verschmutzte Wasser vertrieben oder getötet, deshalb nimmt ihre Anzahl ab.

Schlammröhrenwürmer: Die Anzahl von Schlammröhrenwürmern ist nach der Abwassereinleitung am höchsten, da diese Tierart mit belasteten Gewässern gut zurecht kommt.

Gestufte Hilfe: Berücksichtige den Sauerstoffbedarf der Bakterien, die Verunreinigungen im Wasser abbauen.

A3 Stelle Vermutungen an, weshalb in manche Becken einer Kläranlage Luft eingeblasen wird!
Die Luft muss eingeblasen werden, um den Sauerstoffgehalt des Abwassers im Becken zu erhöhen. Der erhöhte Sauerstoffgehalt ermöglicht den Bakterien, die im Wasser gelösten Stoffe schneller abzubauen.

Gestufte Hilfe: Berücksichtige die Umweltbedingungen, die Lebewesen benötigen, die in der Kläranlage das Abwasser reinigen.

Zusatzinformation: An den aeroben Abbauprozessen der Stickstoffverbindungen des Abwassers, wie beispielsweise dem Harnstoff, sind neben Bakterien auch Pilze beteiligt. Diese Destruenten werden von Protozoen und weiter von Nematoden und Anneliden konsumiert. Das bei der aeroben Nitrifikation entstehende Nitrat wird dann in einem anaeroben Schritt, der Denitrifikation, zu Stickstoff reduziert.

Material B – Hochwasserschutz am Oberrhein

B1 Beschreibe die Maßnahmen und erkläre ihre Funktionen!
Durch den Rückbau des Deiches (1) und den Neubau (3) steht dem Rhein eine größere Überschwemmungsfläche zur Verfügung, sodass sich das Hochwasser verteilen kann und der Hochwasserpegel niedriger bleibt. Diese Überschwemmungsfläche wird auch als Retentionsraum (2) bezeichnet. Die Pumpen des Schöpfwerks (4) schöpfen Hochwasser in die Auelandschaft beziehungsweise den Retentionsraum, damit es über eine große Fläche verteilt werden kann und nicht über den Altbach (5) direkt mit hoher Geschwindigkeit weiterfließt. Der Altbach wird renaturiert, damit er das Hochwasser vom Rhein in die Auelandschaft abführen kann. Im aufgeforsteten Auenwald (6) nutzen die speziell angepassten Pflanzen das Hochwasser. Tierrettungsinseln bieten Tieren im Hochwasserfall eine „Rettungsinsel“, die so hoch liegt, dass sie vor dem Hochwasser geschützt sind. Gleichzeitig stellen neu angelegte Amphibientümpel zusätzlichen Lebensraum für bedrohte Tiere und zusätzliche Wasserauffangbecken dar.

B2 Informiere dich im Internet über die Aktion Blau und beurteile inwiefern diese Maßnahmen zum Naturschutz beitragen!
Ziele der Aktion Blau sind zum Beispiel die Renaturierung von Gewässern und die Schaffung natürlicher Hochwasserrückhaltemöglichkeiten. Dadurch sollen sich natürliche Strukturen ausbilden können. Diese neu gewachsenen Lebensräume ermöglichen die Ausbildung neuer Ökosysteme. Indem Auelandschaften und neu angelegte Sümpfe als Retentionsflächen genutzt werden, werden gefährdete Ökosysteme unterstützt beziehungsweise neu geschaffen. Dadurch leistet die Aktion Blau einen wichtigen Beitrag zur nachhaltigen Hochwasservorsorge und dem Schutz natürlicher Ökosysteme. Für die Akteure bietet die Aktion Blau sowohl finanzielle

Unterstützung als auch Informationen zu Gestaltungs- und Umsetzungsmöglichkeiten für ihre Projekte. So kann man regional passende Konzepte entwickeln, die sich in bestehende Systeme integrieren lassen. Die Umstrukturierungsmaßnahmen stellen einerseits erneute Eingriffe des Menschen in bestehende Ökosysteme dar. Anderseits führen sie langfristig dazu, dass naturnahe Systeme wiederhergestellt und erhalten beziehungsweise geschützt werden. Die Aktion Blau leistet damit einen wichtigen Beitrag zum Naturschutz.

5 Der Mensch beeinflusst Ökosysteme

Der Mensch belastet die Umwelt

Seite 198–200

1 Nenne Beispiele für „natürliche Ressourcen"!
Trinkwasser, Boden, Holz, Pflanzen.

2 Nenne ein Beispiel für nachhaltiges Verhalten!
Mögliche Antworten sind:
In einem Wald wird für jeden gefällten Baum ein neuer Baum gepflanzt.
In einem Gebiet wird nicht mehr Wasser verbraucht, als durch Niederschlag auf das Gebiet fällt.
Durch Landwirtschaft werden nicht mehr Mineralsalze verbraucht, als sich im Boden regenerieren können.

3 Erläutere anhand von drei Beispielen, welche schädlichen Einflüsse menschliche Aktivitäten auf die Umwelt haben können!
Der Abbau von Rohstoffen verursacht Luftverschmutzung und belastet Boden und Wasser.
Die industrielle Produktion von Gütern und Waren verursacht Luftschadstoffe und verschmutzt das Wasser.
Die intensive Landwirtschaft verursacht Landschaftsveränderung und belastet den Boden durch Verdichtung, Bodenerosion, Düngemittel und Schädlingsbekämpfungsmittel.
Abfälle belasten Boden und Wasser.
Nicht nachhaltige Nutzung von natürlichen Ressourcen führt zum Verlust oder zur Zerstörung dieser Ressourcen.

Seite 201 (Im Blickpunkt Geografie: Treibhauseffekt

1 Erläutere den Zusammenhang zwischen der steigenden Kohlenstoffdioxidkonzentration in der Atmosphäre und dem Anstieg des Meeresspiegels!
Durch den vom Menschen verursachten Anstieg der Kohlenstoffdioxidkonzentration in der Atmosphäre wird der natürliche Treibhauseffekt verstärkt. Dadurch erhöht sich die Durchschnittstemperatur auf der Erde. Die erhöhten Temperaturen können zum Abschmelzen des Eises an den Polkappen der Erde führen. Dieses zusätzlich frei werdende Wasser lässt den Meeresspiegel steigen.

Seite 202–203 (Material)

Material A – Luftverschmutzung in Deutschland (2006)

A1 Berechne, wie viele Kilotonnen Luftschadstoffe jede Verursachergruppe insgesamt pro Jahr in die Luft abgibt! Trage die Ergebnisse in eine Tabelle ein!

	Energiewirtschaft	**Industrie und Gewerbe**	**Haushalte, Kleinverbraucher**	**Verkehr**
NO_x (Kilotonnen)	281,59	171,46	157,52	697,00
SO_2 (Kilotonnen)	284,02	179,12	77,00	0,56
CO (Kilotonnen)	132,20	1201,80	1137,70	1530,29
Feinstaub (Kilotonnen)	11,92	153,93	37,13	53,93
Summe (Kilotonnen)	**709,73**	**1706,31**	**1409,35**	**2281,78**

Gestufte Hilfe: Vorgabe des Tabellenrasters.

Zusatzinformation: Die Ergebnisse wurden auf zwei Dezimale nach dem Komma gerundet.

A2 Erläutere, welche der Verursachergruppen die größte Masse an Luftschadstoffen produziert!
Die größte Masse, nämlich fast 2282 Kilotonnen an Luftschadstoffen wird durch den Verkehr erzeugt, welcher vor allem eine große Masse an Stickstoffoxiden sowie an Kohlenstoffmonooxid verursacht.

A3 Stelle Vermutungen an, wie die Belastung mit Luftschadstoffen reduziert werden könnte!
Verursachergruppe Energiewirtschaft: Die Belastung mit Luftschadstoffen könnte reduziert werden durch verstärkte Nutzung nicht fossiler Brennstoffe sowie durch Energiesparen.

Verursachergruppe Industrie und Gewerbe: Die Belastung mit Luftschadstoffen könnte reduziert werden durch Filteranlagen sowie energiesparende Produktion.

Verursachergruppe Haushalte, Kleinverbraucher: Die Belastung mit Luftschadstoffen könnte reduziert werden durch energiesparende Maßnahmen wie Wärmedämmung oder moderne Heizungen sowie durch Nutzung von Solarenergie oder Erdwärme.

Verursachergruppe Verkehr: Die Belastung mit Luftschadstoffen könnte reduziert werden durch Abgasfilter, weniger Verkehr sowie verstärkte Nutzung des öffentlichen Nahverkehrs.

Gestufte Hilfe: Gehe auf jede einzelne Verursachergruppe ein!

Zusatzinformation: In diesem Zusammenhang könnte auch die Wachstumsthematik angesprochen werden, weiterhin auch die Haltbarkeit und Dauerhaftigkeit von Produkten.

Material B – Bodenerosion

B1 Beschreibe den Zusammenhang zwischen Bodenbedeckung durch Bewuchs und Bodenerosion!
Je mehr Pflanzen auf einer Fläche stehen, desto weniger Boden wird durch Bodenerosion abgetragen.

B2 Erkläre, weshalb in einem Buchenwald deutlich weniger Niederschlag abfließt als von einem Kartoffelacker!
Das dichte Blätterdach der Buchen schützt die Bodenoberfläche besser vor der direkten Einwirkung durch den Niederschlag als die Kartoffelpflanzen. Zusätzlich werden die oberen Bodenschichten durch die Wurzeln der Bäume festgehalten.
Die Strauch-, Kraut- und Moosschicht eines Buchenwaldes schützt den Boden.

Material C – Bevölkerungsentwicklung

C1 Beschreibe die Kurven der Bevölkerungsentwicklung!
Die Kurve der Variante A steigt kontinuierlich an, im Jahr 2050 liegt die Erdbevölkerung bei 11 Milliarden Menschen. Die Kurve B steigt weniger stark an als Kurve A und verläuft ab ungefähr 2020 flacher. Im Jahr 2050 beträgt die Erdbevölkerung 9,1 Milliarden Menschen. Die Kurve C verläuft ab ungefähr dem Jahr 2010 flacher und nähert sich ab ungefähr 2040 dem Wert 8 Milliarden Menschen an.

Zusatzinformation: auf der Internetseite der Deutschen Stiftung Weltbevölkerung lassen sich aktuelle Daten zur Erdbevölkerung finden, aber auch Informationen über Projekte zur Familienplanung oder Armutsbekämpfung sowie ein Bevölkerungszähler, der den Anstieg der Erdbevölkerung veranschaulicht (die pro Sekunde im Jahr 2013 um circa 2,75 Menschen zunimmt!).

C2 Stelle Vermutungen an, weshalb die Weltbevölkerung seit 1950 stark angestiegen ist!
Seit 1950 hat sich die medizinische Versorgung vieler Menschen deutlich verbessert. Tödlich wirkende Krankheiten wurden ausgerottet oder können leichter bekämpft werden. Durch die bessere medizinische Versorgung wurde nicht nur die Kindersterblichkeit reduziert, sondern die Menschen leben auch länger.
Die hygienischen Bedingungen, unter denen viele Menschen leben, haben sich verbessert. Dadurch wurde die Qualität der Nahrung und des Trinkwassers verbessert und die Sterblichkeit durch verdorbene Nahrung oder verseuchtes Wasser reduziert.

C3 Stelle Vermutungen an, welche Bedingungen zu den unterschiedlichen Kurvenverläufen geführt haben könnten!
Die Kurve A zeigt die Bevölkerung der Erde bis 2050, wenn das Bevölkerungswachstum weiter zunimmt. Diese Kurve könnte zeigen, wie sich das Wachstum entwickelt, wenn keine oder nur wenige Maßnahmen gegen das Bevölkerungswachstum ergriffen werden.
Die Kurve B zeigt die Bevölkerung der Erde bis 2050, wenn sich das Bevölkerungswachstum bis 2050 leicht abschwächt.
Bei Kurve C greifen Maßnahmen zur Verringerung des Bevölkerungswachstums wie beispielsweise Kampagnen zur Empfängnisverhütung sodass das Wachstum geringer wird. Dennoch steigt die Erdbevölkerung weiter an.

Material D – Ökologischer Fußabdruck

D1 Berechne deinen persönlichen Fußabdruck mithilfe eines Fußabdruckrechners im Internet!
Individuelle Schülerantwort.

Zusatzinformation: Fußabdruckrechner lassen sich im Internet finden (zum Beispiel Umweltbundesamt, BUND Jugend, Lebensministerium Österreich).

D2 Vergleiche deinen persönlichen Fußabdruck mit dem deiner Freunde und mit dem Fußabdruck eines Menschen aus einem wenig entwickelten Land!
Individuelle Schülerantwort.

Gestufte Hilfen:
Hilfe 1: Wenig entwickelte Länder angeben, zum Beispiel Brasilien, Indien, Indonesien, Peru oder afrikanische Länder.
Hilfe 2: Wenig entwickelte Länder und zugehörigen Fußabdruck angeben:

Land	Hektar pro Person
Brasilien	2,9
China	2,1
Peru	1,5
Afrika gesamt	1,4
Indonesien	1,2
Indien	0,9
Afghanistan	0,6

Daten aus footprintnetwork.org für 2012

Zusatzinformation: Um die gewonnenen Daten untereinander vergleichen zu können, sollten die Schülerinnen und Schüler den gleichen Fußabdruckrechner benutzen.

D3 Beschreibe mögliche Maßnahmen, mit der sich dein ökologischer Fußabdruck verkleinern ließe!
Der ökologische Fußabdruck kann durch folgende Maßnahmen verkleinert werden: weniger Energieverbrauch zum Beispiel Strom, Heizung oder Warmwasser. Weitere Maßnahmen wären geringerer Fleischkonsum sowie Fortbewegung zu Fuß, mit dem Fahrrad oder mit öffentlichen Verkehrsmitteln. Durch eine möglichst lange Nutzungsdauer von Gegenständen und Geräten wird der ökologische Fußabdruck verkleinert wie auch durch Müllvermeidung.

Gestufte Hilfe: Berücksichtige die Bereiche Ernährung, Mobilität, Wohnen und Konsum!

Biodiversität

Seite 204–206

1 Erkläre den Begriff Biodiversität!
Mit Biodiversität ist die Vielfalt des Lebens gemeint, beispielsweise die Artenvielfalt eines Gebietes, aber auch die Vielfalt von Lebensräumen oder die Vielfalt innerhalb einer Population.

2 Erläutere anhand von drei Beispielen den Nutzen der Biodiversität!
Eine große Vielfalt ermöglicht dem Menschen, Arten auszuwählen und als Nahrungsgrundlage, als Rohstoffgrundlage für Güter oder als Anregung für industrielle Anwendungen zu nutzen.

Zusatzinformation: weitere Antworten sind möglich. Insekten helfen bei der Schädlingsbekämpfung oder als Bestäuber. Viele Arzneimittel sind natürlichen Ursprungs. Biodiversität hat einen hohen Freizeitwert. Biodiversität bietet Schutz vor Naturkatastrophen. Bidiversität bedeutet Stabilität für Lebensgemeinschaften.

3 Erläutere anhand von drei Beispielen, welche schädlichen Einflüsse menschliche Aktivitäten auf die Biodiversität haben können!
Übernutzung: der Mensch nutzt mehr natürliche Ressourcen, als nachwachsen können. Beispiele sind Abholzung oder Überfischung.

Lebensraumzerstörung: der Mensch zerstört natürliche Lebensräume durch Bebauung, Agrarnutzung oder Verschmutzung.

Eingeführte Arten: Vom Menschen eingeführte Arten können die heimischen Arten verdrängen.
Klimaveränderung: Die vom Menschen verursachte Klimaveränderung bedroht Arten, die den Veränderungen nicht ausweichen können, vor allem Pflanzen.

Seite 207 (Material)

Material A – Biodiversität von Pflanzen

A1 Beschreibe, in welchen Gebieten der Erde die Pflanzenvielfalt besonders hoch ist!
Die Pflanzenvielfalt ist im nordwestlichen Südamerika (Peru, Ecuador, Kolumbien), in den Anden, entlang der Küste Brasiliens, um Kapstadt in Südafrika, entlang der Ostküste Madagaskars und in Südostasien besonders groß. Hier liegen die Werte über 3000 Arten pro 10000 Quadratkilometer.

A2 Nenne die Ökozonen der in A1 genannten Gebiete!
Nordwestliches Südamerika, Ostküste Brasiliens, Ostküste Madagaskars: Immerfeuchte Tropen.
Anden: Gebirge mit verschiedenen Lebensräumen
Südostasien: Immerfeuchte Tropen und Immerfeuchte Subtropen
Region um Kapstadt: Winterfeuchte Subtropen

Gestufte Hilfen:
Hilfe 1: Vorgabe der Lösungen von A1.
Hilfe 2: Verwendung der Abbildung Ökozonen der Erde.

A3 Stelle Vermutungen an, weshalb gerade in Gebieten mit hoher Pflanzenvielfalt der Schutz der Diversität häufig besonders schwierig ist!
Individuelle Schülerantwort.

Zusatzinformation: Mögliche Antworten sind Überbevölkerung, Armut der Bevölkerung, instabile politische Lage, Gewinnung von Bodenschätzen, Abholzung, Landwirtschaft.

Material B – Artensterben

B1 Berechne den Anteil bedrohter Arten jeder Gruppe in Prozent! Trage die Ergebnisse in eine Tabelle ein!

	Anteil bedrohter Arten
Säutetiere	20,83 %
Vögel	13,09 %
Reptilien	10,06 %
Amphibien	29,93 %
Fische	6,77 %
Insekten	0,09 %
Weichtiere	2,23 %
Pflanzen	3,38 %

B2 Nenne die vier Tiergruppen, bei denen der Anteil bedrohter Arten besonders hoch ist!
Amphibien, Säugetiere, Vögel, Reptilien.

B3 Stelle Vermutungen an, durch welche Bedrohungen diese hohen Anteile zustande kommen!
Individuelle Schülerantwort.
Zusatzinformation: Amphibien sind zur Fortpflanzung auf Feuchtbiotope angewiesen, die immer seltener werden. Amphibien sind empfindlich gegenüber Störungen. Amphibien sind wegen ihrer Haut besonders empfindlich gegenüber Schadstoffen. Amphibien wandern und werden deshalb leicht zum Opfer des Verkehrs.
Säugetiere werden häufig wegen ihres Felles oder als Nahrung gejagt. Viele Lebensräume von Säugetieren, vor allem die Wälder, sind bedroht. Säugetiere benötigen häufig viel Platz, der ihnen in dicht besiedelten Gebieten nicht mehr zur Verfügung steht.
Vögel sind von Lebensraumzerstörung, beispielsweise durch Abholzung, bedroht. Vögel finden in dicht besiedelten und stark genutzten Gebieten kaum Nahrung.
Reptilien werden gejagt und sind von Lebensraumzerstörung betroffen. Schlangen werden gejagt, weil die Menschen Angst vor ihnen haben.

Zusatzinformation Material B: Die Anzahl der bekannten (=erfassten) Arten ist eine stark schwankende und mit Unsicherheiten behaftete Größe, die neben dem zugrundeliegenden Artkonzept auch von Synonymisierungen und weiteren Faktoren beeinflusst wird. Im Jahr 2013 sind rund 1,25 Mio. Arten bekannt (Mora et al. 2011). Schätzungen, welcher Anteil aller Arten der Erde bereits bekannt sind, schwanken zwischen 75% (Costello et al. 2012) und 20% (Mora et al. 2011).
Als Quelle für die in der Abbildung aufgeführte Artenanzahl wurde ein Übersichtsartikel von Chapman (2009) verwendet. Die Anzahl der bedrohten Arten umfasst die in der Roten Liste der IUCN (2013) erfassten Arten der Kategorien CR (critically endangered), EN (endangered) und VU (vulnerable). Die tatsächliche Anzahl bedrohter Arten, insbesondere bei den Insekten dürfte signifikant höher sein. Die Angabe „Pflanzen" bezieht sich auf die Kormophyten

Nachhaltiges Handeln

Seite 208–210

1 Erkläre, weshalb letztlich nur eine Kreislaufwirtschaft nachhaltig ist!
Alle Stoffe und Materialien, die in der Biosphäre umgewandelt werden, müssen später wieder in ihren Ursprungszustand gebracht werden, damit sie auch zukünftig zur Verfügung stehen. Dies ermöglicht die Kreislaufwirtschaft. Ganz komplett wird das aber niemals möglich sein, denn die Energie, die zur Umwandlung eingesetzt wird, kann man nicht wieder gewinnen. Daher darf nur so viel Energie entwertet werden, wie durch Strahlungsenergie von der Sonne zur Verfügung gestellt wird.

2 Schlage drei Möglichkeiten vor, wie du Kunststoffmüll vermeiden kannst!
Individuelle Schülerlösung. Folgende Antworten sind denkbar:
- Man kann ein Kunststoffprodukt durch ein entsprechendes Produkt aus anderem Material ersetzen. Zum Beispiel kann man statt einer Plastiktragetasche eine Papiertüte verwenden oder eine Tragetasche aus Stoff.
- Tragetaschen oder andere Kunststoffprodukte lassen sich wiederverwenden. So entsteht weniger Müll als wenn man sie nur einmal verwendet, wegwirft und sich beim nächsten Einkauf eine neue Tüte geben lässt. Am besten nimmt man eine Einkaufstasche zum Einkaufen mit.
- Man kann herkömmliche Kunststoffe durch Stoffe ersetzen, die bei einem bestimmten Anwendungszweck ähnliche Eigenschaften haben, jedoch kompostierbar sind. Dabei zersetzen sie sich vollständig. So kann man Dämmmaterial für Verpackungen, das bisher oft aus Styropor gefertigt wurde, durch Schaumstoffe aus Stärke ersetzen.

3 Gib an, wie Kunststoffmüll aus deiner Heimat ins Meer gelangen kann!
Leichter Kunststoffmüll, wie zum Beispiel Plastiktragetaschen, der achtlos weggeworfen wird, kann vom Wind in einen Fluss geweht werden. Mit der Wasserströmung gelangt er dann schließlich ins Meer.
Manche Menschen kippen ihren Müll gleich in ein Gewässer. Wenn es sich dabei um einen Fluss handelt, wird der Müll schließlich auch ins Meer gespült.

Zusatzinformation: Neben dieser offensichtlichen Verunreinigung mit Plastikresten gibt es aber noch eine viel gefährlichere: Kunststoffe, die in den Restmüll gelangen, werden nicht zersetzt und gelangen in den Kompost. Von dort werden größere und auch kleinste Kunststoffpartikel ebenfalls in die Gewässer und schließlich ins Meer gespült.

Seite 211 (Im Blickpunkt Geografie: Arten- und Biotopschutz)

1 Erläutere den Zusammenhang zwischen Artenschutz und Biotopschutz!

Beim Artenschutz wird die einzelne Tier- oder Pflanzenart geschützt, beim Biotopschutz der Lebensraum von Arten. Wenn eine Art geschützt wird, ihr Lebensraum aber nicht, kann die Art dennoch aussterben. Man benötigt also eine Kombination aus Arten- und Biotopschutz.

Erwachsen werden

1 Pubertät

Zeit des Erwachsenwerdens

Seite 216–218

1 Vergleiche die körperlichen Veränderungen von Jungen und Mädchen während der Pubertät in Form einer Tabelle!

Jungen	Mädchen
Wachstumsschub	Wachstumsschub
Schambehaarung	Schambehaarung
Achselbehaarung	Achselbehaarung
stärkere Körperbehaarung, z. B. Bart, Behaarung an Brust, Armen und Beinen	weniger starke Körperbehaarung
breitere Schultern	Schultern weiterhin schmal
Becken weiterhin schmal	breiteres Becken
–	Wachstum der Brüste
Stimmbruch	–
Bildung reifer Spermienzellen	Bildung reifer Eizellen
Pollution	Menstruation

2 Erläutere die Ursache der körperlichen und seelischen Veränderungen in der Pubertät!
Ursache aller Veränderungen in der Pubertät sind Hormone, körpereigene Botenstoffe, die bereits in winzigen Mengen wirken. Während der Pubertät werden in einer Drüse im Gehirn, der Hypophyse, solche Hormone gebildet, die in den Blutkreislauf abgegeben werden und zu den Geschlechtsdrüsen gelangen. Dort bewirken sie die Bildung von weiteren Hormonen, den Geschlechtshormonen. Beim Jungen ist das vor allem Testosteron, beim Mädchen Östrogen.
Diese Geschlechtshormone bewirken die körperlichen Veränderungen von Jungen und Mädchen in der Pubertät. In der Folge dieser hormonellen und körperlichen Veränderungen ergeben sich auch Änderungen im Gefühlsleben.
Zusatzinformation: Das Einsetzen der Pubertät und der Ausprägungsgrad der sekundären Geschlechtsmerkmale (z. B. Größe der Brüste und des Penis, Stärke der Körperbehaarung bei einzelnen Jungen und Mädchen) sind hormonell bedingt individuell unterschiedlich.

Seite 219 (Material)

Material A – Sekundäre Geschlechtsmerkmale

A1 Erläutere, wie die dargestellten Symbole mit den jeweiligen sekundären Geschlechtsmerkmalen zusammenhängen!
In den beiden Symbolen werden typisch männliche bzw. weibliche sekundäre Geschlechtsmerkmale besonders betont: beim Mann die breiten Schultern und das schmale Becken, bei der Frau umgekehrt.

A2 Frauen und Männer betonen diese Geschlechtsmerkmale oft noch durch Kleidung. Nenne für jedes Geschlecht zwei solche Kleidungsstücke!
Bei Frauen: z. B. Rock, tief ausgeschnittenes Oberteil, Push-up-BH/Wonderbra
Bei Männern: z. B. Schulterpolster, Muskelshirt, enge Jeans

Material B – Träume sind Schäume

B1 Interpretiere die Karikatur!
Das Mädchen und der Junge betrachten ihre Körperformen, das Mädchen seine Brust und der Junge seinen Oberarm. Beide vergleichen sich mit den „Idealformen", die in den Blasen dargestellt sind. Bei der Frau fällt hier vor allem der große Busen und die schmale Taille, bei dem Mann der muskulöse, breite Oberkörper und die kräftigen Oberarme auf.

B2 Nimm Stellung zu der Aussage: „Die Ausprägung der sekundären Geschlechtsmerkmale kann man durch den Willen beeinflussen."!
Die Ausbildung der sekundären Geschlechtsmerkmale wird durch Hormone gesteuert. Bei Jungen ist das vor allem Testosteron, bei Mädchen Östrogen. Produktionsbeginn und -menge dieser Hormone sind individuell unterschiedlich und können nicht willentlich beeinflusst werden.
Die Ausprägung der sekundären Geschlechtsmerkmale, also wie groß beispielsweise der Busen oder die Muskeln der Oberarme werden, hängt unter anderem von diesen Geschlechtshormonen ab. Daneben spielen aber auch Ernährung und Training eine Rolle: Beispielsweise wird die Fetteinlagerung in die Unterhaut durch kalorienreiche Nahrung gefördert, und Training führt zu Muskelwachstum.

Die Antwort ist als „sowohl – als auch“, wobei die Hormone die wichtigere Rolle spielen.

Gestufte Hilfe: Berücksichtige die Rolle der Hormone.

Zusatzinformation: Nicht berücksichtigt wurde in der Lösung, dass hier Vererbung eine wichtige Rolle spielt und beide Geschlechter auch das Geschlechtshormon des anderen Geschlechts produzieren, wenn auch nur in geringer Menge. Die individuelle Mischung dieser Hormone ist das entscheidende Moment für die individuelle Ausprägung der sekundären Geschlechtsmerkmale.

B3 Beurteile, ob die dargestellten Formen von Mann und Frau erstrebenswert sind!
Hier sind individuell sehr unterschiedliche Lösungen denkbar, die als Grundlage für eine Diskussion über individuelles Schönheitsempfinden und die Wertschätzung des eigenen Körpers dienen können.

Material C – Flirtsignale

C1 Nenne typische Verhaltensänderungen von pubertierenden Jungen und Mädchen!
Jungen wie Mädchen beschäftigen sich viel mit dem eigenen Körper und dessen Veränderungen. Sie brauchen mehr Zeit für die Körperpflege und Hygiene. Mädchen beginnen sich zu schminken, Jungen, den Bart zu rasieren. Durch Reizung der eigenen Geschlechtsorgane können sie sich selbst befriedigen.
Im Umgang mit dem anderen Geschlecht sind sie unsicher und schließen sich oft in Cliquen zusammen. Durch Experimentieren mit verschiedener Kleidung, Mimik und Gestik erfahren sie, wie sie auf ihre Umwelt und das andere Geschlecht wirken. Wenn ihnen jemand gefällt, beginnen sie eventuell zu flirten. Die Unsicherheit, die mit den Veränderungen in der Pubertät verbunden ist, kann auch zu Gereiztheit und Überreaktionen führen.

C2 Beschreibe die Flirtsignale, die das Mädchen aussendet!
Das Mädchen sendet mehrere Flirtsignale aus: Es neigt seinen Kopf zur Seite und lächelt, wodurch es dem Gegenüber Sympathie signalisiert. Der zur Seite abgewinkelte linke Arm signalisiert Offenheit. Zusätzlich betont das Mädchen seine körperlichen Merkmale, indem es die rechte Hand auf den Brustbereich legt und in die Hüfte einknickt.

C3 Schreibe eine mögliche Unterhaltung auf, die das Mädchen und der Junge gerade führen könnten!
Hier sind individuell sehr unterschiedliche Lösungen denkbar, die aufgrund der Flirtsignale, die das Mädchen aussendet, nach der Plausibilität beurteilt werden können.

C4 Recherchiere, welche Flirtsignale typisch für Jungen sind!
Jungen zeigen beim Flirten häufig eine offene, dem anderen zugewandte Körperhaltung. Eine beim Sitzen offene Beinhaltung signalisiert Interesse.
Der Blickkontakt wird gesucht und gehalten. Vermehrte Blicke auf die Bluse, Hüfte oder Beine weisen auf sexuelles Interesse hin.
Ein leicht geneigter Kopf ist ein Zeichen für konzentriertes Zuhören. Verschränkte Arme hinter dem Kopf sollen beeindrucken, der Junge wirkt größer, stärker.
Die Hände sind oft in den Hosentaschen oder am Gürtel oder führen angedeutete „Putzhandlungen“ aus, zum Beispiel Berühren des Hemdkragens, Streichen durch die Haare oder Absuchen von Flusen auf dem Pullover.

Geschlechtsorgane

Seite 220–221

1 Vergleiche Größe und Bau von Spermienzelle und Eizelle!
Die Tabelle ist in der Aufgabe nicht verlangt.

	Spermienzelle	Eizelle
Größe	sehr klein, mit bloßem Auge nicht sichtbar, etwa 0,05 Millimeter	relativ groß, mit bloßem Auge gerade sichtbar, etwa 0,1 Millimeter
Bau	Kopf mit Zellkern, Mittelstück, Schwanz	Eihülle, Dotter, Zellkern

2 Sexualität und Fortpflanzung

Liebe und Sexualität

Seite 222–224

1 Nenne Gründe, weshalb eine Partnerschaft misslingen kann!
Eine Partnerschaft kann misslingen, weil zum Beispiel
- Eigenarten und Wünsche nicht gegenseitig respektiert werden
- Probleme nicht offen und ehrlich angesprochen werden
- einer oder beide eine Rolle spielen und so verbergen, wie sie wirklich sind
- die Partner sich nicht mehr vertrauen können, weil einer unehrlich oder untreu ist

2 Erläutere, was man unter Sexualität versteht!
Sexualität ist der Teil einer Partnerschaft, in dem es um körperliche Bedürfnisse geht, also zum Beispiel das Bedürfnis, dem anderen nahe zu sein, ihn zu berühren, Zärtlichkeiten mit ihm auszutauschen, ihn zu küssen oder mit ihm zu schlafen.

Seite 225 (Material)

Material A – Bekanntschaftsanzeigen

A1 Nenne die Eigenschaften der Personen, die in den einzelnen Anzeigen gesucht werden!
- *Anzeige A:* schlank, sportlich, mag Natur, Bücher, Snowboardfahren, gemütliche Kneipen, Zärtlichkeit
- *Anzeige B:* selbständig, energisch, gesprächig, humor- und fantasievoll
- *Anzeige C:* keine Angaben
- *Anzeige D:* soll gerne kochen, reisen, wandern, kuscheln
- *Anzeige E:* interessiert an einer echten Beziehung, eher ausgeflippt, selbstbewusst, offen für alles
- *Anzeige F:* lebendig, unternehmenslustig

A2 Stelle Vermutungen an, welche Anzeigen von einer Frau oder von einem Mann stammen!
Hier sind viele verschiedene Schüleräußerungen denkbar, je nachdem, wie stark die Schüler in Rollenklischees denken.

A3 Vergleiche die Eigenschaften, die Mädchen wichtig sind, mit denen, die Jungen für wichtig halten!
Wie in Aufgabe A2 sind viele verschiedene Äußerungen denkbar, wobei Eigenschaften wie „gut aussehend“ und „treu“ bei beiden Geschlechtern zu erwarten sind, ihre Gewichtung aber unterschiedlich ausfallen dürfte.

Material B – Beziehungscheck

B1 Formuliere weitere Fragen, die dir über die Beziehung zu deinem Partner Aufschluss geben könnten!
- Lässt er/sie mich auch mal mit Anderen (Freundinnen, Kumpels) weggehen?
- Ist er/sie mir treu?
- Ist er/sie zärtlich zu mir?
- Sind ihm/ihr auch meine Bedürfnisse wichtig?
- Kann ich bei ihm/ihr so sein, wie ich bin?
- …

B2 Nenne einen wichtigen Grund, aus dem du Schluss machen würdest!
Meistens werden die Schüler hier Untreue nennen, doch sind viele verschiedene Schüleräußerungen denkbar.

B3 Nenne Formen, in denen man Schluss machen könnte, und bewerte sie!
- SMS schreiben
- Brief schicken
- Gespräch mit ihm/ihr
- Freund/Freundin vorschicken
- mit neuem Freund/neuer Freundin auftauchen
- …

Die Bewertung wird individuell unterschiedlich sein, sollte jedoch moralisch bewertet werden.

Material C – Formen des Zusammenlebens

C1 Beschreibe die Formen des Zusammenlebens, die auf den Fotos dargestellt sind!
Foto A zeigt ein Hochzeitspaar. Dieser Mann wird wohl mit dieser einen Frau zusammenleben. *Foto B* zeigt dagegen einen Mann, der mit mehreren Frauen zusammenlebt, und *Foto C* den umgekehrten Fall, in dem eine Frau mehrere Männer hat. Alle drei Fotos stellen Formen der Heterosexualität dar.

Gestufte Hilfe: Beachte, dass in Bild C zwei Generationen zu sehen sind: Eltern und Söhne.

C2 Nenne weitere Formen des Zusammenlebens!
Neben den auf den Fotos dargestellten Formen gibt es viele andere Formen des Zusammenlebens:
- Viele heterosexuelle Paare leben zusammen, sind aber nicht verheiratet.
- Bei homosexuellen Paaren leben eine Frau mit einer Frau (lesbisches Paar) oder ein Mann mit einem Mann (schwules Paar) zusammen.
- Bisexuelle Menschen können mal mit einer Frau, mal mit einem Mann zusammenleben.
- Es gibt auch noch viele andere Formen des Zusammenlebens, zum Beispiel ohne Beziehungen unter den Partnern (Wohngemeinschaft) oder Dreierbeziehungen.

C3 Nenne Voraussetzungen, die für glückliche Partnerschaften wichtig sind!
Die Partner sollten sich vertrauen und ihre Eigenarten und Wünsche gegenseitig respektieren. Um die Einstellungen und Erwartungen des anderen kennenzulernen, sollten sie viel miteinander reden. Wenn es Probleme gibt, müssen sie offen angesprochen werden. Das alles gilt auch für die Sexualität.
Für die meisten Menschen sind für eine glückliche Partnerschaft Ehrlichkeit und Treue am wichtigsten.

Menstruationszyklus und Schwangerschaft

Seite 229 (Material)

Material A – Menstruationskalender

A1 Ordne die beiden Abbildungen den entsprechenden Tagen des dargestellten Zyklus zu! Begründe deine Zuordnungen!
Der dargestellte Zyklus dauert vom 11. März bis zum 7. April, ist also genau 28 Tage lang. Abbildung A zeigt den Moment des Eisprungs, der normalerweise in der Mitte eines Zyklus stattfindet. Abbildung A ist daher dem 14. Tag und damit dem 24. März zuzuordnen. In Abbildung B ist die Schleimhaut in der Gebärmutter noch relativ dick und beginnt sich abzulösen. Abbildung B ist daher vermutlich dem 1. oder 2.Tag der Menstruation und damit dem 11. oder 12. März oder dem 8. oder 9. April zuzuordnen.

Gestufte Hilfen:
Hilfe 1: Gehe davon aus, dass ein Zyklus mit dem ersten Tag der Menstruationsblutung beginnt.
Hilfe 2: In Abbildung A ist der Eisprung, in Abbildung B die Menstruationsblutung dargestellt.

A2 Ermittle, an welchen Tagen ein Eisprung stattgefunden hat! Nenne die Zeiträume, in denen eine Befruchtung hätte stattfinden können!
Der dargestellte Zyklus ist genau 28 Tage lang. Wenn auch der Zyklus im April 28 Tage dauert, kommt es jeweils am 14. Tag, also am 24. März und wahrscheinlich am 21.April zu einem Eisprung. Da die Eizelle nur etwa 24 Stunden befruchtungsfähig ist, hätte eine Befruchtung nur zwischen dem 24. und 25. März und dem 21. und 22. April stattfinden können.

Gestufte Hilfe: Berücksichtige, dass eine Eizelle nach dem Eisprung etwa 24 Stunden lang befruchtungsfähig ist.

Zusatzinformation: Da die Länge des Zyklus auch noch bei erwachsenen Frauen durch seelische und körperliche Belastungen wie Stress, Krankheit, Reisen und andere Einflüsse stark schwanken kann, ist das Datum des 21. April nicht sicher.

Material B – Veränderungen in der Schwangerschaft

B1 Beschreibe die in der Abbildung sichtbaren körperlichen Veränderungen zwischen dem 2. und dem 9. Monat!
Die Gebärmutter wird zwischen dem 2. und dem 9. Monat sehr stark ausgedehnt und drückt die sie umgebenden inneren Organe, die Harnblase, den Darmtrakt, die Leber und die Lunge, stark zusammen. Der Bauch wölbt sich vor.
Zusatzinformation: Weiterhin vergrößern sich die Brüste durch das Wachstum der Milchdrüsen, und es entsteht ein Hohlkreuz.

B2 Spätestens ab dem 7. Monat fällt der Mutter das Atmen immer schwerer. Stelle zwei Vermutungen über mögliche Ursachen an!
Vermutung 1: In der Abbildung ist zu sehen, dass die wachsende Gebärmutter die inneren Organe und damit auch die Lunge zusammendrückt. Die Mutter kann also beim Atmen nicht mehr so viel Luft in die Lunge aufnehmen wie vor der Schwangerschaft und hat daher Atembeschwerden.
Vermutung 2: Der wachsende Fetus benötigt immer mehr Sauerstoff, der über den Blutkreislauf der Mutter zu ihm transportiert wird. Die Mutter muss also für das werdende Kind mitatmen und immer mehr Luft ein- und ausatmen. Das führt zu Atembeschwerden.

Gestufte Hilfe: Überlege, welche Organe während der Schwangerschaft entstehen.

B3 Das ungeborene Kind wiegt im 3. Monat etwa 15 Gramm und bei der Geburt 3 bis 4 Kilogramm. Die Mutter nimmt im gleichen Zeitraum um 10 bis 11 Kilogramm zu. Erkläre diesen Unterschied!
Zieht man die 3 bis 4 Kilogramm des Fetus ab, so nimmt die Mutter zusätzlich um 7 bis 8 Kilogramm zu. Die Ursache dafür ist, dass nicht nur der Fetus wächst, sondern mit ihm auch die Fruchtblase samt Fruchtwasser sowie der Mutterkuchen.
Zusatzinformation: Außerdem nehmen während der Schwangerschaft die Fetteinlagerungen in der Unterhaut sowie die Milchdrüsen in den Brüsten an Größe und damit Masse zu.

Material C – Vierlinge

C1 Gib an, aus wie vielen Eizellen sie entstanden sind! Begründe deine Meinung!
Die Vierlinge sind wahrscheinlich aus drei Eizellen entstanden. Da die Jungen sich sehr ähnlich sehen, sind sie wohl eineiige Zwillinge. Ihre Geschwister haben ein anderes Geschlecht, weshalb sie aus mindestens einer anderen Eizelle entstanden sein müssen. Da sie zudem verschieden aussehen, sind sie wohl zweieiige Zwillinge.

Gestufte Hilfe: Achte auf die unterschiedlichen Ähnlichkeiten der Vierlinge.

C2 Stelle Vermutungen an, durch wie viele Plazenten die Vierlinge im Mutterleib ernährt wurden!
Vermutung 1: Wenn die Vierlinge aus drei Eizellen entstanden sind, haben diese sich wahrscheinlich getrennt eingenistet. Deshalb wurden die Vierlinge vermutlich durch drei Plazenten ernährt, wobei die eineiigen Zwillinge sich eine Plazenta teilten.
Vermutung 2: Die Vierlinge sind aus drei Eizellen entstanden. Die Eizelle, aus der die Jungen entstanden sind, ist in einem frühen Stadium in zwei Teile zerfallen, die sich getrennt eingenistet haben. Die zwei Eizellen, aus denen die Mädchen entstanden sind, haben sich auch getrennt eingenistet. Deshalb wurden die Vierlinge vermutlich durch vier Plazenten ernährt.

Gestufte Hilfe: Gehe davon aus, dass eineiige Zwillinge meistens nur durch eine Plazenta ernährt werden.

Zusatzinformation: Wenn die eineiigen Zwillinge durch Trennung der Zellen nach der ersten Furchung (Zwei-Zellstadium) entstehen, bildet sich jeweils eine eigene Plazenta. Bei Trennungen in späteren Stadien bildet sich nur eine gemeinsame Plazenta. Diese Art der Entstehung von eineiigen Zwillingen ist relativ selten.

Verhütung

Seite 230–232

1 Nenne Vor- und Nachteile von natürlichen, mechanischen und chemischen Verhütungsmethoden!
natürliche Verhütungsmethoden:
Vorteile: Man muss nichts kaufen.
Nachteile: Die natürlichen Methoden sind sehr unsicher. Die Kalender- und die Temperaturmethode erfordern außerdem regelmäßige Zyklen und viel Erfahrung.
mechanische Verhütungsmethoden:
Vorteile: Diese Methoden sind recht sicher. Das Kondom schützt außerdem vor sexuell übertragbaren Krankheiten wie Aids.
Nachteile: Das Kondom und das Diaphragma müssen richtig angewandt werden. Die Spirale ist wegen möglicher Nebenwirkungen für junge Frauen nicht geeignet.
chemische Verhütungsmethoden:
Vorteile: Sie erhöhen die Sicherheit der Verhütung, wenn sie in Kombination mit anderen Verhütungsmitteln angewandt werden.
Nachteile: Sie gelten als relativ unsicher. Manche Präparate können ein Kondom porös machen.

2 Nenne Vor- und Nachteile der Pille!
Vorteile: Die Pille ist sehr sicher und auch für junge Frauen gut geeignet. Man muss nicht kurz vor oder während des Geschlechtsverkehrs daran denken, sie zu benutzen. Sie kann außerdem Menstruationsbeschwerden lindern.
Nachteile: Sie muss vom Frauenarzt verschrieben werden. Man muss sie täglich einnehmen, die Mini- und Mikropille sogar auf die Stunde genau. Außerdem kann die Pille unerwünschte Nebenwirkungen haben, wie zum Beispiel eine Gewichtszunahme.

Seite 233 (Material)

Material A – Pearl-Index

A1 Ordne die Verhütungsmittel nach dem Grad ihrer Sicherheit!
Von unsicher bis sehr sicher ergibt sich anhand der Mittelwerte folgende Reihenfolge:
chemische Verhütungsmittel – Coitus interruptus – Diaphragma – Kalendermethode – Kondom – Spirale – Temperaturmethode – Minipille – Verhütungsring – Pille – Verhütungsstäbchen
Zusatzinformation: In der Literatur sind auch andere Werte des Pearl-Index' zu finden, die teilweise zu einer abweichenden Bewertung der Sicherheit führen.

Gestufte Hilfe: Berechne zunächst die jeweiligen Mittelwerte.

A2 Nenne die Verhütungsmethoden, die sich für Jugendliche weniger eignen! Begründe!
Für Jugendliche weniger geeignet sind:
- die Kalender- und die Temperaturmethode, weil sie regelmäßige Zyklen und viel Erfahrung erfordern;
- die Spirale, weil sie mögliche Nebenwirkungen hat.

A3 Stelle Vermutungen an, weshalb im Pearl-Index oft keine genauen Werte angegeben werden!
- Untersuchungen in verschiedenen Jahren haben zu verschiedenen Ergebnissen geführt.
- Untersuchungen in verschiedenen Ländern führen zu verschiedenen Ergebnissen.

- Abweichungen erklären sich dadurch, dass im einen Fall nur das „Versagen“ der Methode erfasst wurde, im anderen Fall aber auch noch die „Versager“, die auf die fehlerhafte Anwendung der Methode zurückzuführen sind.
- …

Material B – Kondom

B1 Nenne Vorteile des Kondoms gegenüber anderen Verhütungsmitteln!

Es ist das einzige Verhütungsmittel, das vor sexuell übertragbaren Krankheiten wie Aids schützt. Weiterhin ist das Kondom das einzige Verhütungsmittel, das der Mann verwenden kann.

B2 Erläutere, auf welchen Vorteil des Kondoms die Abbildung anspielt!

Das Plakat zeigt ein Kondom über einem Maiskolben, der für einen Penis steht. Der Maiskolben/Penis „poppt sicher“, hat also sicheren Geschlechtsverkehr, weil das Kondom ihn vor Aids schützt („Gib Aids keine Chance!“). Das Plakat ruft also dazu auf, beim Geschlechtsverkehr Kondome zu benützen („mach’s mit“).

B3 Recherchiere auf der Internetseite der Bundeszentrale für gesundheitliche Aufklärung, welche Fehler man bei der Benutzung eines Kondoms machen kann!

Das „Leporello zum Kondomgebrauch“ enthält unter anderem folgende Hinweise:
- Kondom kühl lagern, Verfallsdatum beachten
- beim Aufreißen keine spitzen Gegenstände benutzen (Fingernägel!)
- vor der Benutzung Luft aus dem Reservoir drücken
- Vorhaut zurückziehen, Kondom behutsam abrollen
- Öle und Fette zerstören das Kondom
- beim Herausziehen des Penis das Kondom festhalten
- Kondom nur einmal gebrauchen

Material C – Temperaturmethode

C1 Beschreibe den Kurvenverlauf!

Am ersten Tag des Zyklus (Beginn der Menstruation) beträgt die gemessene Körpertemperatur 37,0 °C und sinkt bis zum 13. Tag mit leichten Schwankungen um etwa 0,5 °C ab. Vom 14. Tag bis zum 16. Tag ergibt sich ein deutlicher Anstieg der Kurve um 0,5 °C, und danach bleibt die Temperaturkurve mit leichten Schwankungen auf diesem hohen Niveau (etwa 37,0 °C).

C2 Begründe, an welchem Tag des Zyklus der Eisprung vermutlich stattgefunden hat!

Da sich die Körpertemperatur nach dem Eisprung bis gegen Ende des Zyklus um mindestens 0,2 °C erhöht, hat der Eisprung vermutlich am 14. Tag des dargestellten Zyklus stattgefunden.

C3 Nenne andere mögliche Ursachen für einen länger anhaltenden Anstieg der Temperaturkurve!

- Krankheit (Fieber);
- andere seelische oder körperliche Belastungen (zum Beispiel Stress, Reisen).

Informationen empfangen, verarbeiten, speichern

1 Sinnesorgane des Menschen

Der Körper nimmt viele Reize wahr

Seite 238–240

1 Beschreibe den Unterschied zwischen einem Sinn und einer Sinneszelle!
Ein Sinn stellt die Fähigkeit unseres Körpers dar, einen Reiz aufzunehmen. Hierfür benötigt der Körper je nach Reiz das entsprechende Sinnesorgan.
Eine Sinneszelle hingegen ist ein spezialisierter Rezeptor innerhalb eines Sinnesorgans, der Reize aufnehmen und in Erregung umwandeln kann.

2 Erkläre, was man unter einem adäquaten Reiz versteht!
Wenn ein Reiz zu einer Sinneszelle passt, von dieser aufgenommen und in Erregung umgewandelt werden kann, dann ist dies ein adäquater Reiz.

3 Stelle in einem Pfeildiagramm den Weg von einem Reiz bis zur Wahrnehmung dar!
Reiz => Sinnesorgan => Sinneszelle => Nerv => Gehirn => Wahrnehmung

Seite 241 (Material)

Material A – Reize und Sinnesorgane

A1 Beschreibe die Situation der Personen!
Die Personen sitzen in einer Achterbahn und strecken die Arme in die Höhe. Sie haben den höchsten Punkt erreicht, blicken in den "Abgrund" und befinden sich kurz vor dem "Absturz" der Bahn. Ihr Gesichtsausdruck ist freudig, aber auch angstvoll.

A2 Nenne die Reize, die auf die Personen einwirken!
Druck des Fahrtwinds, Temperatur, Bewegung des Körpers, Druck der Sitze, Geräusche, Licht.

A3 Begründe, welche Sinnesorgane besonders aktiv sind!
Fahrtwind, Temperatur, Bewegung des Körpers, Druck, Geräusche und Licht sind Einflüsse aus der Umwelt, die in diesem Moment auf den Körper einwirken. Diese Reize werden von den entsprechenden Sinnesorganen aufgenommen. Fahrtwind, Temperatur und Druck werden über die Haut aufgenommen, die Bewegung des Körpers über den Gleichgewichtssinn im Innenohr, die Geräusche über die Ohren und das Licht über die Augen. Es sind somit alle Sinnesorgane bis auf die Nase und der Zunge besonders aktiv. Während einer Fahrt mit der Achterbahn wirken kaum Geschmacks- oder Geruchsstoffe aus der Umwelt auf den Körper ein.

Material B – Wahrnehmung

B1 Erstelle mithilfe der vorgegebenen Begriffe ein Pfeildiagramm, welches deutlich macht, wie Reize aus der Umwelt wahrgenommen werden!

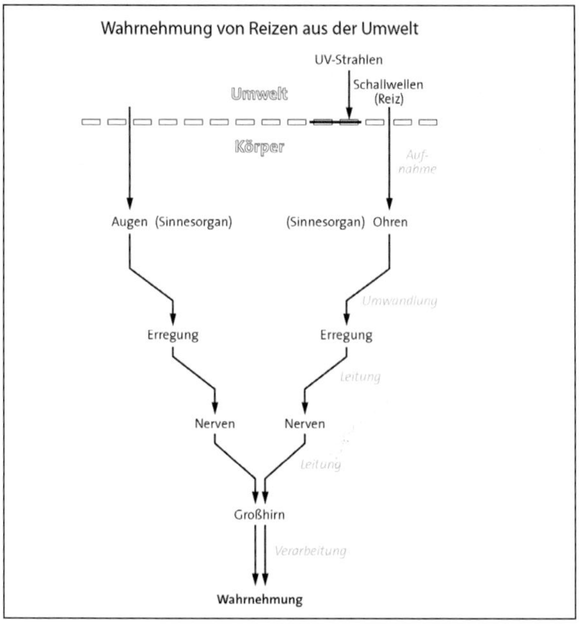

B2 Ergänze das erstellte Pfeildiagramm durch mindestens vier Fachbegriffe!

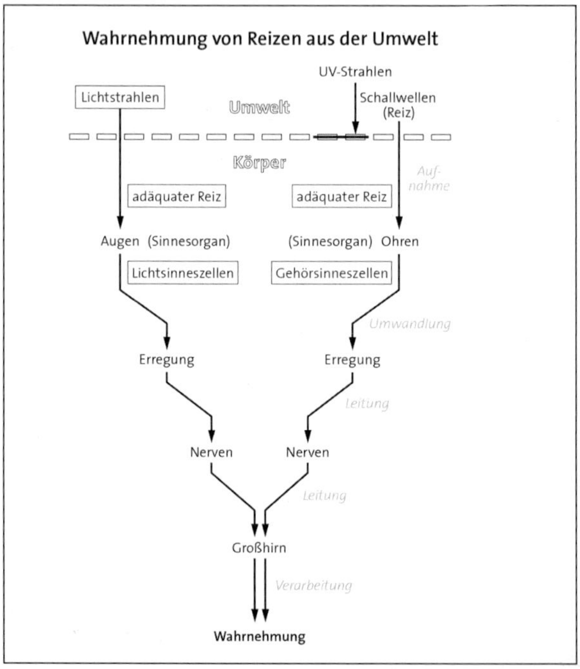

Gestufte Hilfe: Vorgabe der Fachbegriffe: Lichtsinneszellen, Gehörsinneszellen, adäquater Reiz, Lichtstrahlen, Haut, Temperatursinneszellen, Gehirnzentren

Das Auge

Seite 245 (Material)

Material A – Pupille

A1 Begründe, weshalb es sinnvoll ist, nach der Untersuchung eine Sonnenbrille zu tragen!
Durch die weit geöffnete Pupille kann sehr viel Licht in das Auge gelangen und auf die Netzhaut treffen. Ist der Lichteinfall zu stark, kann die Netzhaut geschädigt werden. Mit einer Sonnenbrille wird der Lichteinfall reduziert und eine Blendung verhindert.

Gestufte Hilfe: Die Pupille passt das Auge an die Lichtverhältnisse an.

A2 Vergleiche das Bild mit dem Zustand der Augen bei der Durchfahrt durch einen Tunnel!
Auf dem Bild ist zu erkennen, dass das eine Auge eine weite und das andere Auge eine enge Pupille hat. Bei der Einfahrt in einen Tunnel würden sich nicht nur die Pupille eines Auges, sondern die Pupillen beider Augen weiten. Bei der Ausfahrt aus dem Tunnel würden sie sich beide verkleinern.

A3 Stelle eine Hypothese auf, wie die Veränderung der Pupille ausgelöst wird!
Es lässt sich vermuten, dass die Veränderung der Pupille von den aktuellen Lichtverhältnissen abhängt. Diese werden nach der Reizaufnahme durch die Augen vermutlich vom Gehirn festgestellt. Ist viel Licht vorhanden, kann der Lichteinfall durch eine enge Pupille reduziert werden, ist wenig Licht vorhanden, so wird vom Gehirn die Information zur Erweiterung der Pupillen an die Augen geleitet. Das Gehirn liefert vermutlich die Information, die die Veränderung der Pupillenweite auslöst.

Zusatzinformation: Die Veränderung der Pupille läuft sehr schnell ab und ist eine Reflexreaktion, die nicht bewusst durch das Gehirn gesteuert wird.

Material B – Bildentstehung

B1 Begründe, welche Aussagen falsch sind!
Aussage 1 *"Bei der Nahakkommodation wird der Ringmuskel angespannt, wodurch sich die Linsenbänder entspannen, sodass sich die Linse abflacht."* ist falsch. Wenn die Linsenbänder entspannt sind, können sie keinen Zug auf die Linse ausüben und diese nicht abflachen. Im Gegenteil, die Linse krümmt sich dann stärker.

Aussage 2 *"Das Sehen in die Ferne strengt mehr an als das Lesen eines Buches."* ist falsch. Bei der Nahakkommodation muss der Ringmuskel angespannt werden, damit die Linse sich wölben kann. Dies strengt mehr an als das Abflachen der Linse bei der Fernakkommodation. Hierbei ist der Ringmuskel entspannt.

Aussage 4 *"Gelber Fleck" und "blinder Fleck" sind Begriffe für den gleichen Sachverhalt.* ist falsch.
Der blinde Fleck ist die Austrittstelle von Nervenfasern, an denen es keine Lichtsinneszellen gibt. Der gelbe Fleck hingegen besitzt eine hohe Konzentration an Zapfen und ist die Stelle des schärfsten Sehens.

B2 Formuliere die falschen Aussagen in einem Satz fachlich korrekt um!
Aussage 1: Bei der Nahakkommodation wird der Ringmuskel angespannt, wodurch sich die Linsenbänder entspannen, sodass sich die Linse wegen ihrer Eigenelastizität stärker wölbt.

Aussage 2: Das Lesen eines Buches strengt auf Dauer mehr an als das Sehen in die Ferne.

Aussage 4: "Gelber Fleck" und "blinder Fleck" sind keine Begriffe für den gleichen Sachverhalt.

B3 Beschreibe am Beispiel der Netzhaut das Basiskonzept *Struktur – Eigenschaft – Funktion*!
Die Netzhaut ist aus mehreren Zellschichten aufgebaut. Neben den Lichtsinneszellen sind auch viele Nervenzellen miteinander verschaltet. Diese Struktur der Netzhaut ermöglicht die Funktion der Aufnahme und Verarbeitung von Licht durch die Stäbchen und Zapfen, sowie die Weiterleitung der Information durch die Nervenzellen.

Material C – Lichtsinneszellen

C1 Beschreibe die Verteilung der Stäbchen und Zapfen in der Netzhaut!
Die Stäbchen und Zapfen sind ungleich in der Netzhaut verteilt. Eine sehr hohe Dichte an Zapfen, etwa 170 000 pro Quadratmillimeter hat der gelbe Fleck. Sowohl Richtung Schläfe, als auch Richtung Nase nimmt die Anzahl der Zapfen stark ab und beträgt ab etwa 10° nur noch ungefähr 10 000 pro Quadratmillimeter. An der Stelle des gelben Flecks sind hingegen keine Stäbchen vorhanden. Sowohl Richtung Schläfe, als auch in Richtung Nase steigt die Anzahl der Stäbchen bis 10° zu einer hohen Dichte an und beträgt dort etwa 160 000 pro Quadratmillimeter. Ab jeweils 10° bis 60° sinkt die Anzahl der Stäbchen in beide Richtungen und beträgt bei 60° etwa 80 000 pro Quadratmillimeter. Bei ungefähr 15° Abstand vom gelben Fleck Richtung Nase befindet sich der blinde Fleck. Hier sind keine Lichtsinneszellen vorhanden.

C2 Stelle eine Hypothese auf, die die unterschiedliche Verteilung von Stäbchen und Zapfen erklärt!
Stäbchen und Zapfen sind unterschiedlich lichtempfindlich. Die sehr lichtempfindlichen Stäbchen sind für das Dämmerungssehen zuständig. Es ist vorteilhaft, dass sie sich eher am Rand des Auges befinden, wo der Lichteinfall gering ist. Das meiste Licht trifft auf die Stelle des schärfsten Sehens. Hier können die Zapfen besonders gut wirken, weil sie nicht so lichtempfindlich sind wie die Stäbchen. Sie sind für das Tages- und Farbensehen zuständig. So lässt sich die hohe Dichte an Zapfen im Gelben Fleck erklären.

Gestufte Hilfe: Berücksichtige bei deiner Lösung die unterschiedliche Lichtempfindlichkeit von Stäbchen und Zapfen.

Sehen – mit Augen und Gehirn

Seite 250–252

1 Beschreibe die Vorgänge bei einer additiven Farbmischung!
Farbiges Licht hat unterschiedliche Wellenlängen. Es reizt die drei Zapfentypen in der Netzhaut des Auges in der Regel unterschiedlich stark. Die Erregungen werden über den Sehnerv zum Gehirn weitergeleitet. Das Gehirn verarbeitet diese Informationen. Bei der additiven Farbmischung werden die Erregungen, die durch Licht unterschiedlicher Wellenlängen zustande kommen, miteinander verrechnet.

2 Beschreibe, was man unter dem räumlichen Sehen versteht!
Ein Gegenstand kann dreidimensional wahrgenommen werden, wenn die hinten liegenden Bereiche von den vorderen Bereichen unterschieden werden können. Wenn zusätzlich eine dreidimensionale Wahrnehmung des Raumes dadurch möglich ist, dass der Betrachter die Entfernung von ihm aus zum Gegenstand abschätzen kann, dann spricht man vom räumlichen Sehen.

3 Nenne die Aufgaben des Assoziationsfelds!
Aufgabe des Assoziationsfelds des Sehens ist die Speicherung von Eindrücken, Bildern und Informationen. Außerdem vergleicht es Informationen, die aus dem Projektionsfeld des Sehens kommen, mit seinen gespeicherten Bildern. Das ist erforderlich, um Bilder erkennen zu können.

Seite 253–255 (Material)

Material A – Farbwahrnehmung

A1 Beschreibe die subtraktive Farbmischung am Beispiel der Farben Gelb und Blau!
Gelb und Blau absorbieren und reflektieren jeweils einen anderen Teil des Lichtspektrums. Die gelbe Farbe reflektiert hauptsächlich gelbes Licht, die blaue Farbe hauptsächlich blaues Licht. Der Rest des Lichtspektrums wird jeweils absorbiert. Mischt man beide Farben, so werden Wellenlängen des Lichts, sowohl die Teile des Farbspektrum des gelben wie auch des blauen Lichts, absorbiert. Die Mischfarbe reflektiert daher weniger Licht, wodurch sie dunkler wahrgenommen wird. Man spricht von subtraktiver Farbmischung. Der reflektierte Teil des Lichtspektrums ergibt den Eindruck grün.

Gestufte Hilfe: Überlege, welchen Teil des Lichtspektrums die Farben Gelb und Blau jeweils absorbieren und welchen sie reflektieren.

A2 Beschreibe mithilfe der Vorgänge bei der additiven Farbmischung, wie es zur Wahrnehmung der Farbe Gelb auf einem Display kommt!
Licht setzt sich aus unterschiedlichen Wellenlängen zusammen. Trifft beispielsweise ausschließlich rotes und grünes Licht auf die Netzhaut, werden nur die grün- und rotempfindlichen Zapfen gereizt. Auf den von ihnen abgehenden Nervenfasern laufen Erregungen zum Gehirn. Das Gehirn verrechnet diese Informationen, und die Farbe Gelb wird wahrgenommen.

A3 Beschreibe Unterschiede zwischen der subtraktiven und der additiven Farbmischung!
Im Gegensatz zur additiven Farbmischung erfolgt bei der subtraktiven Farbmischung die Mischung der Farben, bevor die Lichtreize auf die Netzhaut eines Auges auftreffen. Bei der additiven Farbmischung findet die Verrechnung der Informationen aus den Lichtreizen erst im Gehirn statt.

Material B – Farbsehvermögen

B1 Beschreibe die Gemeinsamkeiten der vier Testbilder!
Die vier Testbilder sind jeweils rund und setzen sich aus vielen unterschiedlich großen Farbpunkten zusammen. Diese Farbpunkte bestehen vor allem aus den Farben rot, gelb und grün in unterschiedlicher Farbintensität. Auf allen Abbildungen sind Zahlen zu erkennen.

Zusatzinformation: Personen mit einer Rot-Grün-Schwäche können die Zahlen unter Umständen nicht erkennen.

B2 Stelle Vermutungen an, weshalb mithilfe dieser Farbabbildungen eine Rot-Grün-Schwäche erkannt werden kann!
Fehlen einer Person die Sehfarbstoffe Rot und/oder Grün, so können die Zahlen der Farbabbildungen nicht erkannt werden, da die roten beziehungsweise grünen Lichtreize

von den Sehsinneszellen nicht aufgenommen und deshalb nicht verarbeitet und weitergeleitet werden können.

Zusatzinformation: Eine Aussage über die Stärke einer Rot-Grün-Schwäche könnte durch die unterschiedliche Farbintensität der Farbpunkte und damit der Zahlen erreicht werden. Eine Grünschwäche tritt häufiger auf als eine Rotschwäche.

B3 Stelle Vermutungen an, welche Bedeutung die unterschiedliche Farbintensität der Farbabbildungen haben könnte!
Unterschiedliche Farbintensitäten könnten im Test notwendig sein, um eine Aussage über die Stärke einer Rot-Grün-Schwäche zu machen.

Versuch C – Augen und Gehirn

C1 Beschreibe die Erfahrungen bei der Durchführung des Versuchs!
Individuelle Schülerantwort.

Zusatzinformation: In der Regel kommt es zu Schwierigkeiten bei der Nennung der Farben. Es werden pro Reihe mehrere Fehler gemacht, und ein zügiges Aufsagen der Farben ist nur schwer möglich. Auch der „Beobachter" muss sich in der Regel sehr gut konzentrieren, um die Fehler zu erkennen.

C2 Vergleiche die beiden Ergebnisse miteinander!
Individuelle Schülerantwort.

C3 Interpretiere die Ergebnisse!
Individuelle Schülerantwort entsprechend der Ergebnisse von C1 und C2.

Zusatzinformation: In der Regel kommt es zu mehreren Fehlern bei der Benennung der Farben. Es werden nicht nur die Farben, sondern auch die Wörter im Gehirn wahrgenommen und erkannt. Hierzu sind zwei Verrechnungsprozesse notwendig. Die Projektionsfelder des Gehirns nehmen sowohl die Farben als auch die Wörter wahr und leiten die Informationen an das Assoziationsfeld des Sehens weiter. Dieses vergleicht sowohl die Wörter als auch die Farben mit bekannten und gespeicherten Bildern. Hierbei wird einmal die Farbe des geschriebenen Wortes und einmal das Wort selbst erkannt. Dabei kommt es zu unterschiedlichen Ergebnissen. Das Gehirn hat Schwierigkeiten sich bei der Benennung der Farben zu entscheiden.

Versuch D – Sehen mit zwei Augen

D1 Beschreibe deine Beobachtungen!
Individuelle Schülerantwort.

Zusatzinformation: Bei richtiger Versuchsdurchführung erscheint ein Loch in der linken Hand. Innerhalb des Loches ist ein Ausschnitt der betrachteten Person zu sehen.

D2 Stelle Vermutungen an, wie das Versuchsergebnis zustande kommt!
Normalerweise nehmen beide Augen aufgrund ihres Blickfeldes nur leicht gegeneinander verschobene, gleiche Bilder aus der Umwelt auf. Durch die Papierröhre nehmen das linke und das rechte Auge jeweils ganz unterschiedliche Bilder der Umwelt auf. Das linke Auge nimmt die Hand und das rechte Auge den eingeschränkten Blick durch die Röhre, die Person, auf. Das Gehirn setzt wie im Normalfall beide Informationen zu einem Gesamtbild zusammen.

Versuch E – Sehen mit einem Auge

E1 Beschreibe deine Beobachtungen bei der Wahrnehmung des Sterns!
Ab einer Entfernung von etwa 10–15 cm wird der Stern nicht mehr wahrgenommen.

E2 Erkläre deine Beobachtungen!
Beim Fixieren des Kreises werden die Lichtstrahlen auf die Stelle des schärfsten Sehens gelenkt, den gelben Fleck. Die Informationen aus dem Umfeld des schwarzen Kreises, wie zum Beispiel der Stern, werden von den anderen Bereichen der Netzhaut aufgenommen. Bei der Veränderung der Entfernung werden durch das Fixieren des schwarzen Punktes die Informationen weiterhin vom gelben Fleck aufgenommen. Lichtstrahlen aus dem Umfeld des schwarzen Kreises fallen jedoch je nach Entfernung auf andere Netzhautbereiche. Ab einer bestimmten Entfernung projiziert das Linsensystem des Auges den Stern auf die Stelle des blinden Flecks. Da an dieser Stelle durch den Austritt von ableitenden Nervenfasern keine Sehsinneszellen vorhanden sind, können dort keine Lichtreize mehr aufgenommen werden, und der Stern verschwindet.

Gestufte Hilfen:
Hilfe 1: Mache Dir den Aufbau der Netzhaut bewusst.
Hilfe 2: Überlege, welche Bedeutung der gelbe und der blinde Fleck beim Sehvorgang haben.

Material F – Wahrnehmung und Erkennung

F1 Beschreibe jeweils die Wahrnehmungen bei der Betrachtung der Bilder!
Individuelle Schülerantwort.

Zusatzinformation: Abbildung A: In der Regel wird innerhalb weniger Sekunden bei Betrachtung der Abbil-

dung einmal ein Eichhörnchen und einmal ein Schwan wahrgenommen und erkannt.

Abbildung B: In der Regel wird innerhalb weniger Sekunden bei der Betrachtung der Abbildung einmal das Gesicht frontal und einmal im Profil wahrgenommen und erkannt.

Abbildung C: In der Regel wird innerhalb weniger Sekunden bei der Betrachtung der Abbildung einmal ein Saxophonspieler und einmal ein Gesicht wahrgenommen und erkannt.

F2 Erläutere die Vorgänge im Gehirn bei der Erkennung der Bilder!
Bei der Betrachtung der Bilder A, B und C werden jeweils die vom Auge aufgenommenen Informationen über den Sehnerv zum Projektionsfeld des Sehens im Gehirn weitergeleitet. Dort werden die Bilder wahrgenommen. Die im Projektionsfeld des Sehens erstellten Bilder werden dann mit den im Assoziationsfeld des Sehens gespeicherten Bildern verglichen. Da im Assoziationsfeld bei den Bildern A-C jeweils zwei Bilder abgespeichert sind, kommt es im Verarbeitungsprozess zwischen dem Projektionsfeld und dem Assoziationsfeld des Sehens zu Schwierigkeiten. Das Gehirn kann sich nicht entscheiden, welches Bild erkannt werden soll.

F3 Erkläre mithilfe einer Abbildung den Unterschied zwischen Wahrnehmung und Erkennung!
Ein Bild, wie beispielsweise das Eichhörnchen, wird durch das Projektionsfeld des Sehens nur wahrgenommen. Dieses Bild wird mit den gespeicherten Bildern im Assoziationsfeld verglichen. Ist ein Eichhörnchen dort als Bild gespeichert, dann wird es als Eichhörnchen erkannt.

Material G – Optische Phänomene

G1 Beschreibe die Wahrnehmung bei der Betrachtung der Abbildung A!
Die Linien werden als nicht parallel verlaufende Linien wahrgenommen.
Zusatzinformation: Zuweilen werden auch Bewegungen im Bild wahrgenommen die in diesem Zusammenhang nicht näher erklärt werden können.

G2 Überprüfe deine Wahrnehmung mithilfe eines Geodreiecks!
Die Wahrnehmung kann nicht bestätigt werden, da die Linien parallel verlaufen.

G3 Beschreibe die Wahrnehmung bei der Betrachtung der Abbildung B!
In der linken Spalte werden die Kreise in der Regel als Kugeln wahrgenommen, in der rechten Spalte in der Regel als Eindellung.

G4 Drehe das Buch um 180 Grad und beschreibe die Wahrnehmung der Abbildung B erneut!
Die Wahrnehmung ist in der Regel umgekehrt zu der bei Aufgabe G3.

G5 Beschreibe die Abbildung C!
Die Abbildung C setzt sich aus schwarzen Linien und drei nicht vollständigen, schwarzen Kreisen zusammen. Die Anordnung der Linien und Kreise ist jeweils in Form eines Dreiecks gewählt.

G6 Beschreibe die Wahrnehmung bei der Betrachtung der Abbildung C!
Wahrgenommen werden nicht nur die schwarzen Linien und Kreise, sondern ein weiteres weißes Dreieck.

G7 Stelle Vermutungen an, welche Rolle das Gehirn bei der Wahrnehmungen aller drei Phänomene spielt!
Das Gehirn versucht, mithilfe seiner im Assoziationsfeld gespeicherten Bilder und Erfahrungen ein wahrgenommenes Bild zu erkennen. Da falsche, irreführende, nicht eindeutige oder ergänzende Sehwahrnehmungen durch Verrechnungsprozesse im Gehirn entstehen, spielt das Gehirn eine entscheidende Rolle bei der Wahrnehmung solcher Phänomene.

Riechen und Schmecken

Seite 256–258

1 Erkläre, weshalb das Essen bei starkem Schnupfen oft fad schmeckt!
Essen enthält neben Geschmacksstoffen auch Duftstoffe, die dem Gehirn Informationen zum kompletten Geschmackseindruck liefern. Bei starkem Schnupfen können durch den Schleim in der Nase die Geruchsteilchen nicht an die Riechzellen anbinden. Dadurch werden keine Erregungen für die Geruchswahrnehmung weitergeleitet. Dem Gehirn fehlen diese Informationen und es kann den Geschmack nicht im Ganzen erfassen, das Essen schmeckt fad.

Seite 259 (Material)

Material A – Modell zur Geruchswahrnehmung

A1 Ordne den folgenden Teilen des Luftballonwerfens passende Analogien der Geruchswahrnehmung zu: verschiedenfarbige Luftballons, Dartpfeile, Platzen des Luftballons, Gewinn!
Die vielen verschiedenfarbigen Luftballons stellen die vielen unterschiedlichen Anheftungsregionen der Riechsinneszellen dar, an die die Duftstoffe binden. Die Dartpfeile entsprechen den Duftstoffen, die auf die Luftballons beziehungsweise die Anheftungsregionen treffen. Das Platzen des Ballons bedeutet, dass ein Treffer erzielt

wurde, also der passende Duftstoff an die Anheftungsregion der Riechsinneszelle gebunden hat. Der Preisgewinn entspricht dann dem Dufterlebnis.
Zusatzinformation: Über die Anzahl der Treffer und den damit verbundenen höheren Preisgewinn könnten noch die Wahrnehmungs- und die Erkennungsschwelle verdeutlicht werden.

A2 Erläutere die Vorgänge der Geruchswahrnehmung anhand dieses Alltagsbeispiels!
Der Dartpfeil trifft auf den Luftballon wie der Geruchsstoff auf die Riechsinneszellen. Nur wenn der Dartpfeil an der richtigen Stelle auftrifft, platzt der Luftballon und der Werfer erhält seine Belohnung. An der Riechsinneszelle gibt es auch eine bestimmte Anheftungsregion, an die das richtige Geruchsteilchen wie ein Schlüssel ins Schloss anbinden muss, damit die Geruchsinformationen weitergeleitet werden können. Werden verschiedene Luftballons getroffen, fällt der Gewinn größer aus. Werden verschiedene Geruchssinneszellen besetzt, ist der Geruch aus verschiedenen Duftarten zusammengesetzt. Damit der Duft genau identifiziert werden kann, muss das Gehirn möglichst alle unterschiedlichen Informationen bekommen.
Verfehlt der Dartpfeil den Ballon, gibt es keinen Preis. Verfehlt das Duftteilchen die Anheftungsstelle oder trifft ein nicht passendes Duftteilchen auf, erhält das Gehirn keine Information und kann den Geruch nicht identifizieren.

A3 Begründe, welche Aspekte der Geruchswahrnehmung das Luftballonwerfen verdeutlicht und welche nicht!
Gut dargestellt wird die schnelle Reaktion der Anheftungsregionen auf die Duftstoffe durch das Platzen der Luftballons. Auch die Verschiedenartigkeit der Anheftungsregionen lassen sich durch die unterschiedlichen Farben gut nachvollziehen.
Nicht gut dargestekkt ist das Schlüssel-Schloss-Prinzip. Da immer die gleichen Dartpfeile verwendet werden und jeden Luftballon egal welcher Farbe bei Berührung zum Platzen bringen, wird die nötige Passgenauigkeit der Duftstoffe (der Schlüssel, der nur dieses Schloss öffnet) nicht verdeutlicht.

Material B – Zungenkarte

B1 Nenne Argumente, mit denen du diesen Mythos widerlegen kannst!
– Wenn die Geschmacksrichtungen nur in bestimmten Bereichen der Zunge verortet wären, würde man an den nicht gekennzeichneten Stellen nichts schmecken. Da man aber an jeder Stelle der Zunge schmeckt, sind die Rezeptoren für einzelne Geschmacksrichtungen über die ganze Zunge verteilt und nicht nur in bestimmten Bereichen.
– Die Geruchs-, Schmerz- und Mechanorezeptoren liefern Informationen über Geruch, Schärfe und Konsistenz der Nahrungsmittel und tragen somit zur Geschmackswahrnehmung bei.
– Die Geschmacksrichtung umami ist nicht in der Karte angegeben.

B2 Plane einen Versuch zur Bestätigung deiner Argumentation!
Material: Zuckerwasser, Salzwasser, Zitronensaft, Bittermandelöl oder Grapefruitsaft, Sojasauce, kleine Gläschen / Filmdosen, 5 Wattestäbchen
Versuchsaufbau und Durchführung: Von allen Flüssigkeiten bereitet man Proben in kleinen Gläschen / Filmdosen vor. Man taucht nun in die erste Probe ein Wattestäbchen und betupft vorsichtig verschiedene Stellen der Zunge. Diesen Vorgang wiederholt man auch für die anderen Proben.
Beobachtung und Ergebnis: Der Geschmack der Lösungen wird an anderen Stellen als auf der Zungenkarte angegeben wahrgenommen. Der Mythos ist widerlegt.

Hinweis: Zwischen den einzelnen Geschmacksproben sollte die Versuchsperson ihren Mund mit klarem Wasser ausspülen, um ihn zu neutralisieren.
In der Regel fällt es einem leichter, süß und salzig herauszuschmecken als bitter und sauer.

Gestufte Hilfen:
Hilfe 1: Überlege dir, was es heißt, dass du nur bestimmte Zonen für die Wahrnehmung salzig hast.
Hilfe Stufe 2: Betupfe mit Kochsalzlösung deine Zungenspitze und vergleiche deine Geschmackswahrnehmung mit der Zungenkarte.

Material C – Dreh- und Lagesinn

C1 Plane einen Versuch, mit dem du die beiden Geruchsschwellen herausfinden kannst! Folgende Materialien stehen dir zur Verfügung: Duftöle, Bechergläser mit Wasser, Pipetten.
Material: Duftöle, Bechergläser mit Wasser, Pipetten
Versuchsaufbau und Durchführung: Man stellt unterschiedliche konzentrierte/starke Duftlösungen her, in dem man einen, zwei, drei oder mehr Tropfen Duftöl in die gleiche Menge Wasser tropft und macht eine Duftprobe.
Ergebnis und Auswertung: Nimmt man einen Geruch wahr, den man aber nicht identifizieren kann, ist die Wahrnehmungsschwelle erreicht. Erkennt man bei einer stärker duftenden Lösung den Geruch, hat man die Erkennungsschwelle erreicht.

C2 Führe den Versuch durch und protokolliere ihn!
Frage: Ab welcher Duftölmenge kann ich die Wahrnehmungs- und die Erkennungsschwelle unterscheiden?

Material: Duftöl (z.B. Ananasaroma), 2 Bechergläser, Wasser, 1 Pipette

Versuchsaufbau und Durchführung: Zwei Bechergläser werden mit Wasser gefüllt. In das erste Becherglas gibt man mit der Pipette einen Tropfen Duftöl und macht die Geruchsprobe. Dann gibt man weiter tropfenweise Duftöl hinzu und nach jedem Tropfen macht man die Geruchsprobe, bis man den Geruch identifizieren kann. Das zweite Becherglas mit Wasser wird als Kontrollansatz genutzt, da Wasser nach nichts riecht.

Ergebnis: Nach 2 Tropfen kann man etwas riechen. Nach 5 Tropfen kann der Ananasgeruch identifiziert werden.

Deutung und Auswertung: Bei 2 Tropfen liegt die Wahrnehmungsschwelle, bei 5 Tropfen die Erkenntnisschwelle.

Gestufte Hilfen:
Hilfe 1: Gib von einem Duftöl nacheinander je einen Tropfen in ein Gefäß mit Wasser und rieche daran. Überlege dir, warum du tropfenweise vorgehen sollst.
Hilfe 2: Rieche auch an einem Gefäß mit Wasser zum Vergleich. Dann kannst du eher beurteilen, ob du etwas riechst oder nicht.
Hilfe 3: Sobald du etwas riechst, hast du die Wahrnehmungsschwelle erreicht. Erst wenn du den Geruch richtig identifizieren kannst, hast du die Erkennungsschwelle erreicht

2 Informationsverarbeitung

Zentrales und peripheres Nervensystem

Seite 260–262

1 Nenne die Aufgaben des Zentralnervensystems und die des peripheren Nervensystems!
Das Zentralnervensystem verarbeitet Erregungen, die von den Sinneszellen her einlaufen. Außerdem gehen vom Zentralnervensystem Signale in Form von Erregung aus, die in den Körper laufen und zur Steuerung sowie Regelung dienen, zum Beispiel, um Bewegung auszulösen.
Die Aufgabe des peripheren Nervensystems ist es, alle Körperregionen mit dem Zentralnervensystem zu verbinden. Dies geschieht über Nervenzellen, die vom Zentralnervensystem ausgehen sowie zu ihm hinführen.

2 Beschreibe die Vorgänge, durch die sich Steuerung und Regelung voneinander unterscheiden!
Unter Steuerung versteht man Vorgänge im Nervensystem und in den Muskeln, die bewirken, dass sich der Körper zum Beispiel beim Volleyballspielen bewegen kann. Dies kann dadurch geschehen, dass das Gehirn über gespeicherte Bewegungsmuster verfügt, die in Form von elektrischen Signalen, über motorische Nervenfasern, an die Muskulatur gesendet werden, die daraufhin in geordneter Art und Weise kontrahieren.
Unter Regelung versteht man Vorgänge, die Rückmeldungen über die bereits erfolgte Bewegung verwenden. So kann zum Beispiel eine Volleyballspielerin die als nächstes erforderlichen Bewegungen in der Weise ablaufen lassen, dass eine Gesamtbewegung des Körpers erreicht wird, mit der sie den Ball zielgerichtet zurück schlägt.

3 Nenne die Bestandteile eines Nervs von außen nach innen!
Bindegewebshülle, Blutgefäße, Bindegewebshülle, Nervenfaserbündel, Nervenfaser.

Seite 263 (Material)

Versuch A – Reaktionszeit

A1 Führe den Versuch fünfmal mit der linken und fünfmal mit der rechten Hand durch und notiere deine Messwerte in einer geeigneten Tabelle!
individuelle Schülerantwort

A2 Stelle Vermutungen darüber an, wie sich Unterschiede in den Messwerten erklären lassen könnten!
Die Unterschiede könnten durch einen Trainingseffekt zustande kommen. Dadurch würde die Reaktionszeit im Laufe des Versuchs immer kürzer. Immer länger werdende Reaktionszeiten könnten durch die Ermüdung der am Versuch beteiligten Teile des Nervensystems oder Sinnesorgane erklärt werden.

A3 Berechne deine durchschnittliche Fallstrecke!
individuelle Schülerantwort

A4 Vergleiche deine durchschnittliche Fallstrecke mit der deiner Mitschüler!
individuelle Schülerantwort

A5 Erläutere mögliche Gründe, wie es zu unterschiedlichen Werten kommen kann!
Der Augenkontakt zwischen den am Versuch beteiligten Personen könnte dazu führen, dass man erahnen kann, wann das Lineal losgelassen wird. Entscheidend ist auch, wo genau Daumen und Zeigefinger der Versuchsperson

am Lineal liegen. Je dichter die Finger am Lineal liegen, desto schneller kann es beim Fallen aufgefangen werden. Sind die Finger der Versuchsperson warm, kann das Lineal ebenfalls schneller umfasst werden, als wenn die Finger kalt sind. Auch wirkt sich das Maß der Fingerfertigkeit auf die Reaktionszeit aus, genauso wie die Aufmerksamkeit. Je höher sie ist, desto schneller kann Reaktionszeit sein. Auch die unterschiedlich schnell einsetzende Ermüdung kann eine Rolle spielen.

Material B – Reiz und Reaktion

B1 Stelle die Vorgänge, die im Körper des Torwarts ablaufen, in Form eines Pfeildiagramms dar!

Ball
↓ Reiz
Augen
↓ Erregung
Sehnerv
↓
Gehirn
↓ Verarbeitung
motorische Nervenfaser
↓
Muskulatur
↓ Reaktion
Bewegung

B2 Begründe, weshalb ein Elfmeter schwerer zu halten ist als ein Fernschuss aufs Tor!
Aufgrund der kurzen Distanz zwischen Ball und Torwart sowie der daraus sich ergebenden kurzen Zeitspanne, innerhalb derer ein Elfmeter sich abspielt, ist dem Torwart noch Steuerung möglich, jedoch nicht mehr Regelung. Die Wahrscheinlichkeit, den Ball zu halten, ist dadurch geringer als bei einem Fernschuss.

Zusatzinformation: Bei größerer Entfernung hat der Torwart eventuell noch Zeit, beabsichtigte oder begonnene Bewegung zu ändern. Zum Beispiel kann er einen Schritt nach links durch einen nach rechts ausgleichen oder er kann einen Hechtsprung früher beginnen, wenn er erkennt, dass der Ball schneller ist als er erwartet hat.

Die Nervenzelle

Seite 264–266

1 Beschreibe die Erregungsleitung an einer Nervenzelle!
Unter Erregung versteht man die Änderung der elektrischen Spannung an der Membran einer Nervenzelle. Am Beginn eines Axons wird ein Aktionspotenzial aufgebaut. Die Weiterleitung der Erregung bis zum Endknöpfchen geschieht dadurch, dass immer wieder neue Aktionspotenziale an den Schnürringen gebildet werden.

2 Erstelle ein Pfeildiagramm, das die Erregungsübertragung an der Synapse darstellt!

Erregungsübertragung an einer Synapse

Axon
↓ Erregung trifft ein
Endknöpfchen einer Nervenzelle
↓
Bläschen verschmelzen mit Membran
↓
Entleerung des Transmitters in synaptischen Spalt
↓
Transmitter durchquert synaptischen Spalt
↓
Transmitter bindet an Rezeptoren der Membran
↓
Elektrische Erregung der Membran
↓
Zerlegung des Transmitters mittels Enzyme
↓
Aufnahme der Teilstücke in Endknöpfchen
↓
Zusammensetzung zu Transmittermolekülen
↓
Transmittermoleküle werden in Bläschen gespeichert

Seite 267 (Material)

Material A – Nervenzellen im Gehirn

A1 Beschreibe die Entwicklung des dargestellten Gehirnbereiches im Laufe der zwei Jahre!
Die Nervenzellen eines Neugeborenen sind noch sehr wenig miteinander vernetzt. Im Alter von zwei Monaten haben sich die Dendriten und Axone deutlich vermehrt und eine höhere Anzahl von Synapsen ist entstanden. Im Alter von zwei Jahren ist der dargestellte Gehirnbereich gekennzeichnet von sehr vielen Verknüpfungen zwischen den Nervenzellen, sodass sich ein komplexes Netz aus Nervenzellen entwickelt hat.

A2 Fertige je eine beschriftete Schemazeichnung von drei Nervenzellen der Stadien A und B an, die die Veränderungen deutlich machen!

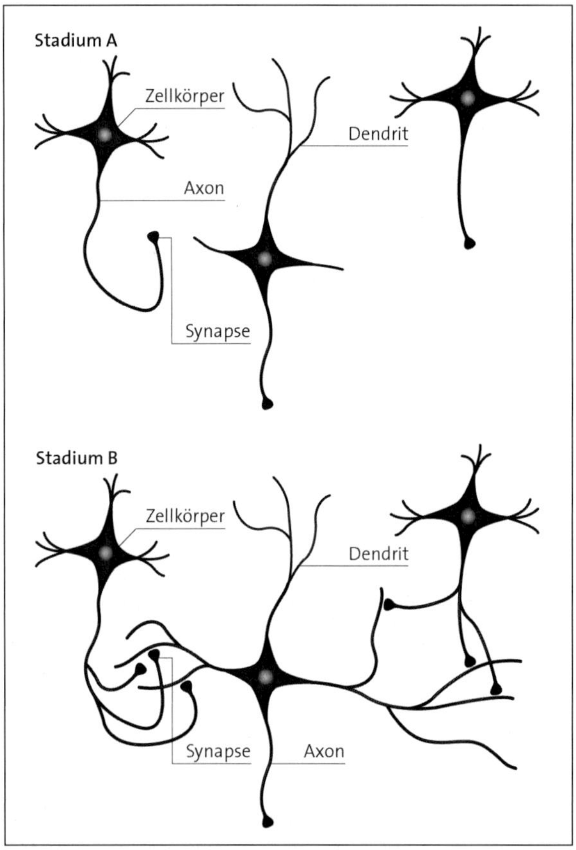

A3 Stelle Vermutungen an über die Veränderung der Leistungsfähigkeit des dargestellten Gehirnbereichs!
Durch die höhere Anzahl an Synapsen, die sich im Laufe der zwei Jahre im dargestellten Gehirnbereich ausbilden, nimmt auch die Leistungsfähigkeit dieses Gehirnbereiches zu. Die höhere Leistungsfähigkeit wird ersichtlich an der stärker ausgeprägten Fähigkeit zu lernen und zu planen. Auch die Bewegungsfähigkeit ist verbessert.

Material B – Synapsenfunktion

B1 Beschreibe, wie die Erregung den synaptischen Spalt überwindet!
Die im Endknöpfchen einer Nervenzelle eintreffende Erregung bewirkt, dass einige der sich dort befindenden Bläschen mit der Zellmembran des Endknöpfchens verschmelzen. Dadurch entleeren die Bläschen ihren Inhalt, einen chemischen Transmitter, in den synaptischen Spalt. Der chemische Transmitter durchquert den synaptischen Spalt und bindet an Rezeptoren der nachgeschalteten Nervenzelle. Infolge dieser Bindung wird die Zellmembran der nachgeschalteten Nervenzelle erregt. Die Erregungsleitung über den synaptischen Spalt hinweg verläuft also auf chemischem Weg.

B2 Beschreibe die Wirkungsweise von Curare anhand der Abbildungen!
Curare konkurriert mit dem Transmitter um die Besetzung der Rezeptoren der nachgeschalteten Muskelfaser, kann aber keine Erregung auslösen. Bei hoher Konzentration werden alle Rezeptoren von Curare besetzt. Dies führt dazu, dass die Erregung nicht mehr weitergeleitet wird und der Muskel nicht kontrahiert.

B3 Erläutere, weshalb die Verwendung bei Operationen erst möglich war, nachdem Patienten künstlich beatmet werden konnten!
Curare bewirkt eine Lähmung der Muskulatur. Damit fällt auch die Atemmuskulatur aus, was zum Atemstillstand und zum Tod führen würde. Durch die künstliche Beatmung des Patienten während einer Operation wird das vermieden.

Gestufte Hilfe: Überlege zuerst, welche Wirkung Curare auf die Atemmuskulatur hat.

B4 Nikotin, ein pflanzlicher Giftstoff in den Blättern der Tabakpflanze, bewirkt an der Synapse eine Dauererregung.
Stelle Vermutungen an, welche Wirkungen Nikotin an der Synapse haben könnte!
Folgende Vermutungen sind denkbar:
Nikotin könnte in kurzen Abständen nacheinander Transmitter freisetzen.
Nikotin könnte den Abbau des Transmitters verhindern.
Nikotin könnte die Rezeptoren besetzen und die gleiche Wirkung haben wie ein Transmitter.

Zusatzinformation: Nikotin wirkt wie Acetylcholin.

Gehirn und Rückenmark

Seite 268–270

1 Nenne die Aufgaben der verschiedenen Teile des Gehirns!
Großhirn: Wahrnehmung und Erkennung der Reize, die als Erregung von den Sinnesorganen eintreffen.
Kleinhirn: Steuerung von Bewegungen, Speicherung von Bewegungsprogrammen, Feinkoordination von Bewegungen.
Stammhirn:
a) Zwischenhirn: Bewertung von Meldungen, die aus den Sinnesorganen eintreffen; Bildung von Gefühlen; an der Steuerung der Bedingungen beteiligt, die für die Lebensprozesse erforderlich sind, zum Beispiel Temperatur oder Mineralstoffgehalt, Steuerung des Hormonsystems.
b) Mittelhirn: Umschaltstellen zwischen Sinnesorganen einerseits und dem Zwischen- und Großhirn andererseits.
c) Nachhirn: Steuerung von Vorgängen, die lebenswichtig, aber nicht dem Willen unterworfen sind, zum Beispiel die Atembewegung.

2 Stelle die Vorgänge, die bei Reflexen ablaufen, als Pfeildiagramm dar!

Reiz → Sinneszellen → Erregung → Leitung auf sensorischen Nervenfasern → Synapse → Erregung von motorischen Nervenzellen → Leitung auf motorischen Nervenfasern → Erregung von Muskelzellen.

Zusatzinformation: Der Lösungsvorschlag beschränkt sich auf die Darstellung reflektorisch gesteuerter Bewegungen. Die im Text nur kurz erwähnte Steuerung der Drüsentätigkeit, zum Beispiel der Speichelsekretion, ist im Lösungsvorschlag nicht berücksichtigt.

Seite 271 (Material)

Material A – Felder der Großhirnrinde

A1 Ordne den Zahlen die entsprechenden Fachbegriffe zu!
1 = Großhirn, **2** = Kleinhirn, **3** = Stammhirn

A2 Ordne den Abbildungen B bis E folgende Leistungen zu: 1) Worte sehen, 2) Worte sprechen, 3) Worte hören, 4) an Worte denken!
B = Worte hören, **C** = Worte sehen, **D** = Worte sprechen, **E** = an Worte denken

A3 Stelle Vermutungen an, weshalb in der Abbildung C zwei Bereiche der Großhirnrinde aktiv sind!
Vermutlich findet in einem der beiden Bereiche die Wahrnehmung der Worte statt, die die Person sieht. Im anderen Bereich werden Worte erkannt.

Gestufte Hilfe: Überlege, welche Leistungen das Gehirn erbringen muss, um die Bedeutung eines Wortes zu erfassen.

A4 Stelle Vermutungen an, weshalb in der Abbildung E viele Felder aktiv sind!
Denken geschieht vermutlich durch komplizierte Vorgänge, an denen mehrere Großhirnfelder beteiligt sind. Diese Großhirnfelder tauschen vermutlich Informationen untereinander aus.

Zusatzinformation: Diese Vermutung trifft zu.

Material B – Reflex

B1 Ordne folgende Begriffe den mit Zahlen gekennzeichneten Bereichen der Abbildung zu: motorische Nervenfaser, weiße Substanz, Rückenmarksnerv, sensorische Nervenfaser, graue Substanz, motorische Nervenzelle.
1 = graue Substanz, **2** = weiße Substanz, **3** = Rückenmarksnerv, **4** = motorische Nervenfaser, **5** = sensorische Nervenfaser

B2 Begründe, weshalb man die Bewegungssteuerung, die in der Abbildung dargestellt ist, als Reflex bezeichnen darf!
Alle Merkmale, die einen Reflex ausmachen sind vorhanden. Solche Merkmale sind:
Der Vorgang endet immer in der gleichen, festgelegten Bewegung, hier dem ruckartigen Heben des Unterschenkels;
Die Nervenzellen bilden die Leitungswege. Sie sind kurz und die Reaktion ist schnell.
Am Reflexbogen sind beteiligt: Sinneszellen, sensorische Nervenzellen, sensorische Nervenfasern, motorische Nervenfasern, motorische Nervenzellen und ein Erfolgsorgan, zum Beispiel ein Muskel.

Gestufte Hilfe: Vergleiche den dargestellten Reflex mit dem im Text erläuterten Schmerzreflex.

B3 Stelle Vermutungen an, weshalb ein Arzt bei einer Untersuchung diesen Reflex prüft!
Vermutlich prüft der Arzt, ob die motorischen Nervenzellen im Rückenmark richtig arbeiten. Ebenso kann er mit dem Reflex prüfen, ob die Rückenmarksnerven und die darin liegenden sensorischen und motorischen Nervenfasern funktionstüchtig sind.

B4 Stelle Vermutungen an, durch welche im Schema nicht eingetragenen Strukturen es möglich ist, auch mit geschlossenen Augen festzustellen, dass der Reflex ablief!
Vermutlich gibt es Nervenfasern, die die Erregung der Dehnungssinneszellen in das Gehirn leiten. Das könnte, wie beim Schmerzreflex, eine Abzweigung von der sensorischen Nervenfaser sein, die innerhalb der weißen Substanz des Rückenmarks zum Gehirn läuft.

Gestufte Hilfe: Berücksichtige, wodurch das Gehirn in der Lage ist, Schmerz zu empfinden, wenn ein Schmerzreflex abläuft.

Sport und Ernährung

1 Gesunderhaltung des Körpers

Gesunde Ernährung

Seite 280–282

1 Erkläre, was man unter Energiebedarf versteht!
Der Energiebedarf ist der Gesamtumsatz an Energie, die man an einem Tag verbraucht. Auch wenn man nichts tut, braucht der Körper Energie. Diese Energiemenge nennt man Grundumsatz. Im Durchschnitt verbraucht man dabei 4,2 Kilojoule Energie pro Kilogramm Körpermasse und Stunde. Bewegt man sich oder strengt man sein Gehirn an, benötigt man zusätzlich Energie, die als Leistungsumsatz bezeichnet wird. Der Leistungsumsatz hängt von der Art der Aktivitäten ab und ist zum Beispiel bei sportlichen Aktivitäten sehr hoch. Die Summe des täglichen Grundumsatzes und des täglichen Leistungsumsatzes ergibt den Gesamtumsatz.

2 Beschreibe, worauf man achten sollte, wenn man sich gesund ernähren möchte!
- Man sollte darauf achten, dass man etwa die Menge an Nahrung aufnimmt, die gerade so viel Energie liefert, wie man auch verbraucht.
- Die Nahrung sollte alle Nährstoffe, Kohlenhydrate, Fette und Proteine, sowie ausreichend Vitamine, Mineral- und Ballaststoffe enthalten.
- Man sollte darauf achten, dass die Nährstoffe in einem ausgewogenen Verhältnis aufgenommen werden. Um dies zu erreichen, kann man sich an der Ernährungspyramide orientieren. Getreideprodukte und Kartoffeln sowie Obst und Gemüse sollten zusammen etwa 75 Prozent betragen, und proteinreiche Lebensmittel wie Fleisch und Milchprodukte etwa 20 Prozent. Butter, Öl und Margarine sowie Süßigkeiten sollten höchstens fünf Prozent der täglichen Nahrung betragen.
- Die Lebensmittel sollten frei von Schadstoffen sein. Frische Lebensmittel sind Konserven und Fertigprodukten vorzuziehen. Außerdem sollten die Lebensmittel schonend zubereitet werden.

Seite 283 (Material)

Material A – Energiebedarf

A1 Stelle mithilfe der Tabelle den jeweiligen Leistungsumsatz dieser Aktivitäten in einem Säulendiagramm dar!

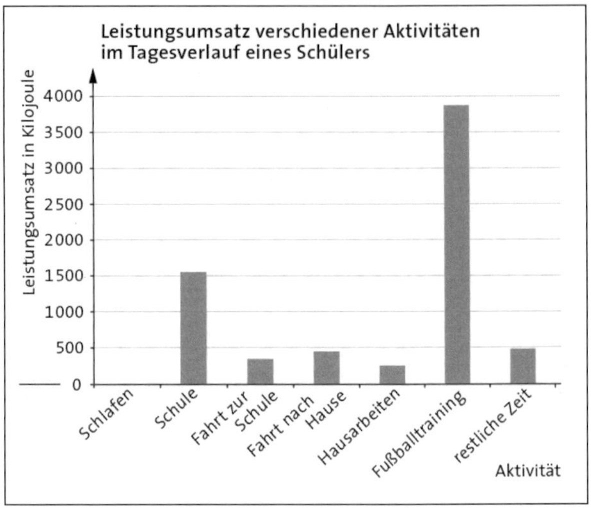

Gestufte Hilfen:
Hilfe 1: Achsenbeschriftung vorgeben.
Hilfe 2: Vorgabe der Achsenskalierung der Hochachse (1 cm = 500 kJ).

A2 Berechne den täglichen Gesamtumsatz dieses Schülers!
Grundumsatz:
In einer Stunde: $4{,}2 \cdot 50 = 210$ kJ .
In 24 Stunden: $210 \text{ kJ} \cdot 24 = 5\,040$ kJ .

Leistungsumsatz:

Aktivität	Leistungsumsatz (kJ)	Zeit
Schlafen	0	9
Schule	1 560	6
Fahrt zur Schule	352	0,5
Fahrt nach Hause	488	0,25
Hausarbeiten	260	2
Fußballtraining	3 884	2
Restliche Zeit	459	4,25
Summe	7 003	24

Gesamtumsatz:
Grundumsatz + Leistungsumsatz = Gesamtumsatz,
5 040 kJ + 7 003 kJ = 12 043 kJ.
Der Schüler hat an diesem Tag einen Gesamtumsatz von etwa 12 000 kJ.

Gestufte Hilfen:
Hilfe 1: Berücksichtige, dass der Gesamtumsatz sich aus dem Grundumsatz und dem Leistungsumsatz zusammensetzt.

Hilfe 2: Berechne zunächst den Grundumsatz und den Leistungsumsatz für 24 Stunden.
Hilfe 3: Berücksichtige, dass sich der Leistungsumsatz aus unterschiedlichen Aktivitäten zusammensetzt.

B1 Stelle die Menge der Inhaltsstoffe der beiden Gerichte in einer Tabelle dar! Berechne die Nährstoffverhältnisse, und trage sie ebenfalls in die Tabelle ein!

Material B – Ausgewogene Ernährung

Gericht A

Lebensmittel	Menge (g)	Kohlenhydrate (g)	Fett (g)	Proteine (g)	Vitamine (mg)	Mineralstoffe (mg)	Ballaststoffe (g)	Energie (kJ)
Spaghetti	120	90,2	1,4	15,6	74,7	232,3	0,4	1824
Hackfleisch	60	0	14,7	11,3	1,6	386,4	0	745,8
Tomatensoße	30	20,3	1,2	2,6	0	0	0	428,4
Summe	210	110,5	17,3	29,5	76,3	618,7	0,4	2998,2
Nährstoffverhältnis (%)		**70,2**	**11**	**18,8**				

Gericht B

Lebensmittel	Menge (g)	Kohlenhydrate (g)	Fett (g)	Proteine (g)	Vitamine (mg)	Mineralstoffe (mg)	Ballaststoffe (g)	Energie (kJ)
Bratwurst	120	0	43,2	15,2	4,4	799	0	1723
Pommes frites	70	25,2	10,8	3	16,6	890,5	1	945,7
Ketchup	20	4,8	0	0,4	0	0	0	87,2
Summe	210	30	54	18,6	21	1689,5	1	2755,9
Nährstoffverhältnis (%)		**29,3**	**52,6**	**18,1**				

Gestufte Hilfen:
Hilfe 1: Vorgabe des Tabellenrasters
Hilfe 2: Addiere zunächst für jedes der beiden Gerichte die Werte aller enthaltenen Nährstoffe. Berechne dann den prozentualen Anteil, den jeder der Nährstoffe an dieser Summe hat.
Hilfe 3: Die Summe aller enthaltenen Nährstoffe ergibt bei Gericht A 157,3 g und bei Gericht B 102,6 g. Berechne, wie viel Prozent die Masse jedes Nährstoffs an 157,3 g bzw. 102,6 g hat.
Hilfe 4: Die Berechnung der prozentualen Anteile erfolgt nach der Formel:

$$\frac{100 \cdot \text{Masse des Nährstoffes}}{\text{Summe der Masse aller Nährstoffe}}$$

B2 Vergleiche die in B1 dargestellten Werte mit den Empfehlungen für ein ausgewogenes Nährstoffverhältnis!
Bei *Gericht A* sind es 70,2 % Kohlenhydrate, 11 % Fett und 18,8 % Protein. Im Vergleich zu den Empfehlungen für ein ausgewogenes Nährstoffverhältnis sind das etwa 15 % mehr Kohlenhydrate, 19 % weniger Fett und etwa 4 % mehr Protein.

Bei *Gericht B* ist das Nährstoffverhältnis 29,3 % Kohlenhydrate, 52,6 % Fett und 18,1 % Protein. Im Vergleich zu den Empfehlungen für ein ausgewogenes Nährstoffverhältnis sind das etwa 26 % weniger Kohlenhydrate, 22 % mehr Fett und etwa 3 % mehr Protein. Keines der beiden Gerichte entspricht also der Empfehlung für eine ausgewogene Ernährung.

Gestufte Hilfe: Vorgabe der bei B1 berechneten Werte.

B3 Ergänze die beiden Gerichte sinnvoll durch einen Salat oder Nachtisch! Begründe!

Gericht A:

Bei diesem Gericht ist der Anteil an Kohlenhydraten zu hoch und der Anteil an Fett zu niedrig. Sinnvoll wäre eine Ergänzung durch Parmesankäse und als Nachtisch Eiskrem. Beide Lebensmittel erhöhen den Fettanteil. Allerdings erhöht die Eiskrem auch den Anteil an Kohlenhydraten. Auch durch Kopfsalat könnte man den Fettanteil erhöhen, wobei nur ein geringer Anteil an Kohlenhydraten dazu käme.

Gericht B:

Bei diesem Gericht ist der Anteil an Kohlenhydraten zu niedrig und der Anteil an Fett zu hoch. Eine Ergänzung durch Karotten und zum Nachtisch frische Erdbeeren wäre sinnvoll. Beide Lebensmittel erhöhen den Kohlenhydratanteil, ohne eine weitere Erhöhung des Fettanteils zu bewirken.

Gestufte Hilfe: Überprüfe das jeweilige Verhältnis von Kohlenhydrate, Fette und Proteine.

Seite 284–285 (Im Blickpunkt Medizin: Essstörungen)

1 Erläutere den Begriff Essstörung!

Als Essstörung bezeichnet man ein Essverhalten, das nicht den tatsächlichen, körperlichen Bedürfnissen entspricht. Einige Essstörungen können lebensbedrohend sein.

Ursachen für diese seelischen Erkrankungen können sein:

- seelische Belastungen
- die Angst, zu dick zu werden
- der dringende Wunsch nach einem perfekten Körper
- Frust

Der Blutzuckergehalt wird geregelt

Seite 286–288

1 Beschreibe die Merkmale von Hormonen!

Hormone sind Wirkstoffe, die viele Prozesse im Körper steuern und regeln.

Sie werden von besonderen Drüsen gebildet und ins Blut abgegeben.

Sie sind schon in sehr geringen Mengen wirksam.

Ein bestimmtes Hormon kann nur auf die Zellen wirken, die auf der Oberfläche ihrer Membran Rezeptoren haben, die zu ihm passen.

Die Leitung der Information, die durch Hormone vermittelt wird, ist langsam. Sie erfolgt nur mit der Geschwindigkeit des Blutstroms.

Die Wirkung von Hormonen kann lange andauern.

2 Erläutere die antagonistische Wirkung von Insulin und Glukagon!

Insulin senkt den Blutzuckerspiegel, indem es den Übertritt von Glukose aus dem Blut in die Zellen und die Umwandlung von Glukose zu Glykogen und Fett fördert. Glukagon dagegen erhöht den Blutzuckerspiegel, indem es den Abbau von Glykogen zu Glukose in der Leber fördert und damit den Glukosegehalt im Blut erhöht.

Seite 289 (Material)

Material A – Blutzuckerspiegel

A1 Erkläre den Kurvenverlauf!

Der wellenförmige Verlauf der Kurve schwankt zwischen den Werten von etwa 60 und 140 Milligramm pro 100 Milliliter Blut. Die Anstiege der Kurve sind die Folge von Mahlzeiten, durch die Glukose aus dem Dünndarm ins Blut gelangt. Die fallenden Bereiche der Kurve kommen zustande, wenn Insulin ausgeschüttet wurde und dadurch vermehrt Glukose aus dem Blut in die Zellen aufgenommen werden konnte.

A2 Begründe, weshalb Fachleute statt drei großer Mahlzeiten pro Tag mehrere kleine empfehlen!

Drei große Mahlzeiten können jeweils einen starken Anstieg des Blutzuckerspiegels zur Folge haben. Um ihn senken zu können, muss jeweils mehr Insulin ausgeschüttet werden als nach kleineren Mahlzeiten. Der Blutzuckerspiegel schwankt bei mehreren kleineren Mahlzeiten während eines Tages zwischen geringeren Werten. Die Belastung der Bauchspeicheldrüse ist daher geringer. Ebenso ist die Intensität bestimmter Stoffwechselvorgänge geringer. Zum Beispiel muss weniger Glukose zu Fett oder Glykogen umgewandelt werden.

Gestufte Hilfe: Berücksichtige die Intensität, mit der Hormondrüsen arbeiten und mit der der Glykogen- und Fettstoffwechsel abläuft, nachdem der Blutzuckerspiegel stark oder weniger stark angestiegen ist.

A3 Begründe, weshalb eine Kurve des Insulingehaltes ähnlich wie die Glukosekurve, aber zeitlich versetzt verlaufen würde!

Ein Anstieg des Blutzuckerspiegels regt die Bauchspeicheldrüse an, Insulin ins Blut abzugeben. Die Insulinausschüttung ist also eine Folge des Anstiegs des Blutzuckerspiegels. Daher steigt die Insulinkurve im Diagramm etwas später an als die Glukosekurve. Der maximale Insulingehalt wird ebenfalls etwas später erreicht als der maximale Glukosegehalt.

Gestufte Hilfe: Überlege, wodurch die Ausschüttung von Insulin ins Blut angeregt wird.

Material B – Zuckerbelastungstest

B1 Stelle die Testergebnisse in einem geeigneten Diagramm dar!

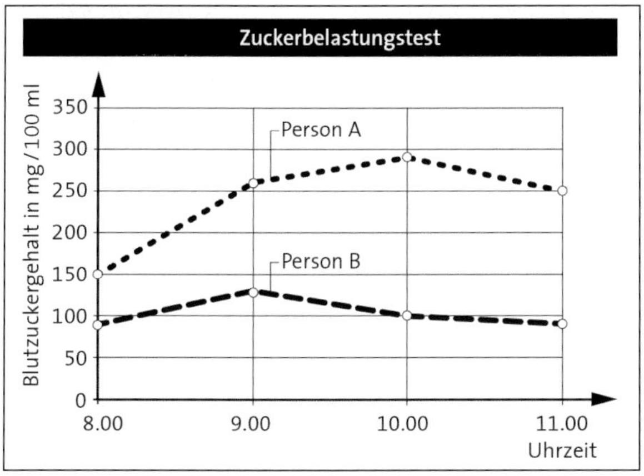

Gestufte Hilfe: Geeignet ist ein Liniendiagramm, weil man mit seiner Hilfe besonders deutlich den zeitlichen Verlauf der sich ändernden Zustände darstellen kann.

B2 Vergleiche die Testergebnisse der beiden Testpersonen!
Die Werte des Zuckerbelastungstest liegen um 08.00 Uhr bei Person A bei 150mg/100ml, bei Person B bei 90mg/100ml. Der Blutzuckerspiegel der Person A steigt schneller und auf einen viel höheren Wert an als der der Person B. Ebenso senkt sich der Blutzuckerspiegel der Person A viel langsamer als der der Person B. Er liegt um 11.00 Uhr bei Person A bei 250, bei Person B bei 90.

B3 Begründe, weshalb eine der beiden Personen unter Diabetes leidet!
Die Person A leidet unter Diabetes. Der rasche Anstieg und die hohen Werte des Blutzuckerspiegels der Person A sind darauf zurückzuführen, dass Glukose in zu geringem Maße aus dem Blut in die Zellen aufgenommen wird und der Blutzuckerspiegel daher nicht mehr ausreichend gesenkt werden kann. Meistens ist die Ursache eine zu geringe Ausschüttung von Insulin ins Blut. Insulin fördert die Aufnahme von Glukose in die Zellen.

B4 Stelle Vermutungen an, wie sich der Blutzuckerspiegel der Person B ändern würde, wenn ihr um 11 Uhr Glukagon gespritzt wird! Begründe!
Vermutlich wird das eingespritzte Glukagon den Blutzuckerspiegel wieder steigen lassen. Das ist möglich, weil Glukagon den Abbau von gespeichertem Glykogen zu Glukose fördert. Dadurch gelangt mehr Glukose ins Blut.

Material C – Diabetes und Übergewicht

C1 Gib den Inhalt des Textes in eigenen Worten wieder!
In der Inhaltsangabe sollte enthalten sein:
Fettleibigkeit erhöht das Risiko, an Diabetes zu erkranken; die Anzahl der fettleibigen Menschen hat sich in den Entwicklungsländern erhöht, die eine westliche Lebensweise angenommen haben;
Es ist damit zu rechnen, dass sich weltweit die Anzahl der Diabetiker sehr stark erhöhen wird.

Gestufte Hilfe: Schreibe zunächst die Begriffe des Textes auf, die in der Inhaltsangabe enthalten sein sollten. Verzichte eventuell auf die genaue Angabe der Zahlen.

Übersetzung des Textes:
Fettleibigkeit ist ein ernstes, weltweites Problem. Damit verbunden ist das Risiko, an Diabetes zu erkranken. Weltweit sind heute mehr als 1,1 Milliarden Erwachsene übergewichtig. Davon sind 312 Millionen fettleibig. In den vergangenen 20 Jahren hat sich die Zahl der fettleibigen Menschen in den Entwicklungsländern verdreifacht, die zu einer westlichen Lebensweise übergegangen sind. Die stärksten Anstiege sind zu verzeichnen im mittleren Osten, auf den pazifischen Inseln, in Süd-Ost-Asien, Indien und China. Infolgedessen ist zu erwarten, dass die Zahl der Diabetiker in diesen Ländern von 84 Millionen im Jahr 2000 steigen wird auf 228 Millionen im Jahr 2030.

C2 Schlage auf der Basis des Textes Maßnahmen zur Verminderung der Anzahl der Diabetiker vor!
Menschen mit Übergewicht erkranken häufiger an Diabetes vom Typ 2, der Altersdiabetes, als normalgewichtige Menschen. Die wichtigsten Maßnahmen zur Verminderung der Anzahl der Diabetiker umfassen zwei Bereiche der Lebensführung:
1. Die Verringerung der Zufuhr von Glukose. Zu empfehlen ist, weniger zu essen, vor allem weniger Zucker und stärkehaltige Nahrung zu sich zu nehmen.
2. Der Abbau von gespeichertem Fett durch stärkere Aktivität des Körpers. Am leichtesten ist das durch Bewegungssport zu erreichen.

Zusatzinformation: Die Maßnahmen gelten vor allem für ältere Menschen, da das Risiko, an Diabetes vom Typ 2 zu erkranken, mit dem Lebensalter steigt.

Gestufte Hilfe: Überlege, welche Bedingungen dazu führen können, dass das Körpergewicht eines Menschen zu stark steigt.

C3 Stelle Vermutungen an, wie sich Zeiten von Nahrungsknappheit auf die Anzahl der Diabetiker auswirken!
Bei Nahrungsknappheit werden weniger Nährstoffe aufgenommen und daher auch weniger Fett im Körper aufgebaut und gespeichert. Daher werden weniger Menschen übergewichtig. Übergewicht ist mit dem Risiko verbunden, an Diabetes vom Typ 2 zu erkranken. Bei

geringerer Anzahl von Übergewichtigen wird daher vermutlich auch die Anzahl der Diabetiker sinken. Es ist damit zu rechnen, dass die Anzahl der Diabetiker in Zeiten des Nahrungsmangels stark sinkt, weil der Typ 2 des Diabetes, der Altersdiabetes, viel häufiger ist als der Typ 1, der Jugenddiabetes.

Entspannung und Anspannung

Seite 290–291

1 Beschreibe den Bau des vegetativen Nervensystems!
Das vegetative Nervensystem besteht aus zwei Teilen: dem Sympathikus und dem Parasympathikus. Sympathikusnerven treten aus dem Rückenmark aus und münden in Ganglien, die sympathische Grenzstränge bilden und beiderseits der Wirbelsäule verlaufen. Von dort aus ziehen vegetative Nerven zu allen inneren Organen des Körpers. Der Parasympathikus versorgt fast alle inneren Organe und besteht aus einem Nerv, der auf beiden Seiten aus dem Gehirn kommt. Weiterhin gehören paarige Nerven zum Parasympathikus, die im Bereich des Beckens auf beiden Seiten vom Rückenmark ausgehen.

2 Der Sympathikus wird auch als „Leistungsnerv" bezeichnet, der Parasympathikus als „Ruhenerv". Erläutere diese Bezeichnungen!
Der Sympathikus kann als „Leistungsnerv" bezeichnet werden, da er alle Organe steuert, wenn körperliche Leistung gesteigert werden muss. Dabei mobilisiert er Energiereserven. Der Parasympathikus als „Ruhenerv" hingegen fördert die Entspannung des Körpers, regenerative Prozesse sowie den Aufbau von Energiereserven.

3 Bewegung

Bau und Funktion des Muskels

Seite 295 (Material)

Material A – Modelle der Muskelkontraktion

A1 Ordne den Zahlen in der Modellskizze 1 die entsprechenden Fachbegriffe zu!
1 = Aktinfilament, **2** = Myosinfilament, **3** = Myosinkopf

A2 Beschreibe den Zustand des Muskels in A und B!
A: Der Muskel befindet sich im erschlafften Zustand, das heißt die Aktin- und Myosinfilamente liegen nebeneinander ohne Kontakt vor.
B: Der Muskel befindet sich im kontrahierten Zustand, das heißt die Aktin- und Myosinfilamente gleiten in entgegengesetzter Richtung aneinander vorbei. Dabei knicken die Myosinköpfe um und verbinden sich kurzzeitig mit dem Aktin.

A3 Vergleiche die Funktionsweise des „Gummiband-Autos" mit der Funktionsweise eines Muskels!
Damit das Auto fahren kann, muss zunächst Energie aufgewendet werden. Dies geschieht, indem das Gummiband von Hand vorgespannt wird. Dieses (jetzt energiereiche) Gummiband wird mit dem Feststeller befestigt. Wenn man den Feststeller löst, erschlafft das Gummiband. Die Energie wird dabei auf die Achsen übertragen und die Räder bewegen sich. Das gedehnte Gummiband ist also ein Energiespeicher.
Damit der Muskel die Gelenke bewegen kann, muss dieser kontrahieren. Dies geschieht, indem die Muskelfasern gedehnt und in diesem Zustand gehalten werden. Dazu ist der Gegenspielermuskel notwendig. Gelangen nun Nervenimpulse an die Muskelfasern, kontrahieren die Muskelfasern. Für die Dehnung der Muskeln ist Energie notwendig. Die gedehnten Muskelfasern speichern die Energie für die Bewegung. Fehlt die Energie, bleiben die Muskeln kontrahiert, zum Beispiel bei der Totenstarre.
Bei beiden Funktionsweisen ist Energie für die Dehnung erforderlich.

A4 Erläutere die Grenzen des Modells „Gummiband-Auto"!
Individuelle Schülerlösung. Folgende Argumente sind möglich:
- Muskelfasern bestehen nicht aus einem Stoff (Gummi), sondern aus Zellen.
- Der Gummibandmotor wird durch einen Feststeller im energiereichen Zustand gehalten. Einen Feststeller gibt es in den Muskelfasern nicht.
- Die Energiezufuhr erfolgt beim Gummiband-Auto über eine Bewegung. Beim Muskel ist der Energieträger ATP.

Material B – Das Gegenspielerprinzip

B1 Übertrage die Skizzen in dein Biologieheft! Kennzeichne mithilfe der Symbole die Muskeln, die bei der Bewegung von Unterarm und Unterschenkel jeweils verkürzt oder verlängert sind!

Bewegung und Fitness

Seite 296–298

1 Beschreibe, wie die körperliche Leistungsfähigkeit beeinflusst werden kann!
Die körperliche Leistungsfähigkeit eines Körpers ist vom Zusammenspiel vieler Organe und Organsysteme abhängig. Hierzu zählen vor allem das Herz-Kreislauf-System, das Atmungssystem, die Muskeln, Knochen und Gelenke. Zusätzlich spielen die Ernährung und die Durchblutung für den Sauerstoff- und Nährstofftransport, sowie für den Transport von Abfallprodukten eine wichtige Rolle. Wenn sich diese Bedingungen verändern, kann die körperliche Leistungsfähigkeit steigen oder sinken.

2 Beschreibe die Ursachen von zwei verschiedenen Sportverletzungen!
Verrenkung:
Wenn bei einer sportlichen Betätigung die Belastung eines Gelenks zu groß wird kann es auskugeln. Dies geschieht vor allem dann, wenn die Belastung zu stark in eine Richtung erfolgt für die das Gelenk nicht ausgelegt ist. Bleibt der Gelenkkopf außerhalb der Gelenkpfanne und rutscht nicht mehr zurück, spricht man von einer Verrenkung.
Sehnenriss:
Sehnen übertragen die Kraft von Muskeln auf Knochen. Wenn die Belastung einer Sehne beim Sport zu groß ist kann sie der Belastung nicht standhalten. Sie kann sich entzünden oder reißen. Man spricht dann von einem Sehnenriss.
Weitere mögliche Antworten: Muskelfaserriss und Verstauchung

Seite 299 (Material)

Material A – Fitness

A1 Stelle die Messwerte der Jugendlichen mit unterschiedlichen Farben in einem Liniendiagramm dar!

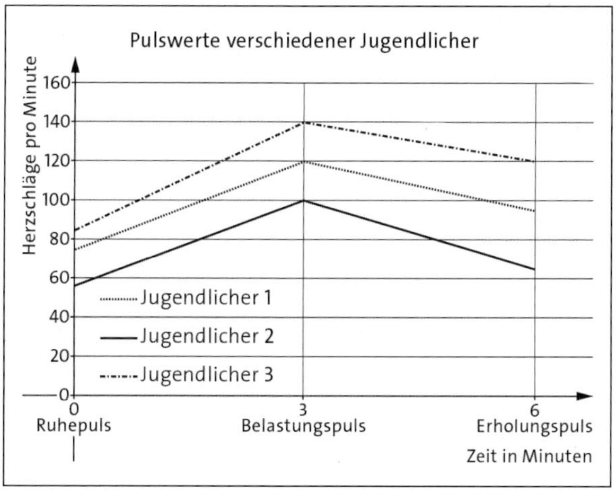

Gestufte Hilfen:
Hilfe 1: Vorgabe der Achsenbeschriftung.
Hilfe 2: Vorgabe der Achsenskalierung (x-Achse: 1cm = 1 Minute; y-Achse: 1cm = 10 Schläge/Minute).

A2 Beschreibe das Diagramm und die Kurvenverläufe!
Das Diagramm zeigt die Pulswerte von 3 verschiedenen Jugendlichen. Auf der x-Achse ist die Zeit in Minuten aufgetragen, auf der y-Achse die Herzschläge pro Minute (Herzfrequenz).
Der Jugendliche 1 hat einen Ruhepuls von etwa 75 Herzschlägen pro Minute und erreicht nach drei Minuten einen Belastungspuls von 120. Nach drei Minuten Pause hat die Herzfrequenz abgenommen. Der Erholungspuls beträgt etwa 95.
Aus der Kurve des Jugendlichen 2 lässt sich ein Ruhepuls von unter 60 ablesen. Nach drei Minuten Belastung hat die Herzfrequenz zugenommen und das Herz schlägt 100 mal pro Minute. Danach nimmt die Herzfrequenz innerhalb von drei Minuten wieder ab. Der Erholungspuls liegt dann nur leicht über dem Wert des Ruhepulses.
Der Jugendliche 3 hat einen Ruhepuls von etwa 85. Während der Belastung nimmt der Puls schnell zu. Sein Belastungspuls beträgt 140. Am Ende der Belastung nimmt die Herzfrequenz langsam ab. Nach drei Minuten Pause beträgt der Erholungspuls 120.

A3 Begründe, welche der Kurven für einen trainierten und welche für einen untrainierten Jugendlichen gilt!
Die Differenz zwischen dem Belastungspuls und dem Erholungspuls lässt eine Aussage über die Fitness und damit den Trainingszustand einer Person zu.
Beim Jugendlichen 3 beträgt die Differenz zwischen dem Belastungspuls und dem Erholungspuls 20 Herzschläge pro Minute und ist daher relativ gering. Dementsprechend ist diese Kurve einer untrainierten Person zuzuordnen. Die Kurve des Jugendlichen 2 gilt für eine trainierte Person. Die Differenz beträgt fast 40 Herzschläge pro Minute und ist daher relativ hoch. Der Erholungspuls hat innerhalb von drei Minuten fast wieder den Wert des Ruhepulses erreicht. Dies bedeutet, dass das Herz-Kreislauf-System an körperliche Belastungen gut angepasst ist.

Gestufte Hilfen:
Hilfe 1: Beachte dabei die unterschiedlichen Differenzen zwischen dem Belastungs- und Erholungspuls.
Hilfe 2: Jugendlicher 2 = trainierte Person; Jugendlicher 3 = untrainierte Person.

A4 Miss deinen Ruhepuls, und mache dann in schneller Folge drei Minuten lang Kniebeugen. Miss unmittelbar danach deinen Belastungspuls und nach drei Minuten Pause den Erholungspuls. Trage deine Daten

in das Diagramm von A1 ein und beurteile deinen Trainingszustand!
Individuelle Schülerlösungen.
Die Beurteilung des Trainingszustandes erfolgt über die Ermittlung der Differenz zwischen Belastungspuls und Erholungspuls, sowie dem Vergleich mit den Jugendlichen aus Aufgabe A1.

Gestufte Hilfe: Vorgabe des Diagramms von A1 mit allen Kurven.

Zusatzinformation: Der Ruhepuls wird am besten morgens direkt nach dem Aufwachen gemessen, wenn sich der Körper in völliger Ruhe befindet. Damit Beeinträchtigungen des Körpers, wie zum Beispiel Stress oder Infektionen, die Werte nicht zu sehr beeinflussen, sollte der Ruhepuls an mehreren aufeinanderfolgenden Tagen ermittelt werden. So errechnet man einen Mittelwert, der bei Trainingsdokumentationen eine wichtige Grundlage bildet. Zu Beginn einer sportlichen Aktivität muss der Ruhepuls somit eigentlich nicht mehr bestimmt werden.
Der Belastungspuls sollte unmittelbar nach einer Belastung gemessen werden, da die Herzfrequenz nach Beendigung der Belastung in der Regel relativ schnell wieder abfällt. Der Belastungspuls ist auch von der Art der körperlichen Belastung abhängig.
Zur Ermittlung des Erholungspulses sind im Sport unterschiedliche Zeitabstände möglich. Wie bei der Erhebung des Ruhepulses sollte auch beim Erholungspuls durch mehrmaliges Wiederholen ein Mittelwert gebildet werden. Um Vergleichswerte zu haben, sollte mit einheitlichen Zeitfenstern gearbeitet werden.

Material B – Verletzungen vorbeugen

B1 Beschreibe die Vorbeugemaßnahmen, die vor, während und nach sportlichen Aktivitäten ausgeführt werden können!
A: Die Sportler laufen bei mäßiger Geschwindigkeit.
B: Die Sportlerin nimmt Flüssigkeit auf.
C: Die Sportlerin macht Dehnübungen. Im Stand wird das Körpergewicht auf eine Beinseite verlagert. Die Fußflächen bleiben auf dem Boden und das Standbein wird leicht gebeugt, das andere Bein wird gestreckt.

B2 Erkläre die Bedeutung der jeweiligen Vorbeugemaßnahme! Stelle hierbei auch jeweils einen Zusammenhang zu einer möglichen Gefährdung des Körpers her!
A: Das „Warmlaufen" ist wichtig, damit der Körper sich an eine sportliche Belastung gewöhnen kann und eine gute „Trainingstemperatur" für den Körper erreicht wird. Die Stoffwechselvorgänge sowie die Aktivität der Organe und Organsysteme werden dadurch langsam gesteigert und der Körper so auf eine höhere Belastung vorbereitet. Vor allem die Durchblutung und damit die Temperatur und Elastizität der Muskulatur wird erhöht.

B: Flüssigkeitsaufnahme während einer sportlichen Aktivität ist sehr wichtig, da der Körper durch die Erhöhung der Körpertemperatur mit Schwitzen reagiert. Dadurch geht Flüssigkeit verloren. Der Blutkreislauf auf genügend Flüssigkeit angewiesen, um seine Transportfunktion übernehmen zu können. Reicht die Flüssigkeit nicht aus, kann der Kreislauf zusammenbrechen.

C: Dehnen führt dazu, dass Muskeln, Bänder und Gelenke auf eine größere Belastung vorbereitet werden. Hierzu werden sie vorsichtig belastet. Das erhöht die Beweglichkeit und verringert die Verletzungsgefahr wie zum Beispiel das Reißen eines Bandes oder einer Muskelfaser.

Zusatzinformation: Eine gute „Trainingstemperatur" liegt bei etwa 39 °C. Dies ist wichtig, damit die Muskeln eine hohe Leistung erbringen können. Verzichtet man darauf, ist zum Beispiel die Gefahr eines Muskelfaserrisses erhöht.
Sowohl vor, während als auch nach dem Sport ist auf eine ausreichende Flüssigkeitsaufnahme zu achten. Wenn die Flüssigkeitsverluste nicht rechtzeitig ausgeglichen werden, kann dem Blut und dem Gewebe Flüssigkeit entzogen werden. Dadurch fließt das Blut langsamer und die Versorgung der Muskulatur und der Organe mit Nährstoffen und Sauerstoff wird eingeschränkt. Für ein ausgewogenes Zusammenspiel der Organe und Organsysteme ist eine regelmäßige und ausreichende Flüssigkeits- und Mineralstoffzufuhr notwendig. Geschieht dies nicht kann es passieren, dass nicht alle Organe und Organsysteme ausreichend versorgt werden und somit bei zu hoher Belastung nicht mehr ausreichend funktionieren.
Das Dehnen sollte erst nach einer Aufwärmphase stattfinden, damit es bei Dehnübungen nicht zu Verletzungen kommt. Dabei ist es wichtig, dass nicht nur in eine Richtung gedehnt wird, sondern immer auch in die Gegenrichtung. Auch nach einer sportlichen Betätigung, so lange die Muskulatur noch warm ist, ist es für die Regeneration der Muskeln wichtig, Dehnübungen zu machen.
Nach der körperlichen Anstrengung sorgt das Dehnen dafür, dass die durch die ständige Kontraktion verkürzten Muskeln wieder dauerhaft auf die normale Länge gebracht werden.

Krankheitserreger erkennen und abwehren

1 Krankheitserreger

Bakterien

Seite 304–306

1 Nenne die Bedingungen im Körper des Menschen, die eine starke Vermehrung von Bakterien begünstigen können!
Im menschlichen Körper können manche Bakterien sich stark vermehren, weil sie dort optimale Bedingungen wie Wärme, gutes Nahrungsangebot und Feuchtigkeit finden.

2 Nenne drei Unterschiede im Bau von Bakterien- und Pflanzenzelle! Nimm dazu die Abbildung auf Seite 143 zu Hilfe!
Zellwand
Bakterienzelle: Bakterienzellwand, Kapsel
Pflanzenzelle: Pflanzenzellwand, keine Kapsel

Erbsubstanz
Bakterienzelle: frei im Zellplasma
Pflanzenzelle: im Zellkern

Chloroplasten/Mitochondrien
Bakterienzelle: keine Chloroplasten, keine Mitochondrien
Pflanzenzelle: Chloroplasten, Mitochondrien

Vakuole
Bakterienzelle: keine Vakuole
Pflanzenzelle: Vakuole

Größe
Bakterienzelle: Wenige Tausendstel Millimeter
Pflanzenzelle: ungefähr 50 mal größer

Seite 307 (Material)

Material A – Vermehrung von Bakterien

A1 Beschreibe das abgebildete Liniendiagramm und den Kurvenverlauf!
Im abgebildeten Liniendiagramm kann auf der Hochachse die Anzahl der Bakterien abgelesen werden. Auf der Rechtsachse ist die Zeit in Minuten dargestellt.
Die Anzahl der Bakterien steigt bis nach ungefähr 80 Minuten langsam an, dann nimmt die Anzahl der Bakterien immer schneller zu.

A2 Ermittle, wie viele Bakterien nach drei Stunden aus einer Bakterienzelle entstanden sind, wenn alle 20 Minuten eine Teilung stattfindet. Stelle die errechneten Werte als Liniendiagramm dar!

Wertetabelle:

Zeit (Minuten)	0	20	40	60	80	100
Anzahl der Bakterien	1	2	4	8	16	32

Zeit (Minuten)	120	140	160	180
Anzahl der Bakterien	64	128	256	512

Nach drei Stunden sind aus einer Bakterienzelle 512 Bakterienzellen entstanden.

Liniendiagramm:

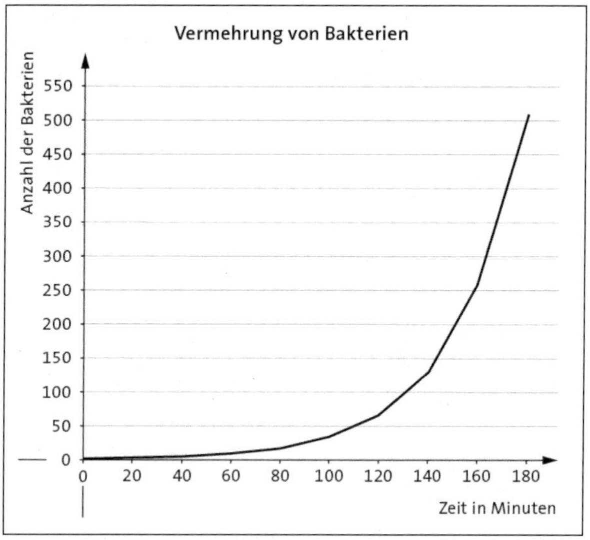

Gestufte Hilfen:
Hilfe 1: Lege zunächst eine Wertetabelle an.
Hilfe 2: Vorgabe der Achsenbeschriftung.
Hilfe 3: Vorgabe der Achsenskalierung (x-Achse: 1cm = 20min; y-Achse: 1cm = 100 Bakterien).

Zusatzinformation: Die Vermehrung von Bakterien wird durch ein exponentielles Wachstum beschrieben. Es kann als Funktion in einer allgemeinen Form $f(t) = a_0 e^{\lambda \cdot t}$ *dargestellt werden.* a_0 *ist dabei die Anzahl der Bakterien zum Ausgangszeitpunkt* $t=0$, *e ist die Eulersche Zahl,* λ *ist die Wachstumsrate.*

Wir wissen, dass zum Zeitpunkt t=0 ein Bakterium vorhanden ist. Daraus folgt f (0)=1, wir setzen ein:

$1 = a_0 \cdot e^{\lambda \cdot 0}$

$a_0 = 1$

Zum Zeitpunkt t=20 sind 2 Bakterien vorhanden. Daraus folgt: f(20) = 2, wir setzen ein:

$2 = 1 \cdot e^{\lambda \cdot 20}$

$\ln 2 = \lambda \cdot 20$

$\frac{\ln 2}{20} = \lambda$

$\lambda \approx 0{,}03466$

$\rightarrow f(t) = e^{\lambda \cdot t}$

Durch Einsetzen des Wachstumsfaktors λ in die Formel $f(t) \cdot e^{\lambda \cdot t}$ kann die Anzahl der Bakterien in unserem Beispiel zu beliebigen Zeitpunkten näherungsweise berechnet werden. Beispiel 60 Minuten:

$f(60) = e^{0{,}03466 \cdot 60}$

$f(60) \approx 8$

A3 Vergleiche die von dir erstellte Kurve mit der abgebildeten Kurve!

Die im Buch abgebildete Kurve steigt zu Beginn ähnlich an wie die erstellte Kurve. Im weiteren Verlauf flacht die abgebildete Kurve ab, verläuft dann waagerecht und fällt schließlich bis fast auf das Ausgangsniveau ab. Die erstellte Kurve stellt einen Ausschnitt aus der abgebildeten Kurve dar, die beiden Kurven unterscheiden sich im Maßstab der Zeitachse.

A4 Stelle Vermutungen an, wie sich die Unterschiede zwischen den beiden Kurven erklären lassen!

Die Bakterien können sich in einer bestimmten Umgebung nicht grenzenlos vermehren. Platz und Nährstoffe sind begrenzt, deshalb flacht die abgebildete Kurve nach einiger Zeit ab. Nachdem die Nährstoffe aufgebraucht sind, sterben die Bakterien.

Gestufte Hilfe: Bedenke, dass Bakterien für ihre Lebensvorgänge Nährstoffe benötigen.

Zusatzinformation: Beide Kurven sind zeichnerisch unterschiedlich. Die von den Schülern erstellte Kurve stellt einen Ausschnitt aus der im Buch abgebildeten Kurve dar. Ursächlich für die Abnahme der Vermehrungsrate und den Rückgang der Bakterienanzahl ist sind: Nährstoffmangel, hohe Populationsdichte, sinkender O2-Partialdruck sowie die zunehmende Konzentration an Stoffwechselprodukten (z. B. Säuren) im Nährmedium. Die Bakterienzellen können auch durch zelleigene Enzyme aufgelöst werden (Autolyse).

Material B – Infektionen und Vorbeugung

B1 Vergleiche die Übertragungswege der genannten, durch Bakterien verursachten Krankheiten!

Die Pest wird durch den Stich eines Flohs übertragen. Der Tripper wird durch Geschlechtsverkehr übertragen. Der Scharlach wird durch Tröpfcheninfektion übertragen.

B2 Beschreibe Maßnahmen, mit denen man sich vor einer Infektion mit den beschriebenen Krankheiten schützen kann!

Pest: Durch eine Bekämpfung von Ratten und Flöhen sowie einen Schutz der Menschen vor Flohstichen kann einer Infektion mit der Beulenpest vorgebeugt werden.
Tripper: Die Übertragung von Tripper kann durch den Gebrauch von Kondomen beim Geschlechtsverkehr verhindert werden.
Scharlach: Um eine Infektion mit Scharlach zu vermeiden, sollte man keinen zu engen Kontakt zu infizierten Personen haben.

B3 Stelle Vermutungen an, weshalb im Mittelalter so viele Menschen an der Pest erkrankten!

Die schlechten hygienischen Bedingungen im Mittelalter konnten zu einer starken Vermehrung der Ratten und Flöhe führen. Da man weder über den Übertragungsweg noch über den Erreger Bescheid wusste, konnte man die Krankheit nicht eindämmen. Antibiotika waren nicht bekannt.

Zusatzinformation: Die Pest tritt hauptsächlich in drei Erscheinungsformen auf, der Lungenpest, der Beulenpest sowie der Pestsepsis. Die Beulenpest endet unbehandelt in ca. 50 % der Fälle tödlich, die anderen Formen in nahezu allen Fällen. Die primäre Lungenpest wird durch Tröpfcheninfektion übertragen. Bei der Pestsepsis gelangen gleichzeitig große Mengen an Pesterregern (z. B. aus den nach innen platzenden Beulen) in die Blutbahn oder dann in die Lunge (sekundäre Lungenpest). Es ist nicht abschließend geklärt, ob das Pestbakterium Yersiniapestis alleine für die verheerende Pandemie seit Mitte des 14. Jahrhunderts („Schwarzer Tod“, ca. 25 Mio. Opfer) verantwortlich gemacht werden kann. Welchen Anteil die Lungenpest an den Pandemien hatte, ist nicht bekannt, die Lungenpest ist auch heute noch nicht endgültig verstanden. Warum die Epidemien gegen Ende des 17. Jh. nur noch vereinzelt auftraten, ist ebenfalls nicht geklärt. Eine Beteiligung des Menschenflohs an der schnellen Ausbreitung der Pest wird diskutiert.
Die letzte große Pestepidemie grassierte im Winter 1910/11 in der chinesischen Mandschurei und forderte mindestens 60 000 Menschenleben. Als Reservoir für Yersinia fungierte das damals noch häufige Tarbagan-Murmeltier (Marmotasibirica), ein beliebtes Jagdtier.
Auch heute treten weltweit noch zwischen 1 000 und 3 000 Pestfälle pro Jahr auf, u. a. in China, Peru, Kongo (WHO 2011).

B4 Stelle Vermutungen an, wie dieser Unterschied erklärt werden könnte!
Nach Naturkatastrophen kann das Trinkwasser auch durch menschliche Ausscheidungen verschmutzt werden, weil die Abwasserreinigung und/oder die Trinkwasserversorgung ausfallen. Wenn die Ausscheidungen eines cholerakranken Menschen ins Trinkwasser gelangen, können sich gleichzeitig viele Menschen, die dieses Wasser trinken, mit Cholera infizieren.
Die Übertragung von Scharlach geschieht dagegen durch Tröpfcheninfektion. Für die Übertragung ist relativ enger Kontakt notwendig.

Gestufte Hilfe: Berücksichtige dabei vor allem die Art der Infektionswege (siehe Lehrbuch Seite 305).

Viren

Seite 308–309

1 Beschreibe Bau und Vermehrung eines Grippevirus!
Bau: Ein Grippevirus ist sehr klein und kugelig. Er besteht aus einer Proteinhülle mit zahlreichen Fortsätzen. Im Innern befindet sich Erbsubstanz.
Vermehrung: Ein Virus kann sich nicht selbst vermehren. Es benötigt zur Vermehrung eine lebende Wirtszelle. Trifft ein Grippevirus auf eine Schleimhautzelle, bleibt es mit seinen Proteinfortsätzen an der Oberfläche der Zelle haften. Das Grippevirus wird von der Zellmembran umschlossen und in einem Membranbläschen in die Zelle aufgenommen. Dann bricht die Proteinhülle auf und die Erbsubstanz des Virus gelangt in die Wirtszelle. Die Erbsubstanz des Virus stellt nun den Stoffwechsel der Wirtszelle so um, dass Virusbausteine hergestellt werden. Die Bausteine fügen sich zu neuen Viren zusammen. Die Wirtszelle platzt und setzt eine große Anzahl von Viren frei, die weitere Zellen befallen können.

Weitere Krankheitserreger

Seite 313 (Material)

Material A – Malaria

A1 Vergleiche die unterschiedlichen Malariaerreger anhand der Kurvenverläufe!
Fieberkurve von Patient 1:
Der Erreger, mit dem sich Patient 1 infiziert hat, bewirkt innerhalb von 120 Stunden oder fünf Tagen zwei Fieberanfälle. Nach einem Fieberanfall am ersten Tag, sind der zweite und dritte Tag fieberfrei. Am vierten Tag erfolgt dann wieder ein neuer Fieberanfall.
Fieberkurve von Patient 2:
Der Erreger, mit dem sich Patient 2 infiziert hat, bewirkt innerhalb von 120 Stunden drei Fieberanfälle. Nach einem Fieberanfall am ersten Tag, ist nur ein Tag fieberfrei. Am dritten Tag erfolgt der zweite Fieberanfall, und nachdem der 4. Tag wieder fieberfrei war, erfolgt am 5. Tag der dritte Fieberanfall. Außerdem ruft dieser Erreger höheres Fieber hervor als der Erreger von Patient 1.

A2 Stelle eine Vermutung an, welcher der beiden Erreger gefährlicher ist, und begründe!
Da die Fieberanfälle bei Patient 2 häufiger sind und höheres Fieber auftritt als bei Patient 1, müsste der Erreger von Patient 2 gefährlicher sein als der von Patient 1.
Zusatzinformationen: Die Fieberkurve von Patient 1 zeigt den Verlauf bei Malaria quartana, die durch eine Infektion mit Plasmodium malariae verursacht wird. Sie macht rund 7 % aller weltweiten Malariafälle aus und kommt hauptsächlich in Afrika vor. Die Inkubationszeit beträgt vier bis fünf Wochen. Ein Vermehrungszyklus dauert 72 Stunden. Da Plasmodium malariae vorzugsweise alte Erythrozyten befällt und damit weniger als 1 % der Erythrozyten befallen werden, ist die Parasitendichte nicht so hoch. Todesfälle durch Malaria quartana sind deshalb selten.
Die Fieberkurve von Patient 2 zeigt den Verlauf bei Malaria tertiana. Sie wird entweder durch eine Infektion mit Plasmodium vivax oder Plasmodium ovale verursacht. Plasmodium vivax ist weltweit verbreitet und vor allem in Asien häufig. Sie macht rund 43 % aller Malariaerkrankungen aus. Ein Vermehrungszyklus dauert 48 Stunden. Plasmodium ovale kommt vorwiegend in Westafrika vor und verursacht etwa 1 % aller Malariaerkrankungen. Die Inkubationszeit beträgt zwei bis drei Wochen. Ein Vermehrungszyklus dauert 50 Stunden. Die beiden Erreger befallen nur junge Erythrozyten. Malaria tertiana führt selten zum Tod. Kleine Kinder können allerdings an einer durch diese Form der Malaria ausgelösten Blutarmut sterben. Außerdem enthält das Blut von Patienten mit Malaria tertiana von Beginn an geschlechtsreife Formen des Parasiten, wodurch Menschen im Umfeld eines Patienten bereits nach weniger als drei Wochen infiziert werden können.
Die gefährlichste Form von Malaria ist Malaria tropica. Sie wird durch eine Infektion mit Plasmodium falciparum verursacht und ist für 49 % aller Malariaerkrankungen verantwortlich. Plasmodium falciparum ist weltweit in den Tropen verbreitet. Die Inkubationszeit beträgt ein bis zwei Wochen. Ein Vermehrungszyklus dauert wie bei Plasmodium vivax 48 Stunden. Trotzdem sind unregelmäßig auftretende Fieberphasen charakteristisch. Ihre Gefährlichkeit beruht darauf, dass die Erreger Erythrozyten jeden Alters befallen können. Werden mehr als 25 % der Erythrozyten befallen, endet die Krankheit normalerweise tödlich.

A3 Informiere dich im Internet über Vorkommen, Ausmaß und Ursachen der Malariaerkrankungen in Deutschland! Beurteile, ob Malaria heute wieder in Deutschland ausbrechen könnte!

Vorkommen: In Deutschland war Malaria bis ins 19. Jahrhundert verbreitet, vor allem im Küstengebiet, aber auch entlang von Rhein und Donau.

Ausmaß: Die Malariaverbreitung erreichte ihren Höhepunkt in der ersten Hälfte des 19. Jahrhunderts. Während einer Epidemie an der Nordseeküste war im Jahre 1826 angeblich jedes zweite Kind an Malaria erkrankt. Ende des 19. Jahrhunderts war die Malaria dann weitgehend verschwunden Nach den beiden Weltkriegen kam es bei den Überlebenden zu weiteren Epidemien.1918 wurden allein in Emden über 4000 Fälle erfasst, nach dem zweiten Weltkrieg in Berlin und Hamburg sind etwa 2000 Fälle belegt. Zur Zeit wird mit circa 800 bis 1000 Fällen eingeschleppter Malaria im Jahr in Deutschland gerechnet.

Zusatzinformation: Ein prominentes Opfer der Erkrankung ist zum Beispiel Schiller, der sich mit 23 Jahren in Mannheim angesteckt und nicht mehr erholt hat.

Ursachen: Klima, heiße Sommer, Brutplätze der Mücken in Menschennähe, mangelnde Hygiene, mit Frachtgütern eingeschleppte infizierte Mücken, infizierte Einreisende.

Wahrscheinlichkeit eines Malariaausbruchs in Deutschland:

Für einen Malariaausbruch müssen folgende Bedingungen gegeben sein:

- Malariaerreger müssen nach Deutschland eingeschleppt werden. Dies könnte durch infizierte Menschen (Urlauber) erfolgen oder durch *Anopheles*-Mücken, die Malariaerreger in sich tragen und zum Beispiel mit Gütern aus Malariagebieten nach Deutschland gelangen.
- Wenn die Malariaerreger durch infizierte Menschen eingeschleppt wurden, müssen für eine weitere Verbreitung in Deutschland die einheimischen *Anopheles*-Mücken beim Stechen der infizierten Menschen die Erreger aufnehmen und weiter verbreiten. Die dafür geeignetste Anopheles Rasse *A. maculipennis messeae* wurde aber weitgehend von der harmlosen Rasse *A. maculipennis typicus* verdrängt.
- Die Mücken müssen geeignete Brutplätze wie flache, schattige stehende Gewässer vorfinden, sodass sie sich vermehren können. Die Trockenlegung von Sumpfgebieten und Flussregulierungen haben aber zur Beseitigung geeigneter Brutgebiete geführt.
- Damit sich auch die Malariaerreger in den Mücken vermehren können, sind außerdem konstant hohe Temperaturen und eine entsprechende lange Lebensdauer der Mücken erforderlich
- Die Mücken sind auf Rinder als Wirte gewechselt, sodass dem Erreger der Zwischenwirt Mensch für seine Entwicklung fehlt.
- Infizierte werden sofort isoliert und entsprechend medizinisch versorgt.

Ein Ausbruch ist also eher unwahrscheinlich, da das Klima nicht passend für die tropische Mücke ist, die Erregerentwicklung in der heimischen Mücke zu lange dauert, die Lebensdauer der einheimischen Mücken zu kurz ist, die Brutplätze in Menschennähe weitgehend zerstört sind, Rinder als Zwischenwirte für den Malariaerreger nicht geeignet sind und Infizierte isoliert und behandelt werden. Durch zunehmend heißere Sommer könnte es jedoch kurzzeitig zum Ausbruch kommen, wenn das Klima dadurch der eingeschleppten tropischen Mücke eine passende ökologische Nische in Menschennähe bietet.

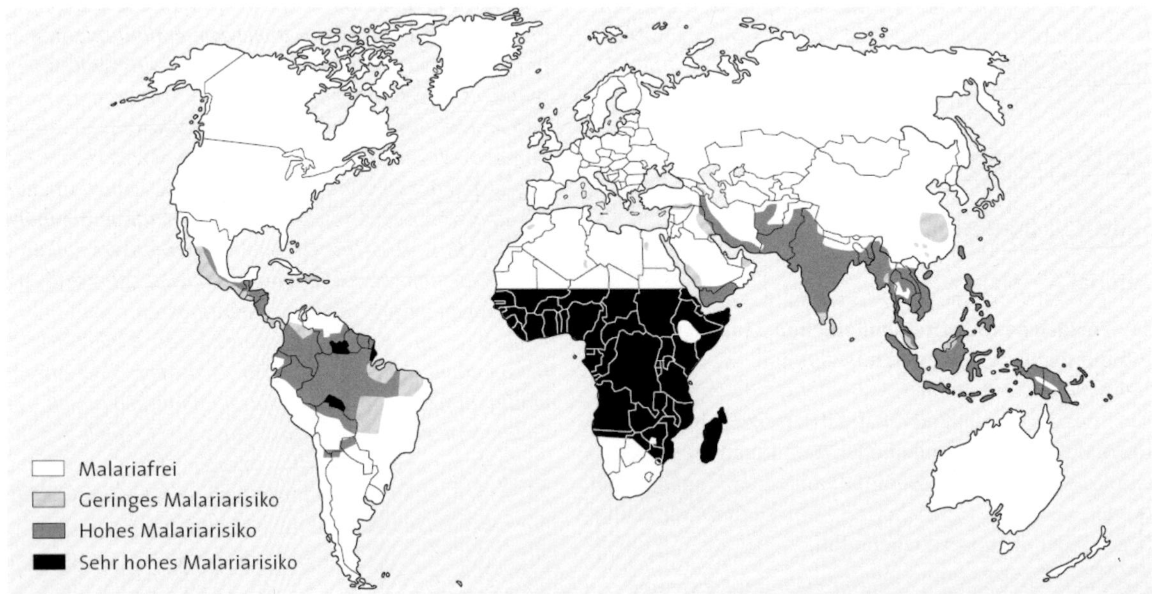

A4 Informiere dich im Internet über die Verbreitung von Malaria! Nenne jeweils drei Länder mit einem geringen, hohen und sehr hohen Malariarisiko!
siehe Abbildung links

Länder mit einem geringen Malariarisiko:
z. B. Westmexiko, Nordkolumbien, Mittel- und Nordbrasilien, Ostchina, Südindien

Länder mit einem hohen Malariarisiko:
z. B. Nicaragua, Honduras, Guyana, Suriname, Französisch Guinea, Pakistan, Indien, Bangladesh, Bhutan, Thailand, Vietnam

Länder mit einem sehr hohen Malariarisiko:
z. B. Senegal, Guinea, Ghana, Nigeria, Madagaskar, Papua-Neuguinea

Material B – Bandwürmer

B1 Formuliere eine passende Überschrift für die Abbildung!
- Lebenszyklus des Rinderbandwurms
- Lebenslauf des Rinderbandwurms
- Wirtswechsel des Rinderbandwurms
- Entwicklung und Übertragung des Rinderbandwurms zwischen Rind und Mensch

B2 Ordne den Zahlen die passenden Fachbegriffe zu!
1 = Finne, **2** = junger Rinderbandwurm, **3** = Kopf des Rinderbandwurms, **4** = Rinderbandwurm mit zahlreichen Körpergliedern, **5** = Körperglied mit reifen Eiern, **6** = Ei des Rinderbandwurms

Gestufte Hilfe: Vorgabe der Fachbegriffe in ungeordneter Reihenfolge.

B3 Erkläre, wie der Rinderbandwurm an seine Lebensweise angepasst ist!
- Der Rinderbandwurm besitzt einen Kopf mit Saugnäpfen. Damit kann er sich im Darm verankern und wird nicht mit dem Speisebrei aus dem Darm transportiert. Davor schützt ihn zusätzlich sein stark abgeplatteter Körper.
- Er besitzt kein Verdauungssystem, also keinen Mund, Darm und After. Da sein gesamter Körper von gelösten Nährstoffen umgeben ist, ist es für ihn vorteilhaft, die gelösten Nährstoffe direkt über seine Körperoberfläche aufzunehmen. Dadurch besitzt er eine große Oberfläche für die Nahrungsaufnahme. Verdauungsorgane sind deshalb nicht erforderlich.
- Er wächst, indem er hinter dem Kopf neue Körperglieder bildet. Gehen also Körperglieder verloren, kann er weiterleben und wachsen.
- Er ist ein Zwitter und kann sich selbst befruchten. Damit ist er zur Vermehrung auf keinen zweiten Bandwurm im gleichen Darm angewiesen.

Gestufte Hilfe: Berücksichtige den Bau des Kopfes, die Art der Nahrungsaufnahme und des Wachstums, den Ort der Bildung neuer Körperglieder und die Art der Fortpflanzung.

B4 Vergleiche die Ursachen der Erkrankungen beim Rinder- und Fuchsbandwurm!
Mit einem Rinderbandwurm infiziert sich ein Mensch, wenn er Finnen mit rohem Rindfleisch aufnimmt. Diese setzen sich im menschlichen Dünndarm fest und entwickeln sich zu Bandwürmern. Da diese dem Menschen Nährstoffe entziehen, leiden befallene Menschen unter Hungergefühl, Übelkeit und Durchfall.
Mit einem Fuchsbandwurm infiziert sich ein Mensch, wenn er die Eier des Bandwurms aufnimmt. Die aus den Eiern hervorgehenden Finnen befallen die Leber, und es bildet sich eine große Finnenblase mit mehreren Bandwurmköpfen aus. Die Finnenblase zerstört durch ihr rasches Wachstum Lebergewebe und schädigt auch aufgrund ihrer Größe die Leber sehr stark. Außerdem können sich Tochterblasen bilden, die sich ebenfalls in der Leber festsetzen, wodurch die Leber in ihrer Funktion noch stärker beeinträchtigt wird.

Gestufte Hilfe: Nenne zunächst die Entwicklungsstadien des jeweiligen Parasiten, die der Mensch bei einer Infektion aufnimmt, und stelle davon ausgehend dann die Ursachen der jeweiligen Krankheitserscheinungen dar.

B5 Begründe, weshalb man in Regionen, in denen der Fuchsbandwurm vorkommt, nach dem Streicheln eines Hundes oder einer Katze dringend die Hände waschen sollte!
Hunde und Katzen können in Regionen, in denen der Fuchsbandwurm vorkommt, infizierte Mäuse fressen und dabei den Fuchsbandwurm in ihren Darm aufnehmen. Dieser bildet dort Eier, die mit dem Kot abgegeben werden. Wenn sich Hunde und Katzen putzen, können Bandwurmeier ins Fell gelangen, die man dann beim Streicheln an die Hände bekommen kann.

2 Immunsystem

Immunabwehr

Seite 314–316

1 Beschreibe die unspezifische Immunabwehr!
Fresszellen können sich kriechend fortbewegen. Sie umfließen eingedrungene Krankheitserreger und nehmen diese in ihrem Zellplasma auf. Dort werden sie vernichtet. Die Fresszellen sind nicht auf bestimmte Krankheitserreger spezialisiert.
Zusatzinformation: Die zahlreichen unspezifischen Abwehreinrichtungen des Köpers wie zum Beispiel der Säureschutzmantel der Haut oder der Nasenschleim werden nicht als unspezifische Immunabwehr bezeichnet.

2 Beschreibe den Teil der spezifischen Immunabwehr, der in Abbildung 06 dargestellt ist!
Es gibt Zellen, die spezifische Antikörper herstellen. Jeder Antikörper hat zwei spezifische Bindungsstellen, die nur bei ganz bestimmten Antigenen passen. Mehrere Antikörper binden spezifisch an die Antigene vieler Erreger und bilden dadurch eine Verklumpung. Die Fresszelle umfließt diesen Klumpen und nimmt ihn in sich auf.

Seite 317 (Material)

Material A – Übertragungswege von Krankheitserregern

A1 Beschreibe die in den Abbildungen dargestellten Übertragungswege von Krankheitserregern!
A: Der Hund schleckt das Gesicht des Kindes im Nasen- und Mundbereich ab. Durch den Speichel des Hundes und durch den engen Kontakt mit dem Körperfell des Hundes können dort lebende Krankheitserreger auf das Kind übertragen werden.
B: Bei einem Insektenstich kann der Speichel des Insektes mit Krankheitserregern direkt in die Haut oder in die Blutbahn von Menschen übertragen werden.
C: Nicht nur in der Luft, sondern auch an der Oberfläche von ungewaschenem Obst können sich Krankheitserreger befinden. Beim Essen gelangen diese dann in unseren Körper.

D: Da überall in der Luft Krankheitserreger vorkommen, können sich diese vorübergehend auch auf unserer Haut aufhalten. Im Kontakt mit anderen Gegenständen geben wir diese wieder weiter wie zum Beispiel an Haltegriffen in Bussen. Dadurch dass diese Gegenstände häufigen Berührungen ausgesetzt sind, können hier besonders viele Krankheitserreger direkt über die Haut in unseren Körper gelangen, oder wenn man sich anschließenden mit der Hand über das Gesicht im Nasen- und Mundbereich fährt.

A2 Nenne weitere Möglichkeiten der Übertragung aus deinem Schulalltag!
- bei der Berührung der Türklinken, Bälle im Sport, Computertastatur, Toilette;
- durch das Niesen oder Husten eines Mitschülers;
- durch das gemeinsame Trinken aus einer Flasche;
- durch herumliegende, verunreinigter Papiertaschentücher;
- bei Verletzung der Haut im Sportunterricht;
- …

A3 Beschreibe, wie man sich vor Infektionen mit Krankheitserregern schützen kann!
- direkten Körperkontakt mit Tieren im Bereich der Mund- und Nasenöffnung vermeiden;
- Hände mit Seife waschen nach Berührung von infizierten Gegenständen;
- Obst oder Salat vor dem Verzehr erst waschen;
- sich vor Insektenstichen schützen durch Einreiben mit Insektenschutzmittel;
- vor Mund und Nase einen Filter tragen, der keine Viren oder Bakterien durchlässt;
- bei Verletzung der Haut Desinfektionsmittel auftragen;
- …

Material B – Antikörper

B1 Zeichne zu den drei abgebildeten Erregern die spezifischen Antikörper!

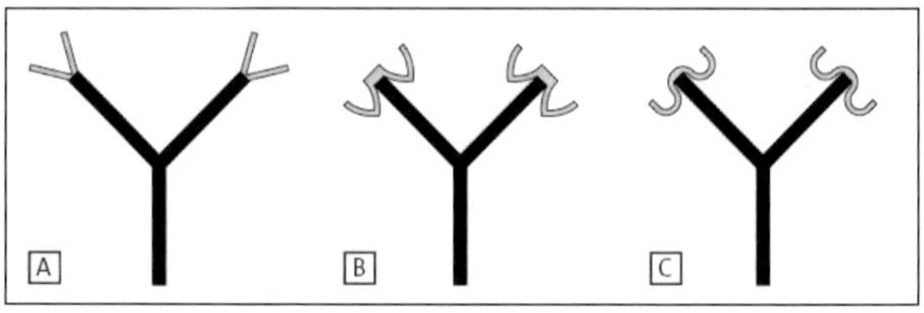

A = Antikörper gegen Antigen des Krankheitserregers A
B = Antikörper gegen Antigen des Krankheitserregers B
C = Antikörper gegen Antigen des Krankheitserregers C

Gestufte Hilfe: Beachte, dass ein Antikörper jeweils 2 Krankheitserreger des gleichen Typs binden kann.

B2 Erläutere anhand dieser Beispiele das Schlüssel-Schloss-Prinzip!
Wie beispielsweise am Bau der Antikörper gegen die Antigene des Krankheitserregers B zu sehen ist, passen diese weder auf die Antigene des Krankheitserregers A

noch auf die Antigene des Krankheitserregers C. Daher kann hier keine Bindung zwischen Antikörper und Antigen stattfinden. Der „Schlüssel" der Antikörper B passt nur zum „Schloss" der Antigene B. Es liegt also ein Schlüssel-Schloss-Prinzip vor.

B3 Erläutere die Vorteile der Bekämpfung von Krankheitserregern durch Antikörper!
Antikörper können spezifisch an Antigene binden und so gezielt einen bestimmten Erreger an seiner Vermehrung hindern.
Antikörper verfügen über zwei spezifische Bindungsstellen für ein bestimmtes Antigen. Dadurch können viele Antikörper mit den Antigenen zahlreicher Erreger zu einem Klumpen reagieren. In kürzerer Zeit können auf diese Weise mehr Erreger aus dem Blut „abgefangen" werden, weil die Fresszellen mit einem Vorgang nicht einzelne Erreger, sondern viele zu einem Klumpen zusammengeballte Erreger aufnehmen können. Die Beseitigung über die Fresszellen kann auf diese Weise schneller ablaufen.
Zusatzinformation: Es gibt weitere Vorteile. Viren werden daran gehindert in die Zellen einzudringen, weil sie in verklumpter Form die Zellen nicht infizieren können. Zudem werden Antikörper nur dann spezifisch gebildet, wenn der Krankheitserreger in den Körper eingedrungen ist. Dadurch wird Material und Energie eingespart.

Material C – Fieber

C1 Beschreibe das Diagramm und den Kurvenverlauf!
Auf der Hochachse, der y-Achse, des Diagramms wird die Körpertemperatur in Grad Celsius abgebildet. Auf der Rechtsachse, der x-Achse, des Diagramms sind die Tage im Verlauf der Grippeerkrankung eines infizierten Kindes eingetragen. In den ersten zwei Tagen schwankt die Körpertemperatur geringfügig um 37 Grad Celsius. Nach zwei Tagen beginnt die Kurve anzusteigen. Am vierten Tag hat das Fieber seinen höchsten Wert von 40 Grad Celsius erreicht. Der Kurvenabfall ist etwas flacher. Es dauert sechs Tage bis die normale Körpertemperatur von 37 Grad wieder erreicht wird.

C2 Erläutere, weshalb das Fieber ab dem vierten Tag zurückgeht!
Die Killerzellen erkennen die mit Grippeviren befallenen Körperzellen und zerstören diese. Die Grippeviren werden daher an ihrer Vermehrung gehindert. Die im Blut vorkommenden Grippeviren werden durch die gebildeten Antikörper verklumpt und durch die anschließende Tätigkeit der Fresszellen beseitigt. Dadurch nimmt die Zahl der Grippeviren ab, und das Fieber beginnt zu sinken.

Immunisierung

Seite 318–320

1 Erkläre, weshalb die aktive Immunisierung als Schutzimpfung bezeichnet wird!
Bei der aktiven Immunisierung werden abgeschwächte beziehungsweise abgetötete Krankheitserreger geimpft. Die spezifische Immunabwehr wird in Gang gesetzt, und zudem werden viele Gedächtniszellen gebildet. Bei einer späteren Infektion durch den gleichen Erreger sorgen diese Gedächtniszellen dafür, dass in sehr kurzer Zeit große Mengen von spezifischen Antikörpern gegen die Antigene des Erregers gebildet werden. Der Ausbruch der Krankheit wird dadurch verhindert. Da der Körper bei dieser Impfung selbst einen Schutz aufbaut, bezeichnet man die aktive Immunisierung als Schutzimpfung.

2 Nenne die Unterschiede zwischen aktiver und passiver Immunisierung! Fertige dazu eine Tabelle an!

Aktive Immunisierung	Passive Immunisierung
Abgeschwächte oder abgetötete Erreger werden geimpft.	Spezifische Antikörper werden geimpft.
Eigene spezifische Immunabwehr wird durch den Impfstoff in Gang gesetzt.	Eigene spezifische Immunabwehr wird durch den Impfstoff nicht in Gang gesetzt.
Vorbeugende Maßnahme: Schutzimpfung.	Unterstützende Maßnahme zur Heilung: Heilimpfung.
Der Körper wird immun.	Der Körper wird nicht immun.

Zusatzinformation: Bei einer aktiven Immunisierung mit abgeschwächten Krankheitserregern kann es sich wie im Falle der Windpocken um einen Lebendimpfstoff handeln, d.h. die Viren können sich noch vermehren. Aus Gründen der didaktischen Reduktion und der abnehmenden Tendenz, Lebendimpfstoffe zu verwenden, wird im Schulbuchtext keine Differenzierung zwischen den geimpften Erregern und einer eventuellen Vermehrungsfähigkeit vorgenommen.
Bei Schwangeren ohne Impfschutz und abwehrgeschwächten Patienten (auch bei gefährdeten Neugeborenen), die in Kontakt mit Windpocken kommen, muss innerhalb von wenigen Tagen eine passive Immunisierung erfolgen.

3 Erläutere, weshalb die aktive Immunisierung auch als „erworbene Immunität" bezeichnet werden kann!
Bei der aktiven Immunisierung werden im menschlichen Körper nicht nur Antikörper zur Bekämpfung des Krankheitserregers gebildet, sondern auch Gedächtniszellen. Diese Gedächtniszellen verbleiben im Körper nach Abklingen der Infektion und helfen bei einer erneuten Infektion schnell wieder Antikörper zu bilden, sodass die Krankheitssymptome nur abgeschwächt oder gar nicht erst ausbrechen. Der ursprünglich nicht immune Körper hat sich über die Gedächtniszellen also eine Immunität

gegen erneute Infektionen aufgebaut und sie also nach der Erstinfektion erworben.

Seite 321 (Material)

Material A – Experimente mit Blut

A1 Beschreibe die Durchführung des Experiments!
Das Experiment besteht aus drei Ansätzen. In jedem Ansatz steht die gleiche Menge Lösung mit Typhuserregern zur Verfügung.
In Versuchsansatz A wurde 10 Milliliter Blut einer an Typhus erkrankten Person in die Typhuslösung getropft.
In Versuchsansatz B wurde 10 Milliliter Blut einer gesunden Person in die Typhuslösung getropft.
In Versuchsansatz C wurde 10 Milliliter Blut einer Person, die zuvor gegen Typhus aktiv geimpft wurde, in die Typhuslösung getropft.

A2 Formuliere eine Fragestellung, die mit dem Experiment beantwortet werden kann!
- Werden bei einer Erkrankung an Typhus Antikörper gegen diese Erreger gebildet?
- Haben Personen, die nicht an Typhus erkrankt sind, Antikörper gegen die Typhuserreger in ihrem Blut?
- Werden durch eine aktive Immunisierung Antikörper gegen die Typhuserreger gebildet?

A3 Deute die Ergebnisse!
Versuchsansatz A: Das Blut einer an Typhus erkrankten Person enthält spezifische Antikörper gegen die Typhuserreger. Die Antikörper verklumpen die Typhuserreger in der Flüssigkeit.
Versuchsansatz B: Das Blut einer gesunden Person enthält keine spezifischen Antikörper gegen die Typhuserreger. Es kommt daher zu keiner Verklumpung.
Versuchsansatz C: Das Blut einer Person, die zwei Wochen zuvor gegen Typhus aktiv immunisiert wurde, hat Antikörper gegen die Typhuserreger gebildet. Die Typhusflüssigkeit ist ebenfalls wie in Versuchsansatz A verklumpt.

Gestufte Hilfe: Berücksichtige die Bedeutung von Antikörpern.

A4 Wenn man in Ansatz C Blut einer Person verwendet, die mehrere Jahre zuvor gegen Typhus aktiv immunisiert wurde, erhält man das gleiche Ergebnis wie in Ansatz B. Erkläre!
Mehrere Jahre nach der aktiven Immunisierung sind alle bei dieser Immunabwehr gebildeten Antikörper abgebaut. Nur noch die Gedächtniszellen sind vorhanden. Diese können aber die Typhuserreger nicht verklumpen. Außerhalb des Körpers können sie auch nicht die Bildung von Antikörpern auslösen. Daher ist das Ergebnis gleich wie in Ansatz B.

Gestufte Hilfen:
Hilfe 1: In Ansatz B werden die Erreger nicht verklumpt.
Hilfe 2: Beachte die Wirkung der Gedächtniszellen.

Material B – Impfbuch

B1 Nenne die Krankheitserreger und die Krankheiten, gegen die das einjährige Kleinkind bereits geimpft wurde! Informiere dich dazu in Nachschlagewerken oder im Internet!
- Tetanus-Bakterien: Wundstarrkrampf
- Diphterie-Bakterien: Erkrankung der Atemwege
- Pertussis-Bakterien: Keuchhusten
- Poliomyelitis-Viren: Kinderlähmung
- Hib-Bakterien: Hirnhautentzündung
- Hepatitis B-Viren: Leberentzündung
- Pneumokokken-Bakterien: Lungenentzündung
- Rotavirus: wässrige Durchfallerkrankung

Zusatzinformation: Eine aktive Immunisierung gegen Varizellen (= Windpocken), Masern, Mumps und Röteln wird erst ab circa dem ersten Lebensjahr durchgeführt. Zum Thema Immunisierung kann man sich auf der Internetseite der Ständigen Impfkommission (STIKO) des Robert Koch-Institutes informieren.

B2 Erläutere, weshalb Auffrischungsimpfungen erforderlich sind!
Wenn die bei der aktiven Immunisierung gebildeten Gedächtniszellen nicht ein Leben lang erhalten bleiben, muss eine Auffrischimpfung mit den gleichen abgetöteten oder abgeschwächten Erregern erfolgen.
Es werden dadurch neue Gedächtniszellen gebildet, die bei einer Infektion in ganz kurzer Zeit dafür sorgen, dass eine große Menge an Antikörpern zur Verfügung steht, und die Infektionskrankheit somit nicht ausbrechen kann.

Gestufte Hilfe: Beachte die Rolle der Gedächtniszelle bei der Immunreaktion.

B3 „Impflücken", wie zum Beispiel bei Diphtherie, entstehen, wenn man die Auffrischungsimpfungen unterlässt. Die Diphtherie kann sich dann wieder stark ausbreiten. Erkläre diesen Sachverhalt!
Krankheitserreger wie Bakterien oder Viren können sich in den Menschen ohne Impfschutz wieder vermehren und auch auf weitere ungeschützte Menschen übertragen werden. Auf diese Weise können sich bestimmte Infektionskrankheiten erneut stark ausbreiten.

Material C – Historisches Experiment

C1 Stelle eine Vermutung an, weshalb der Junge durch die Infektion mit den Kuhpockenviren auch gegen die gefährlichen Pockenviren geschützt war!

Die Kuhpockenviren und die gefährlichen echten Pockenviren müssen ähnliche Antigene besitzen. Durch die Infektion mit den Kuhpockenviren werden die gleichen Gedächtniszellen und spezifischen Antikörper gebildet, welche auch gegen die gefährlichen echten Pockenviren wirken. Da die Gedächtniszellen über mehrere Jahre erhalten bleiben, erkrankte der Junge nicht durch die Infektion mit diesen gefährlichen Viren.

Gestufte Hilfe: Berücksichtige den Bau der Antigene, das Schlüssel-Schloss-Prinzip und die Bildung von Gedächtniszellen.

C2 Nenne die Methode, die Edward JENNER erfunden hat!

Edward JENNER hat die Impfmethode der aktiven Immunisierung erfunden.

Individualität und Entwicklung

1 Erbinformation

Teilung und Wachstum

Seite 331 (Material)

Material A Phasen der Mitose in einer Pflanzenzelle

A1 Benenne die mit Zahlen gekennzeichneten Strukturen und Bereiche der Zelle!
1 = Zellwand
2 = Chromosomen
3 = Zellplasma

A2 Ordne die Abbildungen A bis C den passenden Phasen der Mitose zu!
A: Anaphase
B: Telophase
C: Metaphase

A3 Beschreibe die Vorgänge während der Phase der Mitose, die in den Abbildungen nicht gezeigt wird! Erläutere, welche Funktion diese Vorgänge jeweils für den gesamten Ablauf der Mitose haben!
Nicht gezeigt ist die Prophase, bei der sich die fädigen Chromosomen verkürzen, sodass die Transportform entsteht. Diese Umwandlung von der Arbeits- in die Transportform ist die Voraussetzung dafür, dass eine geordnete und präzise Aufteilung der Chromosomen stattfinden kann. Zudem beginnt in der Vorbereitungsphase die Auflösung der Zellkernhülle, sodass nach Aufteilung der Chromosomen zwei neue Zellkerne entstehen können.

A4 Abbildung B zeigt im Ablauf der Zellteilung pflanzlicher Zellen einen Unterschied zu tierischen Zellen. Beschreibe diesen Unterschied!
Hinweis: Achte auf die Linie, die sich in der Äquatorialebene bildet.
Während sich tierische Zellen in der Trennungsphase von außen nach innen einschnüren, bildet sich bei pflanzlichen Zellen in der Äquatorialebene eine neue Zellwand, die die beiden Tochterzellen trennt.

Material B Anzahl und Masse der Chromosomen während der Zellzyklusphasen

B1 Die Pfeile mit den Zahlen 1 bis 4 markieren Phasen des Zellzyklus. Ordne den Ziffern die entsprechenden Phasen zu und begründe deine Zuordnungen!
1 = Unterbrechung der Interphase
2 = letzter Abschnitt der Interphase
3 = Mitose
4 = erster Abschnitt der Interphase

Bei der Unterbrechung der Interphase verdoppeln sich die Chromatiden der 46 Ein-Chromatid-Chromosomen einer Zelle. Die Masse der Chromosomen verdoppelt sich somit, während die Anzahl konstant bleibt.
Im letzten Abschnitt der Interphase liegen die 46 Chromosomen einer Zelle als Zwei-Chromatiden-Chromosomen vor. Masse und Anzahl der Chromosomen bleiben somit konstant.
In der Anaphase werden die Zwei-Chromatiden-Chromosomen geteilt und als Ein-Chromatid-Chromosomen zu den gegenüberliegenden Zellkörperchen transportiert. Somit verdoppelt sich die Anzahl der Chromosomen, während die Masse konstant bleibt. In der Telophase entstehen zwei Tochterzellen. Somit halbieren sich sowohl Anzahl als auch Masse der Chromosomen einer Zelle.
Im ersten Abschnitt der Interphase liegen die 46 Chromosomen einer Zelle als Ein-Chromatid-Chromosomen vor. Anzahl und Masse der Chromosomen bleiben daher konstant.

B2 Erkläre, wie es im Laufe einer Phase des Zellzyklus zum Anstieg der Chromosomenanzahl auf 92 kommen kann!
Wenn die Zwei-Chromatiden-Chromosomen in der Aufteilungsphase voneinander getrennt werden, verdoppelt sich die Chromosomenanzahl in der Zelle kurzfristig auf 92, bevor dann durch die Aufteilung in zwei Tochterzellen wieder 46 Chromosomen pro Zelle vorliegen.

B3 Erläutere die Bedeutung der Verdopplung der Chromosomenmasse für die Mitose!
Ohne vorausgehende Verdopplung der Chromosomenmasse würde diese von Zellteilung zu Zellteilung abnehmen. Zudem liegen durch die Verdopplung der Chromosomen alle Erbanlagen doppelt vor, sodass beide Tochterzellen jeweils die vollständigen Erbinformationen erhalten.

Kinder sehen ihren Eltern ähnlich

Seite 332–334

1 Definiere die Begriffe Phänotyp und Genotyp!
Der *Phänotyp* bezeichnet die Gesamtheit aller Merkmale eines Lebewesens.
Der *Genotyp* bezeichnet die Gesamtheit aller Gene eines Lebewesens.

2 Erkläre, weshalb jeder Mensch einen einzigartigen Genotyp hat!
Die Eizellen einer Frau und die Spermienzellen eines Mannes sind in ihrer Erbinformation unterschiedlich. Je nachdem, welche Spermienzelle zufällig welche Eizelle befruchtet, ergibt sich für jede befruchtete Eizelle desselben Paares eine andere Kombination der Erbinformation. Der Genotyp jedes Menschen ist somit einzigartig.
Zusatzinformation: Einzige Ausnahme sind eineiige Zwillinge, da sie aus derselben befruchteten Eizelle hervorgegangen sind.

Seite 335 (Material)

Material A – Familienähnlichkeit

A1 Beschreibe Unterschiede und Ähnlichkeiten der Geschwisterkinder mit ihrem Vater im ähnlichen Alter!
Die Geschwisterkinder haben beide wie der Vater braune Augen, auch die Form des Gesichtes ist ähnlich. Die Form der Nase von Vater und Tochter weist ebenfalls Ähnlichkeiten auf. Die Nase des Sohnes hingegen ist schmaler und kürzer. Die Form des Kinns hingegen ist bei Vater und Sohn übereinstimmend. Die Tochter hat ein längeres und runderes Kinn.

A2 Erkläre, wie trotz gemeinsamen Vaters die Unterschiede der Geschwister entstehen können!
Jede Eizelle der Mutter und jede Spermienzelle des Vaters kann sich in ihrer Erbinformation unterscheiden. Die individuelle Kombination von Eizelle und Spermienzelle bei der Befruchtung führen auch bei Geschwistern zu unterschiedlichen Kombinationen der elterlichen Erbinformationen und damit zu unterschiedlichen Zygoten. Wenn die Geschwister aus unterschiedlichen Zygoten entstehen, haben sie unterschiedliche, manchmal aber auch ähnliche Merkmale, zum Beispiel eine ähnliche Gesichtsform.

A3 Beschreibe anhand dieser Familienähnlichkeit die Variabilität!
Die Unterschiede, aber auch Ähnlichkeiten der Geschwister beruhen auf unterschiedlichen Kombinationen der elterlichen Gene bei der Befruchtung. Den sichtbaren Merkmalen liegen die Gene zugrunde. Einige Gene haben die Kinder von ihrem Vater geerbt, wie beispielsweise die Gene für Haarfarbe und Gesichtsform. Andere Gene wie für die Nasenform oder die Form des Kinns hat nur eines der Kinder vom Vater vererbt bekommen, sie variieren.

Material B – Zwillinge

B1 Vergleiche jeweils den Phänotyp der Geschwister bei den Zwillingspaaren!
Das Zwillingspaar A weist nahezu identische äußere Merkmale auf und sie haben dasselbe Geschlecht. Ihr Phänotyp ist nahezu gleich.
Das Zwillingspaar B unterscheidet sich in ihrem Geschlecht und in ihrem Aussehen, wie zum Beispiel der Haarfarbe. Sie zeigen einen unterschiedlichen Phänotyp.

B2 Beurteile die Ähnlichkeiten der jeweiligen Zwillingspaare!
Das Zwillingspaar A gleicht sich in seinem Aussehen. Dies lässt auf den gleichen Genotyp schließen, da der Genotyp die Grundlage für unsere Merkmale und damit für unseren Phänotyp ist.
Das Zwillingspaar B ähnelt sich nur in wenigen Merkmalen, sie sehen sich nicht ähnlicher als andere Geschwister. Daraus lässt sich ableiten, dass jeder dieser Zwillinge einen individuellen Genotyp und damit einen unterschiedlichen Phänotyp aufweist.

Gestufte Hilfen:
Hilfe 1: Überlege dir, welche Bedeutung der Genotyp für den Phänotyp hat.
Hilfe 2: Beim Zwillingspaar A handelt es sich um eineiige Zwillinge, beim Zwillingspaar B um zweieiige Zwillinge.

B3 Ordne die Begriffe eineiige und zweieiige Zwillinge den Abbildungen A bis D zu! Begründe mithilfe der Grafik, ob auch das Zwillingspaar A unterschiedlichen Geschlechts sein kann!
Bei Zwillingspaar A handelt es sich um eineiige Zwillinge, Zwillingspaar B sind zweieiige Zwillinge.
Zwillingspaar A kann nie unterschiedlichen Geschlechts sein, da sie immer aus einer einzigen befruchteten Eizelle hervorgehen. Sie weisen die identische Erbinformation auf und müssen daher gleichen Geschlechts sein.
Zwillingspaar B geht aus zwei unterschiedlichen Eizellen hervor, die von jeweils einer anderen Spermienzelle befruchtet wurden. Sie können daher, wie andere Geschwister auch, unterschiedlichen Geschlechts sein.

Gestufte Hilfen:
Hilfe 1: Beachte die Anzahl der Eizellen in den Grafiken.
Hilfe 2: Eineiige Zwillinge gehen aus einer befruchteten Eizelle, zweieiige Zwillinge aus zwei befruchteten Eizellen hervor.

B4 Auch eineiige Zwillinge unterscheiden sich in manchen Merkmalen. Stelle Vermutungen über die Ursachen an!
Eineiige Zwillinge haben zwar denselben Genotyp, aber unser äußeres Erscheinungsbild, der Phänotyp, wird sowohl von der Umwelt, als auch vom Genotyp beeinflusst.
Merkmale, auf die zusätzlich die Umwelt Einfluss hat, können sich auch bei eineiigen Zwillingen unterscheiden. Neben der Hautfarbe können beispielsweise die Körpermasse oder in geringem Maße auch die Körpergröße bei eineiigen Zwillingen unterschiedlich sein.

Chromosomen – Träger der Erbinformation

Seite 338–340

1 Beschreibe den Bau eines Einzelstrangs der DNA!
Die Einzelbausteine der DNA sind die vier Basen (Adenin, Thymin, Guanin und Cytosin), der Zucker Desoxyribose und Phosphatreste.
Der Grundbaustein der DNA ist ein Nukleotid. Dieses setzt sich aus einer Base, einem Zuckerbaustein und einem Phosphatrest zusammen.
Beim Einzelstrang sind zahlreiche Nukleotide als Kette miteinander verknüpft, das Rückgrat der Kette bilden dabei in abwechselnder Folge die Zucker- und Phosphatbausteine. Die Basen sind jeweils an den Zuckerbaustein gebunden.

2 Beschreibe den Feinbau eines Chromosoms!
Ein Chromosom besteht aus einem durchgängigen DNA-Faden. Dieser ist mehrfach spiralisiert und zusätzlich um Proteine gewunden. Diese haben eine Stützfunktion für den dünnen DNA-Strang.
Der DNA-Faden ist eine Doppelhelix, die einer gewundenen Strickleiter gleicht. Die Einzelbausteine dieser Strickleiter sind vier Basen, der Zucker Desoxyribose und Phosphatreste. Je ein Zucker, eine der vier Basen und ein Phosphatrest sind zu einem Nukleotid, dem Grundbaustein der DNA, verknüpft.
Die Holme der Strickleiter bestehen in abwechselnder Folge aus Phosphatresten und dem Zucker. Die Sprossen bilden Basenpaare. Zwei der Basen passen jeweils wie Schlüssel und Schloss zusammen, sie sind einander komplementär. Diese Basenpaare sind über Wasserstoffbrückenbindungen verknüpft.
Die DNA besteht damit aus zwei Einzelsträngen aus zahlreichen, miteinander verknüpften Nukleotiden. Die beiden Einzelstränge sind über Wasserstoffbrücken der gegenüberliegenden, komplementären Nukleotide zum Doppelstrang verbunden.

3 Stelle die Vorgänge der Replikation als Pfeildiagramm dar!
Entwinden des DNA-Doppelstrangs → Trennen des Doppelstrangs in Einzelstränge durch Lösen der Wasserstoffbrückenbindungen → Anlagerung der komplementären Nukleotide an die Einzelstränge → Verknüpfen der Nukleotide zu einem Strang → Zwei Doppelstränge der DNA sind entstanden.

Seite 341 (Material)

Material A – Bau der DNA

A1 Erstelle eine Legende in deinem Heft, in der du die Symbole den Einzelbausteinen der DNA zuordnest!

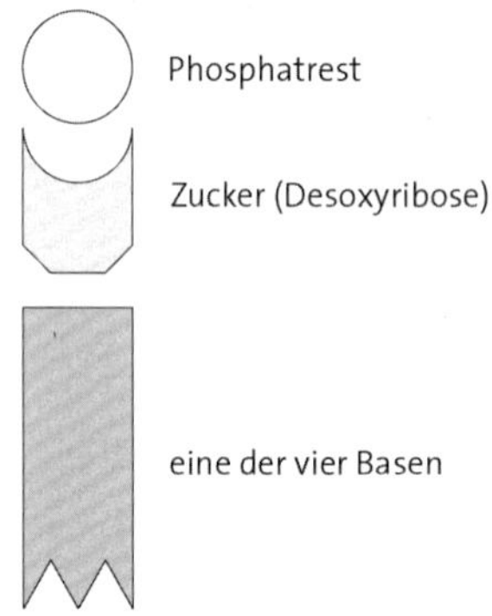

A2 Zeichne ein Nukleotid in dein Heft! Verwende hierfür die in der Abbildung angegebenen Symbole!

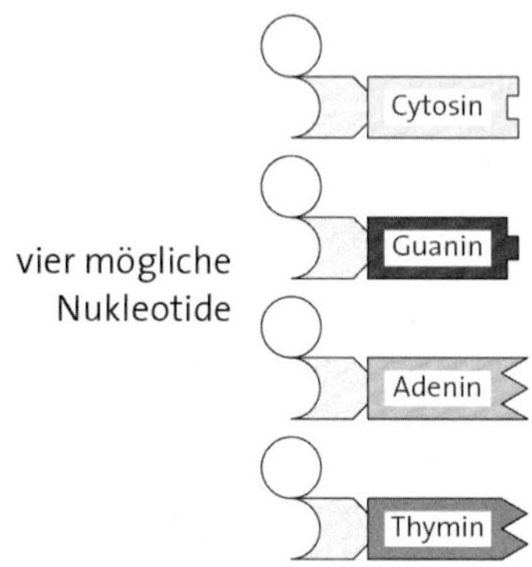

A3 Zeichne einen DNA-Einzelstrang aus sieben Nukleotiden!

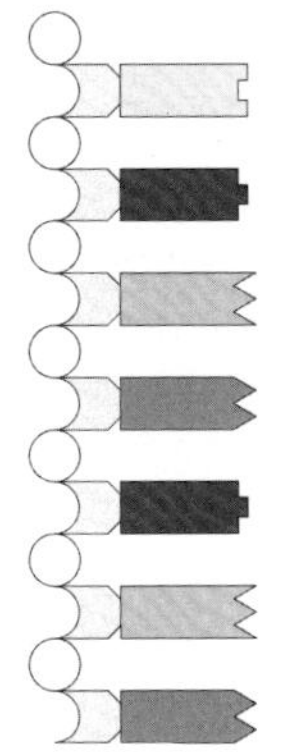

Gestufte Hilfe: Vorgabe eines Nukleotids. Siehe Lösung von A2

A4 Ergänze zeichnerisch den Einzelstrang, sodass ein Doppelstrang entsteht!

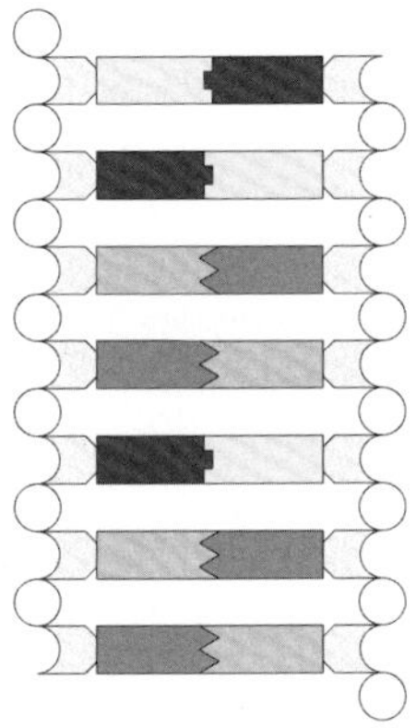

A5 Vergleiche die Basenabfolge deines DNA-Moleküls mit der Zeichnung deiner Mitschüler. Erkläre, welche Bedeutung die unterschiedlichen Basenabfolgen für die Erbinformation haben!

Die Basenabfolge (Sequenz) der DNA unterscheidet sich wahrscheinlich. Je nach gewählten Nukleotiden entsteht ein DNA-Strang mit unterschiedlicher Basenabfolge.

In der Basensequenz ist die Erbinformation verschlüsselt. Unterschiedliche Basenabfolgen bedeuten daher unterschiedliche Informationen. Aufgrund der Vielfalt der Möglichkeiten, selbst bei einem kurzen DNA-Stück, lassen sich mit der DNA sehr viele unterschiedliche Informationen verschlüsseln.

A6 Erläutere das Baumerkmal der DNA, welches für die identische Verdopplung von großer Bedeutung ist!

Die DNA ist eine Doppelhelix, die aus zwei über Wasserstoffbrückenbindungen verknüpften Einzelsträngen besteht. Die sich gegenüberliegenden Basen der Einzelstränge passen wie Schlüssel und Schloss zueinander, sie sind einander komplementär.

Dieses Baumerkmal ist für die Verdoppelung von großer Bedeutung. Jeder Einzelstrang kann durch Anlagerung von komplementären Nukleotiden wieder zu einem Doppelstrang ergänzt werden. Die Einzelstränge dienen somit als Kopiervorlage für ihr Gegenstück. Auf diese Weise entstehen Doppelstränge mit identischer Information.

Material B – Basenzusammensetzung der DNA

B1 Vergleiche die Anteile der verschiedenen Basen der DNA des Menschen!

Die menschliche DNA weist jeweils 31 % Adenin und Thymin und je 19 % Cytosin und Guanin auf. Die zueinander komplementären Basen sind somit gleich häufig vorhanden.

B2 Vergleiche die Basenzusammensetzung des Menschen mit der des Weizens und der Hefe!

Die DNA des Weizens zeigt eine andere Basenzusammensetzung als die menschliche DNA. Der Anteil von Adenin und Thymin beträgt hier nur 27 %, der Guanin-Cytosin Anteil ist dementsprechend höher und beträgt 23 %. Die Hefe hat die gleiche Basenzusammensetzung wie der Mensch.

B3 Erkläre die Unterschiede und Gemeinsamkeiten, die bei B2 beschrieben wurden!

Da der Weizen und der Mensch unterschiedliche Organismen sind, ist ihre Erbinformation ebenso verschieden. Dies lässt sich auch in der Basenzusammensetzung erkennen.

Auch wenn es sich bei der Hefe und beim Menschen um unterschiedliche Organismen handelt, so kann ihre Basenzusammensetzung dennoch gleich sein. Die Information, die durch die DNA festgelegt ist, muss jedoch verschieden sein, da es sich um Organismen mit unterschiedlichen Merkmalen und damit unterschiedlicher Erbinformation handelt.

Aus der Basenzusammensetzung alleine lässt sich deshalb nicht auf die Erbinformation schließen. Vielmehr ist die Abfolge der Basen, die Sequenz, für die Erbinformation ausschlaggebend. Die Sequenz kann sich auch bei gleicher Basenzusammensetzung unterscheiden.

Gestufte Hilfe: Überlege, ob die Häufigkeit der Basen Rückschlüsse auf ihre Abfolge (Sequenz) ermöglicht.

B4 Interpretiere die Daten der Tabelle im Hinblick auf den Bau der DNA!

Die Basenzusammensetzung der unterschiedlichen Organismen kann verschieden sein. Dennoch zeigen alle Organismen einen gleichen Anteil der jeweils komplementären Basen. Dies ist durch den Bau der DNA vorgegeben, da jede Base im Einzelstrang durch ihr komplementäres Gegenstück zum Doppelstrang ergänzt ist. Die komplementären Basen müssen deshalb, unabhängig von der jeweiligen Basenzusammensetzung, gleich häufig vorhanden sein.

Material C – Wasserstoffbrücken

C1 Übernehme die Einzelstränge in dein Heft und ergänze sie zu Doppelsträngen!

Nach der Ergänzung ergeben sich folgende Doppelstränge:

T – A – C – C – G – G – C – A – T – C – G – G –
A – T – G – G – C – C – G – T – A – G – C – C –

A – A – T – C – T – T – T – A – T – T – G – T –
T – T – A – G – A – A – A – T – A – A – C – A –

C2 Begründe, weshalb sich der Doppelstrang 2 bei Erwärmung eher in Einzelstränge trennt als der Doppelstrang 1!

Im Doppelstrang 2 sind mehr Basenpaare T-A enthalten als im Doppelstrang 1. Das Basenpaar T-A ist nur durch zwei Wasserstoffbrücken aneinander gebunden. Zwischen den Basen G und C dagegen liegen drei Wasserstoffbrücken. Die Einzelstränge eines Doppelstrangs, der überwiegend Basenpaare T-A enthält, lösen sich daher bei Erhöhung der Temperatur leichter voneinander als ein Doppelstrang, der überwiegend aus G-C-Basenpaare besteht.

Gestufte Hilfe: Berücksichtige die unterschiedliche Zahl der Wasserstoffbrückenbindungen je nach Basenpaar.

Bildung der Geschlechtszellen

Seite 342–344

1 Vergleiche Körper- und Geschlechtszellen hinsichtlich ihrer Chromosomen!

Sowohl Körper- als auch Geschlechtszellen haben Chromosomen, die sich jedoch in der Anzahl unterscheiden. Körperzellen haben einen diploiden Chromosomensatz mit 46 Chromosomen. Jedes Chromosom ist zweimal vorhanden. Es gibt also 23 homologe Chromosomenpaare.

Geschlechtszellen haben einen haploiden Chromosomensatz mit 23 Chromosomen. Jedes Chromosom ist nur einmal vorhanden.

2 Beschreibe die erste Reifeteilung!

In der Prophase werden die Zwei-Chromatiden-Chromosomen sichtbar. In der Metaphase wandern alle Chromosomen in die Äquatorialebene. In der Anaphase ziehen die Spindelfasern je ein Chromosom eines Chromosomenpaares an einen Zellpol. In der ersten Reifeteilung werden also die homologen Chromosomenpaare getrennt und auf zwei Tochterzellen verteilt. Der diploide Chromosomensatz wird dadurch auf den haploiden Chromosomensatz halbiert. Die Verteilung der Chromosomen erfolgt zufällig.

3 Vergleiche die Anaphase I und II!

In beiden Anaphasen wandern Chromosomen an die Zellpole. In der Anaphase I werden die beiden homologen Chromosomen eines jeden Paares voneinander getrennt und zu den entgegengesetzten Zellpolen gezogen. Jedes der homologen Chromosomen besteht zu dieser Zeit aus zwei Chromatiden. In dieser Phase wird der diploide Chromosomensatz auf den haploiden halbiert.

In der Anaphase II trennen sich die Zwei-Chromatiden-Chromosomen in ihre beiden Ein-Chromatid-Chromosomen. Je eines gelangt zu einem Zellpol.

Am Ende der Anaphase I sind zwei Zellen entstanden. Nach der Anaphase II liegen vier Zellen vor, beim sind sie gleichgroß, bei der Frau eine sehr große und drei sehr kleine Zellen.

4 Nenne die Vorgänge durch die Chromosomen neu kombiniert werden können!

Die Reduktionsteilung bei der Meiose und die Befruchtung führen zu neuen Kombinationen der Chromosomen.

5 Erläutere die Bedeutung der Meiose für die Variabilität!

In der ersten Reifeteilung werden die Chromosomen jeden Chromosomenpaares voneinander getrennt und zufällig auf die Tochterzellen verteilt. Dadurch ergeben sich wegen der in der Regel hohen Anzahl von Chromosomen sehr viele verschiedene Möglichkeiten der Kombination der Chromosomen. Weil sich die auf den beiden Chromosomen eines Paares gespeicherte Information unterscheiden kann, variiert auch die Information der Chromosomenkombinationen, die durch die erste Reifeteilung entstehen. Die Meiose hat also eine große Bedeutung für die Variabilität.

Seite 345 (Material)

Material A – Vergleich von Mitose und Meiose

A1 Ordne alle Zellen dem jeweiligen Stadium der Meiose zu!

A: Anaphase I der Meiose
B: Metaphase II der Meiose
C: Anaphase II Meiose
D: Metaphase I der Meiose

A2 Zeichne jeweils das Zellstadium, das auf Abbildung A und C folgt!

A: Telophase I der Meiose, *C:* Telophase II der Meiose

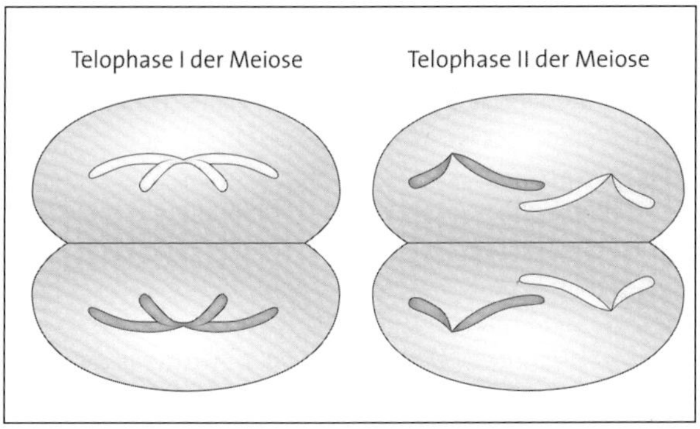

A3 Vergleiche Mitose und Meiose tabellarisch! Berücksichtige dabei die Anzahl der Teilungen, die Chromosomenanzahl und die Bedeutung für die Vielfalt.

	Mitose	Meiose
Anzahl der Teilungen	Ein Teilungsschritt	Zwei Teilungsschritte, die erste und zweite Reifeteilung
Chromosomenanzahl	Mutterzelle und die daraus entstehenden Tochterzellen haben dieselbe Anzahl an Chromosomen. Beim Menschen sind dies 23 Paare, also insgesamt 46 Chromosomen.	Die Mutterzelle, auch Vorläuferzelle genannt, besitzt 46 Chromosomen, 23 homologe Paare. Die Geschlechtszellen besitzen nur 23 Chromosomen, je ein Chromosom eines jeden Paares.
Bedeutung für die Vielfalt	Alle Tochterzellen sind identisch. Es entstehen nur Zellen mit gleicher Erbinformation. Keine Bedeutung für die Vielfalt	Die Geschlechtszellen enthalten unterschiedliche Kombinationen der 23 Chromosomen. Die unterschiedlichen Kombinationsmöglichkeiten führen zu Vielfalt

Material B – Variabilität

B1 Vergleiche die Chromosomenkombination der Geschwister Luisa und Sebastian König!

Die Geschwister haben jeweils eine andere Chromosomenkombination von Vater und Mutter geerbt. Einzelne Chromosomen, wie beispielsweise das „dunkelblaue" Chromosom 5 des Vaters, oder das „rote" Chromosom 13 der Mutter haben beide vererbt bekommen. Insgesamt haben sie 22 gleiche Chromosomen geerbt und 24 unterschiedliche. Die Kombination der Geschlechtschromosomen unterscheidet sich. Luisa hat zwei X-Chromosomen und Sebastian ein X- und ein Y-Chromosom.

B2 Erkläre, ob Luisa und Sebastian eineiige oder zweieiige Zwillinge sein könnten!

Luisa und Sebastian haben verschiedene Chromosomenkombinationen von Vater und Mutter geerbt.

Eineiige Zwillinge gehen aus derselben befruchteten Eizelle hervor und haben somit dieselbe Chromosomenkombination. Sie können deshalb keine eineiigen Zwillinge sein.

Zweieiige Zwillinge entstehen aus zwei verschiedenen Eizellen, die von jeweils einem anderen Spermienzelle befruchtet werden. Die Geschwister könnten somit zweieiige Zwillinge sein.

B3 Frau König ist erneut schwanger mit einem Mädchen. Nenne alle möglichen Chromosomenkombinationen für das dritte Kind und ihre Wahrscheinlichkeiten!

Hinweis: Die korrekte Aufgabenstellung muss lauten: Frau König ist erneut schwanger mit einem Mädchen. Zeichne eine mögliche Chromosomenkombination für das dritte Kind!

Individuelle Schülerlösung. Grafik mit 46 Kästchen und anderer Kombination als bei Sebastian und Luisa. Wichtig: Es müssen zwei X-Chromosomen vorhanden sein.

B4 Zeichne zwei mögliche Chromosomensätze von Luisas Eizellen!

Individuelle Schülerlösung. Zwei Grafiken mit 23 Kästchen, unterschiedliche Chromosomenverteilung von Luisas Chromosomen.

B5 Erkläre, in welchem Stadium der Meiose die möglichen Chromosomensätze in Luisas Eizellen zustande kommen!

Bei der ersten Reifeteilung der Meiose werden in der Anaphase I die homologen Chromosomenpaare getrennt. Welches Chromosom eines jeden Paares zu welchem Zellpol gelangt, erfolgt zufällig. Dies bedeutet, dass jede der Eizellen von Luisa mit hoher Wahrscheinlichkeit eine unterschiedliche Chromosomenkombination aufweist.

Gene bestimmen Merkmale

Seite 346–348

1 Beschreibe den Zusammenhang zwischen Genen und Merkmalen!

Die Gene enthalten indirekt die Information für die Merkmale. In den Genen sind die Bauanleitungen für zahlreiche Proteine gespeichert. Diese sind wiederum für die Ausprägung unserer Merkmale erforderlich.

Häufig wirken Proteine als Enzyme in Stoffwechselprozessen durch die Merkmale entstehen.

2 Erkläre, wie viele unterschiedliche Aminosäuren mit einem 2er Codon verschlüsselt werden können!
Die Anzahl der Aminosäuren, welche mit einem 2er-Codon verschlüsselt werden könnten, hängt von den Zweier-Kombinationen ab, die sich bei vier verschiedenen Basen ergeben.
An der ersten Stelle können alle vier Basen vorkommen, ebenso an der zweiten Stelle. Somit ergeben sich 4 x 4 = 16 Möglichkeiten.
Mit einem 2er Codon könnten lediglich 16 Aminosäuren codiert werden.

Seite 349 (Material)

Material A – Das genetische Alphabet

A1 Übersetze die als DNA codierte Information! Beginne mit den ersten drei Basen des unteren Stranges!
Lösungswort: ? CODE ?

A2 Zwei Tripletts zeigen keine Zuordnung (?) zu einem Buchstaben. Stelle Vermutungen an, welche Funktion diese besitzen könnten!
Um die Information der DNA korrekt ablesen zu können, muss der Beginn und das Ende der zu übersetzenden Information gekennzeichnet werden. In diesem Falle Anfang und Ende des Wortes Code.
Die mit Fragezeichen gekennzeichneten Codons könnten den Anfang oder Start der Information und das Ende oder Stopp der Information angeben.
Zusatzinformation: Im genetischen Alphabet existieren keine Satzzeichen. Start- und Stopp-Codons kennzeichnen aber Beginn und Ende der genetischen Information.

A3 Nenne die Strukturen, die bei der Proteinbiosynthese den Buchstaben und dem ganzen Wort entsprechen!
Ein Buchstabe entspricht einem Farbentriplett, in der Proteinbiosynthese einer Aminosäure. Mehrere Farbentripletts zusammen entsprechen einem Wort, in der Proteinbiosynthese einem Protein.

A4 Beschreibe die Folgen, wenn umrahmte Teil der DNA verloren geht! Übersetze auch diese Information!
Fehlt das lila gekennzeichnete Basenpaar im DNA-Strang, so können die ersten beiden Codons noch korrekt abgelesen werden (? Und C). Alle weiteren Basentripletts sind verschoben und codieren damit für andere Buchstaben. Der Sinn der Information geht durch den Verlust des gekennzeichneten Teils verloren, da ein sinnloses Wort entsteht. Zudem geht das Informationsende verloren.
Das Lösungswort ist: ?CPZT

A5 Zeichne ein weiteres denkbares Farbentriplett für den Buchstaben E!
Individuelle Schülerlösung.

Zusatzinformation: Der Buchstabe E wird durch gelb-grün-rot codiert. Weitere Codierungsmöglichkeiten, welche nicht vergeben sind, wären zum Beispiel: gelb-grün-gelb, gelb-grün-grün, blau-blau-blau, usw.

Material B – Die Codesonne

B1 Nenne alle möglichen Basentripletts der RNA für die Aminosäure Leucin!
Mögliche Codons für Leucin sind:
CUC, CUU, CUG, CUA, UUG und UUA.

Zusatzinformation: Für die 20 Aminosäuren stehen im genetischen Code 64 Kombinationsmöglichkeiten, das heißt 64 verschiedene Codons zur Verfügung. Neben den Codons für Start und Stopp der Proteinbiosynthese gibt es Mehrfachbelegungen für Aminosäuren. Man bezeichnet daher den genetischen Code auch als degeneriert oder redundant.

Gestufte Hilfen:
Hilfe 1: Die Leserichtung der Codesonne ist immer von innen nach außen. Für die Aminosäure Leucin steht die Abkürzung LEU in der Codesonne.
Hilfe 2: Für die Aminosäure Leucin existieren in der Codesonne sechs verschiedene Codons.
Hilfe 3: Ein mögliches Codon für die Aminosäure Leucin ist CUC.

B2 Übersetze die mRNA-Sequenz AUG GUA AAG CCA AGA CAC UGA sowohl in die DNA- als auch in die Aminosäuresequenz!

DNA-Sequenz:
TAC-CAT-TTC-GGT-TCT-GTG-ACT

Aminosäuresequenz:
Met(Start)-Val-Lys-Pro-Arg-His-Stop

2 Vererbung beim Menschen

Forschungsmethoden der Humangenetik

Seite 355 (Material)

Material A – Stammbaumanalyse

A1 Übertrage den Stammbaum in dein Heft! Begründe mit Beispielen aus dem Stammbaum, ob es sich hier um einen autosomal-rezessiven oder autosomal-dominanten Erbgang handelt!
Es handelt sich hier um einen rezessiven Erbgang, da die Eltern (5 und 6) Nicht-Merkmalsträger sind, aber einen Sohn (10) haben, welcher Merkmalsträger ist. Ein dominanter Erbgang kann bei diesem Stammbaum eindeutig ausgeschlossen werden. Die Eltern als Nicht-Merkmalsträger könnten nur den Genotyp aa besitzen, und somit kann das dominante Allel A, welches zur Merkmalsausprägung führen würde, nicht an den Sohn vererbt werden.
Ein weiteres Beispiel, welches den rezessiven Erbgang begründet, sind die Eltern (8 und 9) und ihre Kinder (12 und 14). Auch hier sind die Eltern Nicht-Merkmalsträger, ihre Kinder aber tragen das Merkmal.

Gestufte Hilfen:
Hilfe 1: Verwende das Beispiel der Eltern 5 und 6.
Hilfe 2: Denke daran, dass du jeweils die möglichen Alternativen begründet in deiner Argumentation ausschließen musst.

A2 Nenne die möglichen Genotypen der Personen 1, 2, 4, 5, 8, 9, 12, 15 und 18!
Person 1: Aa oder AA
Person 2: Aa oder AA, eine der beiden Personen 1 und 2 muss den Genotyp Aa haben
Person 4: Aa oder AA
Person 5: Aa
Person 8: Aa
Person 9: Aa
Person 12: aa
Person 15: Aa
Person 18: Aa

Gestufte Hilfe:
Überlege dir, wie bei einem autosomal-rezessiven Erbgang die Genotypen der Merkmalsträger beziehungsweise der Nicht-Merkmalsträger vorliegen.

A3 Begründe, mit welcher Wahrscheinlichkeit ein Kind der Personen 16 und 18 Merkmalsträger ist!
Da die Eltern die Genotypen aa (16) und Aa (18) besitzen, kann das Kind mit einer Wahrscheinlichkeit von 50 Prozent Merkmalsträger sein.

Gestufte Hilfe:
Erstelle ein Kombinationsquadrat anhand der Geschlechtszellen der Eltern (16 und 18). Leite daraus die Wahrscheinlichkeit für ein Kind als Merkmalsträger ab.

A4 Erkläre, weshalb die Merkmalsträger nach der dritten Generation gehäuft auftreten!
In der dritten Generation sind die Eltern Cousin (8) und Cousine (9). Aufgrund dieser Verwandtschaftsverhältnisse ist die Wahrscheinlichkeit erhöht, dass bei den Nachkommen rezessive Allele zusammentreffen, und sich somit die Häufung von Merkmalsträgern nach der dritten Generation erklärt.

A5 Erstelle ein Glossar mit folgenden Begriffen: reinerbig, dominant, rezessiv, F_1-Generation, Gen, Allel, Genotyp, Phänotyp!
reinerbig: beide Alle, die einem Merkmal zugrunde liegen, sind gleich

dominant: Allel, das ein anderes Allel überdeckt. Es wird ausgeprägt.

rezessiv: Allel, das von einem dominanten Allel überdeckt wird, sodass es nicht ausgeprägt wird

F_1-Generation: Nachkommen der Parentalgeneration

Gen: kleinste informationstragende Einheit eines Chromosoms, die zur Ausprägung eines bestimmten Merkmals führt

Allel: Ausbildungsform eines Gens, zum Beispiel dominant oder rezessiv

Genotyp: Gesamtheit aller Gene, die den Merkmalen zugrunde liegen.

Phänotyp: Erscheinungsbild, sichtbare Ausprägungen des zugrundeliegenden Genotyps

Material B – Stammbaumanalyse

B1 Begründe, ob der Stammbaum A einen dominanten oder rezessiven, autosomalen oder gonosomalen Erbgang abbildet!
Es handelt sich hier um einen rezessiven Erbgang, da die Eltern (5 und 6) Nicht-Merkmalsträger sind und ein Kind (10) haben, welches Merkmalsträger ist. Ein dominanter Erbgang kann ausgeschlossen werden, da sonst die Eltern

als Nicht-Merkmalsträger nur den Genotyp aa besitzen könnten, und somit das dominante Allel A nicht an ihre Kinder weitergeben könnten.
Es handelt sich um einen autosomalen Erbgang. Die merkmalstragende Tochter (7) wäre bei einem gonosomal-rezessiven Erbgang nicht möglich, da der Vater Nicht-Merkmalsträger ist und somit das betreffende Allel auch nicht an die Tochter weitergeben kann. In einem rezessiven Erbgang kann die Tochter aber nur zur Merkmalsträgerin werden, wenn sie von beiden Eltern das betreffende Allel erhalten würde.

Gestufte Hilfen:
Hilfe 1: Untersuche zuerst, ob das betrachtete Merkmal in Stammbaum A dominant oder rezessiv vererbt wird.
Hilfe 2: Untersuche in einem zweiten Schritt, ob das betrachtete Merkmal in Stammbaum A autosomal oder gonosomal vererbt wird. Berücksichtige dabei, welchen Erbgang du bei Hilfe 1 herausgefunden hast.

Zusatzinformation: Bei gonosomalen Erbgängen lässt sich nicht eindeutig die Autosomalität ausschließen. Kennzeichnend für diesen Erbgang bleibt die einseitige Betroffenheit der Geschlechter.

B2 Nenne zu allen Personen des Stammbaums A die möglichen Genotypen!
Person 1: aa Person 2: Aa Person 3: Aa
Person 4: aa Person 5: Aa Person 6: Aa
Person 7: aa Person 8: aa Person 9: Aa
Person 10: aa Person 11: Aa/AA

B3 Im Rahmen theoretischer Überlegungen wurde durch Vertauschen der Geschlechter aus Stammbaum A der Stammbaum B erstellt. Begründe, ob deine Analyse von Stammbaum A auch für den Stammbaum B zutrifft!
Da ein autosomaler Erbgang vorliegt, das heißt die Information liegen nicht auf den Geschlechtschromosomen, ist es ohne Bedeutung, wenn bei der Kreuzung das Geschlecht der Eltern vertauscht wird. Wenn dagegen das betreffende Allel auf dem X- oder Y-Chromosom liegen würde, würde das rezessiv vererbte Merkmal beim Mann ausgeprägt.
Deshalb trifft die Analyse bei Stammbaum A auch für den Stammbaum B zu.

Gestufte Hilfe:
Überlege, welches Ergebnis MENDEL erhalten hatte, als er die Parentalgeneration mit vertauschten Geschlechtern gekreuzt hatte.

Zusatzinformation:
Bei genauer Betrachtung der Genotypen trifft folgende Analyse zu. Die Annahme, dass es sich um einen rezessiven Erbgang handelt, trifft auch bei Stammbaum B zu. Auch hier haben Eltern, die Nicht-Merkmalsträger sind, Kinder, die das Merkmal tragen.
Zum Nachweis, dass es sich nicht um einen gonosomal-rezessiven Erbgang handeln kann, müssen andere Konstellationen herangezogen werden als beim Stammbaum A. Der merkmalstragende Sohn 7 wäre auch bei Annahme eines gonosomal-rezessiven Erbgangs möglich. Die merkmalstragende Tochter 10 ist bei Annahme eines gonosomal-rezessiven Erbgangs nicht möglich. Der Vater 5 müsste dann Merkmalsträger sein.

Genetik der Blutgruppen

Seite 356–358

1 Nenne die möglichen Genotypen der Blutgruppen A, B, AB und 0!

Blutgruppe A:	AA und A0
Blutgruppe B:	BB und B0
Blutgruppe AB:	AB
Blutgruppe 0:	00

2 Nenne Gemeinsamkeiten und Unterschiede des AB0- und des Rhesus-Systems!
Gemeinsamkeiten:
An der Erythrozytenmembran befinden sich Oberflächenstrukturen, die als Antigene wirken können.
Bei Vermischung unterschiedlicher Blutgruppen können die Erythrozyten verklumpen.

Unterschiede:
Beim AB0-Sytem gibt es vier Blutgruppen, beim Rhesus-System gibt es nur zwei Blutgruppen.
Beim AB0-System sind bei den Blutgruppen A, B und 0 Antikörper im Blut.
Beim Rhesus-System werden die Antikörper erst nach Kontakt mit rhesuspositivem Blut gebildet.

Seite 359 (Material)

Material A – Familienzusammenführung

A1 Begründe mithilfe von Kreuzungsschemata, welche Kinder sich welchen Eltern zuordnen lassen!
Elternpaar I :
Da der Vater die Blutgruppe A rh- hat, sind zwei Genotypen möglich AAdd oder A0dd; zwei verschiedene Geschlechtszellen können daher gebildet werden Ad und 0d.
Bei der Mutter mit B rh- sind ebenfalls zwei Genotypen möglich BBdd oder B0dd; zwei verschiedene Geschlechtszellen können daher gebildet werden Bd und 0d.

	Bd	0d
Ad	**ABdd AB rh**	**A0dd A rh**
0d	**B0dd B rh**	**00dd 0 rh**

Bei den Kindern des Elternpaares I sind alle Blutgruppen des AB0-Systems möglich, allerdings müssen die Kinder rhesusnegativ sein. Das heißt es kommen nur Mabou, Latifa und Khem in Frage.

Elternpaar II:
Da der Vater die Blutgruppe AB Rh+ hat, sind zwei Genotypen möglich ABDD oder ABDd; hier können vier verschiedene Geschlechtszellen gebildet werden AD, Ad, BD und Bd.
Bei der Mutter mit B Rh+ sind vier Genotypen möglich BBDD, B0DD, BBDd oder B0Dd; hier können vier verschiedene Geschlechtszellen gebildet werden BD,0D, Bd und 0d.

	BD	0D	Bd	0d
AD	**ABDD AB Rh+**	**A0DD A Rh+**	**ABDd AB Rh+**	**A0Dd A Rh+**
Ad	**ABDd AB Rh+**	**A0Dd A Rh+**	**ABdd AB rh-**	**A0dd A rh-**
BD	**BBDD B Rh+**	**B0DD B Rh+**	**BBDd B Rh+**	**B0Dd B Rh+**
Bd	**BBDd B Rh+**	**B0Dd B Rh+**	**BBdd B rh-**	**B0dd B rh-**

Das Ergebnis des Kreuzungsschemas zeigt, dass die drei Blutgruppen A, B und AB sowohl rhesuspositiv auch als rhesusnegativ kombiniert auftreten können. Das heißt es können Mabou, Chukwudi, Aayna und Latifa die Kinder des Eltenpaares II sein. Darya und Khem haben die Blutgruppe 0 und können daher nicht die Kinder dieser Eltern sein.

Elternpaar III:
Da der Vater die Blutgruppe 0 rh- hat, ist nur ein Genotyp möglich 00dd, es kann daher nur ein Geschlechtszellentyp gebildet werden, 0d.
Bei der Mutter mit 0 Rh+ sind zwei Genotypen möglich 00DD oder 00Dd; hier können zwei verschiedene Geschlechtszellen gebildet werden 0D und 0d.

	0D	0d
0d	**00Dd 0 Rh+**	**00dd 0 rh-**
0d	**00Dd 0 Rh+**	**00dd 0 rh-**

In diesem Fall können die Nachkommen des Elternpaares II nur die Blutgruppe 0 rhesuspositiv oder 0 rhesusnegativ besitzen. Das heißt nur Darya und Khem können die Kinder dieser Eltern sein.

Gestufte Hilfen:
Hilfe 1: Notiere dir für jedes Elternpaar die möglichen Genotypen! Bilde die möglichen Geschlechtszellen!
Hilfe 2: Denke daran, dass bei einem dihybriden Erbgang die Merkmale der Blutgruppensysteme unabhängig voneinander vererbt werden können!

A2 Nenne die Kinder, die nur einem Elternpaar zugeordnet werden können!
Chukwudi und Aayana dem Elternpaar II
Darya dem Elternpaar III

Material B – Stammbaumanalyse

B1 Nenne die im Stammbaum fehlenden Blutgruppen!
Person 3: Blutgruppe A
Person 6: Blutgruppe B
Person 10: Blutgruppe A oder AB
Person 17: Blutgruppe 0
Person 18: Blutgruppe 0
Person 19: Blutgruppe 0
Person 20: Blutgruppe B
Person 21: Blutgruppe B

B2 Begründe mithilfe eines Kreuzungsschemas, mit welcher Wahrscheinlichkeit ein zweites Kind der Eltern 7 und 8 die Blutgruppe B erben könnte!

Eltern 7/8	**A**	**B**
A	**AA**	**AB**
B	**AB**	**BB**

Ein zweites Kind der Eltern 7 und 8 könnte mit einer Wahrscheinlichkeit von 25 Prozent die Blutgruppe B vererbt bekommen.

Material C – Rhesusunverträglichkeit

C1 Beschreibe, wie es bei einer Schwangerschaft zur Rhesusunverträglichkeit kommen kann!
Wenn bei der Geburt eines rhesuspositiven Kindes dessen Erythrozyten in den Kreislauf einer rhesusnegativen Mutter gelangen, bildet diese Frau Anti-D-Antikörper gegen den Rhesusfaktor. Bei einer zweiten Schwangerschaft mit einem rhesuspositiven Kind, treten die gebildeten Anti-D-Antikörper in den Kreislauf des Kindes über. Die Anti-D-Antikörper verklumpen dessen Erythrozyten. Es kommt zu einer Rhesusunverträglichkeit.

C2 Nenne die Folgen für das Kind!
- Verklumpung der Erythrozyten
- Verlust der Erythrozyten
- Sauerstoffmangel
- eventuell Fehlgeburt

C3 Erläutere, weshalb einer rhesusnegativen Mutter nach der Geburt eines rhesuspositiven Kindes Anti-D-Antikörper gespritzt werden!
Spritzt man der Mutter nach der Geburt eines rhesuspositiven Kindes Anti-D-Antikörper, so werden die in den Kreislauf der Mutter gelangten Erythrozyten des Kindes verklumpt und beseitigt, bevor die Immunantwort der Mutter startet. Es werden also keine Anti-D-Antikörper gebildet, die bei einer weiteren Schwangerschaft mit einem rhesuspositiven Kind in dessen Körper gelangen könnten. In dieser Schwangerschaft wird dadurch die Rhesusunverträglichkeit vermieden.

Genetisch bedingte Erkrankungen

Seite 360–362

1 Definiere den Begriff Genommutation!
Bei einer Genommutation ist die Gesamtzahl der Chromosomen verändert.

Seite 363 (Material)

Material A – Down-Syndrom

A1 Beschreibe das Kurvendiagramm und werte es aus!
In dem Kurvendiagramm ist die Anzahl der Kinder mit Down-Syndrom bei 1000 Geburten in Abhängigkeit zum Alter der Mütter dargestellt. Die Y-Achse gibt die Anzahl der Kinder bei 1000 Geburten in Promille an, während auf der X-Achse das Alter der Mütter in Abständen von fünf Jahren aufgetragen ist. Bis zum Alter von 35 Jahren steigt die Kurve nur flach an und erreicht den Wert von circa 4 Promille der Kinder mit Down-Syndrom. Im Alter zwischen 35 und 45 Jahren steigt die Kurve dagegen steil an. Die Wahrscheinlichkeit, Kinder mit Down-Syndrom zu bekommen, erhöht sich auf 19 Promille bei 45 Jahren alten Müttern.

A2 Begründe, weshalb das Alter der Mutter für den Kurvenverlauf verantwortlich ist!
Die Bildung der Eizellen beginnt schon während der Embryonalentwicklung, daher steigt mit zunehmendem Alter der Mutter während der Meiose die Wahrscheinlichkeit der Fehlverteilung der Chromosomen.

Gestufte Hilfe:
Berücksichtige, dass alle Zellen aus denen Eizellen entstehen, schon bei einem neugeborenen Mädchen vorhanden sind!

A3 Begründe, weshalb eine Fruchtwasseruntersuchung geeignet ist, um das Down-Syndrom festzustellen!
Bei der Fruchtwasseruntersuchung werden mit einer dünnen Nadel aus dem Fruchtwasser die Zellen des Kindes entnommen. und anschließend mikroskopisch nach Chromosomenstörungen untersucht. Da beim Down-Syndrom das Chromosom 21 dreifach vorliegt, ist diese überzählige Chromosomenzahl im Lichtmikroskop zu erkennen.

Gestufte Hilfe:
Im Fruchtwasser befinden sich Zellen des Kindes.

Material B – Genommutation

B1 Nenne die Bezeichnung dieses Genotyps und seine phänotypischen Auswirkungen!
Dieses Karyogramm zeigt den Genotyp eines Klinefelter-Mannes. Diese Männer haben verlängerte Extremitäten, sind steril, besitzen eine hohe Stimme und haben einen geringeren Bartwuchs.

B2 Beurteile, ob bei der vorliegenden Genommutation die Ultraschalluntersuchung für die pränatale Diagnostik geeignet ist!
Im Ultraschallbild sind Chromosomen nicht zu erkennen, daher ist eine sichere Diagnose nicht möglich.

Zusatzinformation: Da die Ultraschalluntersuchung mehrfach während der Schwangerschaft durchgeführt wird, kann man das Wachstum des Embryos beobachten. Die im Verhältnis zum Rumpf längeren Arme und Beine müssten auffallen, ob das jedoch als sichere Diagnose ausreicht, ist eher fraglich. Denn auch bei gesunden Kindern könnten solche körperlichen Auffälligkeiten auftreten.

B3 Stelle die Entstehung dieser Genommutation mithilfe von Schemazeichnungen dar!

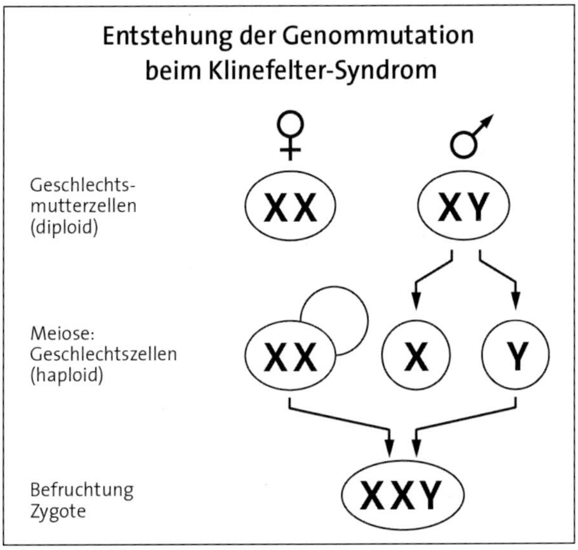

Zusatzinformation: Beim Klinefelter-Syndrom stammt das überzählige X-Chromosom bei der Hälfte der Betroffenen von der Mutter beziehungsweise vom Vater. Weitere Möglichkeit der Darstellung: Nichttrennen des X-Chromosoms in der 2. Reifeteilung.

Material C – Katzenschreisyndrom

C1 Begründe, weshalb es zu Fehlentwicklungen kommt!

Bei der vorliegenden Chromosomenmutation fehlen durch den Stückverlust auf einem der beiden homologen Chromosomen Nummer fünf einige Gene. Der Chromosomenstückverlust führt dazu, dass bestimmte Proteine nicht mehr oder nicht mehr in ausreichender Menge gebildet werden. Die Folge ist hier eine geistige und körperliche Behinderung.

C2 Nenne Unterschiede in der genetischen Ursache von Katzenschreisyndrom und Trisomie 21!

Genommutationen wie Trisomie 21 (Down-Syndrom) entstehen durch eine fehlerhafte Verteilung der Chromosomen in der Meiose. Der Chromosomenstückverlust als Ursache des Katzenschreisyndroms kann auch unabhängig von der Meiose auftreten.

Biowissenschaften und Gesellschaft

1 Angewandte Biologie

Tier- und Pflanzenzucht

Seite 368–370

1 Vergleiche Auslese- und Kombinationszüchtung miteinander!
Bei der Auslesezüchtung wählt der Züchter die Individuen aus und vermehrt die, deren Merkmale den Zuchtzielen am nächsten kommen. Durch wiederholte Auswahl können so über viele Generationen hinweg in kleinen Schritten die Zuchtziele erreicht werden.
Die Kombinationszüchtung dagegen beruht auf Kreuzungen, durch die Nachkommen möglich werden, die Merkmale zweier verschiedener Pflanzensorten oder Tierrassen in sich vereinen. Das Zuchtziel kann hier im Gegensatz zur Auslesezüchtung schon nach einer oder zwei Generationen erreicht werden.

2 Nenne Vor- und Nachteile der Hybridzüchtung!
Vorteil der Hybridzüchtung:
Erzeugung von besonders leistungsfähigen Pflanzen oder Tieren durch Ausnutzung des Heterosiseffekts.

Nachteile der Hybridzüchtung:
Hoher Aufwand, mit dem Nutzpflanzen oder -tiere erzeugt werden, weil:
Pflanzen oder Tiere, die für die Produktion von Nahrungsmitteln genutzt werden, immer wieder durch Kreuzungen hergestellt werden müssen.
Homozygote Pflanzen oder Tiere in gesonderten Zuchtbetrieben vermehrt werden müssen, um für die Erzeugung der Hybriden bereit zu stehen.
Homozygote Linien häufig ungünstige Merkmale haben.
Hybride sich nicht für die Erzeugung von Nachkommen nutzen lassen.

Seite 371 (Material)

Material A – Hühnerzucht

A1 Nenne die Bezeichnung der dargestellten Züchtungsart!
Hybridzüchtung

A2 Nenne die Genotypen der Tiere, die aus Inzuchtlinien stammen!
Zu Inzuchtlinien gehören die Tiere der P-Generation, das sind Tiere mit den Genotypen AAbb und aaBB.

A3 Erkläre, welche weiteren Kreuzungen die Geflügelzüchter durchführen müssen, um für die Zukunft zu gewährleisten, dass sie Legehennen mit dem Genotyp AaBb erzeugen können!
Die Geflügelzüchter müssen dafür sorgen, dass ständig Tiere mit den Genotypen AAbb und aaBB bereitstehen. Dazu müssen sie sowohl die Tiere mit dem Genotyp AAbb untereinander kreuzen wie auch die mit dem Genotyp aaBB.

A4 Begründe, weshalb die Züchter die Tiere mit Genotyp AaBb nicht untereinander kreuzen, um sie zu vermehren!
Wenn die Züchter Tiere mit dem Genotyp AaBb, die Legehennen, untereinander kreuzen würden, hätten die Nachkommen nur mit einer Wahrscheinlichkeit von 25 % wieder den Genotyp AaBb, also den Genotyp der gewünschten Hybriden. Die übrigen Nachkommen wären bezüglich eines oder beider Merkmale homozygot. Der Heterosiseffekt, der in diesem Fall beide Gene einschließt, würde sich also nur bei einem Viertel der Nachkommen der Hybride zeigen.

Gestufte Hilfen:
Hilfe 1: Berücksichtige die Unabhängigkeitsregel MENDELS.
Hilfe 2: Erstelle ein Kombinationsquadrat wie bei einer Kreuzung von Heterozygoten im dihybriden Erbgang.

Zusatzinformation: Die Nachkommen aus der Kreuzung von Heterozygoten (AaBb) untereinander treten in folgendem Verhältnis auf:
AABB = 1
AAbb = 1
aaBB = 1
aabb = 1
AABb = 2
AaBB = 2
Aabb = 2
aaBb = 2
AaBb = 4

A5 Nenne die Tiere, unter denen die männlichen Küken aussortiert und getötet werden. Begründe!
Unter den Tieren der F1 werden die männlichen Küken aussortiert und getötet. Das Zuchtziel, das durch diese Kreuzung erreicht werden soll, umfasst nur Merkmale, die die Legeleistung verbessern. Hähne legen aber keine Eier.

Gestufte Hilfe: Stelle zunächst Vermutungen dazu an, welche Art von Merkmalen durch die dargestellte Kreuzung verbessert werden sollen und weshalb sie auf männliche Küken nicht zutreffen.

Material B – Erdbeeren

B1 Vergleiche den Genotyp der Walderdbeere mit dem der Gartenerdbeere!
Die Walderdbeere hat einen zweifachen Chromosomensatz, 2n, die Gartenerdbeere dagegen einen achtfachen, 8n.

B2 Übernimm das Schema der Kreuzungen, durch die die Gartenerdbeere entstanden ist, und vervollständige es!
Kreuzung 1: Geschlechtszellen: 2n, 2n, F1: 4n

Kreuzung 2: P: 4n, 4n, Geschlechtszellen: 4n, 4n

B3 Beschreibe die Stellen des Schemas, an denen eine fehlerhafte Meiose abgelaufen ist!
Sowohl bei der ersten wie auch bei der zweiten Kreuzung sind alle homologen Chromosomen in der ersten Reifeteilung der Meiose nicht voneinander getrennt worden.

Gestufte Hilfe: Rufe dir zunächst ins Gedächtnis, durch welchen Vorgang die Anzahl der Chromosomen in der Meiose halbiert wird.

B4 Stelle Vermutungen an, weshalb polyploide Pflanzen leistungsfähiger sind als diploide!
Polyploide Pflanzen haben mehr Chromosomen und daher auch mehr Gene mit der gleichen Information als diploide Pflanzen. In den Zellen polyploider Pflanzen können daher vermutlich zur gleichen Zeit mehr Gene abgelesen werden. Daher entstehen größere Mengen an Protein als in den Zellen diploider Pflanzen. Durch die höhere Produktion an Proteinen ließe sich die höhere Leistungsfähigkeit der polyploiden Pflanzen erklären.

Gestufte Hilfen:
Hilfe 1: Berücksichtige bei deinen Vermutungen, wie die Intensität der Proteinbiosynthese von der Zahl der Chromosomen abhängen könnte.
Hilfe 2: Berücksichtige bei deinen Überlegungen, dass die Information jedes Gens, also eines bestimmten DNA-Abschnitts, in der Zelle abgelesen werden kann, sodass entsprechend seiner Information ein Protein gebildet wird. Überlege dann, welche Folgen für die Zelle es haben könnte, wenn mehr als zwei Gene mit derselben genetischen Information vorhanden sind.

B5 Stelle Vermutungen an, weshalb bei triploiden Pflanzen, das sind Pflanzen, die drei Chromosomensätze haben, Schwierigkeiten bei der Meiose auftreten!
Bei triploiden Pflanzen könnten Schwierigkeiten auftreten, die homologen Chromosomen in der ersten Reifeteilung der Meiose so voneinander zu trennen, dass beide Tochterzellen die gleiche Ausstattung mit Chromosomen erhalten. Drei Chromosomensätze lassen sich nicht so aufteilen, dass beide Zellen nach der ersten Reifeteilung dieselbe Anzahl von ganzen Chromosomensätzen haben.

Gestufte Hilfen:
Hilfe 1: Berücksichtige die Vorgänge bei der ersten Reifeteilung der Meiose.
Hilfe 2: Berücksichtige, dass die Zellen, die durch die erste Reifeteilung der Meiose entstehen, nur die Hälfte des Chromosomensatzes enthalten.
Hilfe 3: Überlege, welche Schwierigkeiten auftreten könnten, wenn in der ersten Reifeteilung ein dreifacher Chromosomensatz, 3n, so auf die beiden Tochterzellen verteilt werden soll, dass sie die gleiche Anzahl vollständiger Chromosomensätze erhalten.

Gentechnik

Seite 372–374

1 Beschreibe die Funktion von Enzymen bei der Herstellung transgener Bakterien!
Zur Herstellung transgener Bakterien werden Schneideenzyme und Bindeenzyme benötigt. Schneideenzyme schneiden aus der menschlichen DNA den Abschnitt aus, der die genetische Information zur Insulinbildung enthält. Ebenfalls haben sie die Funktion, Bakterien-Plasmide zu öffnen. Bindeenzyme haben die Funktion, die Kontaktstellen zwischen menschlicher und bakterieller DNA wieder zusammenzufügen.

Seite 375 (Material)

Material A – Bt-Mais

A1 Ordne die Aussagen dem Pro und Kontra des Anbaus von gentechnisch verändertem Mais zu!
Argumente, die für den Anbau sprechen:
„Mit biologischen oder chemischen Mitteln ist der Maiszünsler nur schwer zu bekämpfen“

„Bt-Mais vermeidet Ernteausfälle in Millionenhöhe“; „Insekten spielen bei der Bestäubung von Mais kaum eine Rolle“

„Beim Anbau von Bt-Mais sind die normalerweise großflächig versprühten Insektengifte, die Bt-Protein enthalten, nicht mehr erforderlich"

Argumente, die gegen den Anbau sprechen:
„Wind kann Maispollen über große Entfernungen verbreiten"

„Bt-Mais Saatgut ist sehr teuer."

„Honig kann Pollen von gentechnisch veränderten Pflanzen enthalten."

„Bt-Protein ist für alle Insekten giftig."

A2 Formuliere eine begründete Stellungnahme zum Anbau von Bt-Mais in Deutschland!
Individuelle Schülerantwort.

Zusatzinformation: Individuelle, begründete Schülermeinungen, die die Argumente des Pro und Kontras ausgewogen berücksichtigen und sich auch kritisch gegenüber Aussagen positionieren, die zunächst unbedenklich erscheinen. Zum Beispiel: Insekten spielen bei der Bestäubung kaum eine Rolle, werden die Regeln für gentechnisch veränderten Pflanzen tatsächlich eingehalten? Können sie tatsächlich eingehalten werden, wie zum Beispiel der vorgeschriebene Mindestabstand zu Gentechnik freien Nachbarfeldern?

Material B – Transgene Tiere

B1 Beschreibe die Herstellung von Antithrombin mithilfe von transgenen Ziegen!
Ein menschliches Gen für das Protein Antithrombin wird in eine befruchtete Eizelle der Ziege übertragen und in die Gebärmutter eines Muttertieres implantiert. Die Tiere der nächsten Generation liefern mit ihrer Milch das gewünschte Protein, das über ein technisches Verfahren aus der Ziegenmilch isoliert wird. Nach Reinigung des Produkts erhält man schließlich das gewünschte Endprodukt, das Antithrombin.

B2 Nenne Chancen und Risiken der gentechnischen Herstellung von Antithrombin!
Chancen, zum Beispiel: Bereitstellung von menschlichen Stoffen mit technischen Verfahren: Unabhängigkeit von körpereigener Herstellung. Zu erwarten ist eine hohe Wirksamkeit und wenig oder keine Nebenwirkungen, kostengünstige Produktion großer Mengen möglich

Risiken, zum Beispiel: unerwartete, ungünstige Nebenwirkungen für Tiere

Der genetische Fingerabdruck

Seite 380 (Material)

Material A – Vaterschaft

A1 Beschreibe die Bandenmuster der untersuchten Personen!
Das DNA-Profil der Mutter und des vermeintlichen Vaters 2 zeigt 15 Banden, die des Kindes und des vermeintlichen Vaters 1 jeweils 14 Banden. Von den 14 Banden des Kindes stimmen fünf mit dem Profil der Mutter überein, sieben mit dem Profil des vermeintlichen Vaters 1, fünf mit dem Profil des vermeintlichen Vaters 2. Davon finden sich zwei Banden sowohl bei der Mutter als auch beim vermeintlichen Vater 1.

A2 Werte die Bandenmuster aus und nimm Stellung zur Frage der Vaterschaft!
Da alle Banden des DNA-Profils des Kindes entweder dem der Mutter oder dem des vermeintlichen Vaters zugeordnet werden können und das Kind und der vermeintliche Vater 1 neun Banden des genetischen Fingerabdrucks gemeinsam haben, kann mit Sicherheit gefolgert werden, dass der mutmaßliche Vater 1 der leibliche Vater des Kindes ist.

A3 Beurteile den Einsatz des genetischen Fingerabdrucks zur Aufklärung von Kriminalfällen!
Durch die Technik des genetischen Fingerabdrucks erhielten die Ermittlungsbehörden ein neues, heute nicht wegzudenkendes forensisches Werkzeug. Denn viele Gerichtsverfahren beruhen auf einer wissenschaftlichen Beweiserhebung, die für die staatsanwaltliche Überführung von Tätern ebenso dienlich ist wie für die Entlastung Verdächtiger. Ein DNA-Profil ist für jeden Menschen, abgesehen von eineiigen Zwillingen, so einzigartig wie sein Fingerabdruck und eignet sich daher als objektiver Beweis, der zusammen mit anderen Fakten bei der Rekonstruktion des Tathergangs sehr hilfreich ist. Die Aufklärung länger zurückliegender Verbrechen befriedigt zudem das Rechtsempfinden der Hinterbliebenen und gibt ihnen Gewissheit über das Schicksal ihres Angehörigen.

Zusatzinformation: Die im Lehrbuch vorgestellte RFLP-Analyse ist nicht mehr aktuell. Gesetzlich zugelassen ist sowohl in der Forensik als auch bei Abstammungsnachweisen nur noch die STR-Analyse (Richtlinie der Gentechnik-Kommission vom 26.07.2012). Seit 2010 sind für die Forensik 13 Marker vorgeschrieben (plus 3 optionale), für Vaterschaftsgutachten seit 2012 15 Marker (BGH, Urteil vom 5. 6. 2014, Richtlinie der Gentechnik-Kommission vom 26.07.2012).

Material B – Gendoping

B1 Diskutiere den Einsatz von Doping bei sportlichen Wettkämpfen!

individuelle Schülerlösung. Die Schülerinnen und Schüler diskutieren auf der Basis folgender Argumente:
Durch Doping werden Werte wie Ehrlichkeit, Gerechtigkeit, Leistung, Fairness und Achtung von Regeln und Gesetzen betroffen.
Als Pro-Argumente könnten folgende Aspekte genannt werden:
- weite Verbreitung von Doping im Spitzensport,
- ohne Doping kaum vergleichbare Spitzenleistungen möglich,
- ohne Spitzenleistungen keine Teilnahme an internationalen Wettkämpfen, keine Anerkennung.

Als Kontra-Argumente könnten folgende Aspekte genannt werden:
- Verstoß gegen sportliche Regeln,
- gesundheitliche Gefahren,
- keine faire sportliche Auseinandersetzung,
- Betrug am Konkurrenten.

B2 Interpretiere die Karikatur!

Die Karikatur zeigt vier Wesen beim Start zu einem Schwimmwettkampf. Die drei an Menschen erinnernden Wesen tragen körperliche Eigenschaften wie Froschextremitäten und Flossen oder den Körper einer Nixe, die allesamt also eine hervorragende Angepasstheit an die schnelle Fortbewegung im Wasser darstellen, aber vom menschlichen Körperbau stark abweichen. Das vierte Lebewesen ist ein Seehund mit einer Gedankenblase, der staunt, noch nicht entdeckt worden zu sein. Im Zusammenhang mit der Bildunterschrift „Olympia 2020: Gendoping gerät außer Kontrolle“ steckt darin eine herbe Kritik an dem Missbrauch der Gentechnik durch Gendoping. Der Karikaturist warnt in überspitzter Form davor, dass sich der Mensch durch das Einbringen artfremder Gene so sehr von seinem Menschsein entfernt, dass er von Tieren nicht mehr zu unterscheiden ist. Und dies alles geschieht mit dem Ziel der sportlichen Leistungssteigerung. Außerdem wird die Aufklärungsmoral von Dopingfällen bei Olympia ebenfalls kritisiert, weil deutlich gemacht wird, dass offensichtliche Verstöße gegen das sportliche Reglement nicht erkannt werden.

Klonen

Seite 382–383 (Im Blickpunkt Biotechnologie und Ethik: Klonen)

1 Diskutiere die Kommentare zum Embryonenschutzgesetz und gib deine eigene Meinung an!

individuelle Schülerlösung.
Hinweis: Die beschriebenen Kommentare zum Embryonenschutzgesetz können auch in einer Diskussion als Rollenspiel durchgeführt werden. Dazu werden die Rollen verteilt und eine Vorbereitungszeit gewährt. In dieser bereitet sich jeder auf seine Rolle vor, indem er unter anderem Fragen formuliert, die er dem Diskussionspartner stellen möchte, und Argumente notiert, die seinen Standpunkt rechtfertigen. Die anderen Schülerinnen und Schüler sind Beobachter und für den Ablauf und die Dokumentation (Pro- und Kontra-Argumente) des Rollenspiels verantwortlich.

Biologische Anthropologie

1 Evolution des Menschen

Stammesentwicklung des Menschen

Seite 388–391

1 Beschreibe mögliche Zusammenhänge zwischen Klimaänderung und Selektion des aufrechten Ganges!
Durch geologische Ereignisse kam es dazu, dass das östliche Afrika trockener wurde. Dies führte dazu, dass sich dort der ursprüngliche Regenwald in eine Baumsavanne umwandelte. Daher war die ursprüngliche Fortbewegungsweise der dort lebenden Menschenaffen nur noch eingeschränkt möglich. Daneben mussten Strecken zwischen den Bäumen auf dem Boden zurückgelegt werden. Dabei stellte der aufrechte Gang vermutlich einen Selektionsvorteil dar.

2 Vergleiche die wesentlichen körperlichen Merkmale von *Australopithecus afarensis* und *Homo erectus*!
Lucy ist das bekannteste Beispiel für einen *Australopithecus afarensis*. Sie war 1,20 Meter groß und hatte ein Hirnvolumen von etwa 400 Kubikzentimetern. Ihr Gesicht war schimpansenähnlich mit niedriger Stirn, flacher Nase und vorspringendem Kiefer. Die Art *Australopithecus afarensis* lebte in einem Zeitraum von vor etwa 3,8 Millionen bis 2,5 Millionen Jahren.
Homo erectus lebte von vor etwa 1,9 Millionen bis vor ungefähr 200 000 Jahren. Er war größer als *Australopithecus afarensis* und hatte im Vergleich längere Beine und kürzere Arme, was zu einer geraden, aufrechten Körperhaltung führte.
Homo erectus hatte ein Hirnvolumen von 1 100 Kubikzentimetern und einen größeren Gehirnschädel als *Australopithecus afarensis*. Er wies vermutlich ein menschenähnliches Gesicht sowie eine geringe Körperbehaarung auf.

Seite 392–393 (Material)

Material A – Vergleich des Skeletts von Schimpanse, *Australopithecus* und Mensch

A1 Beschreibe die Stellung des Oberschenkelknochens zum Becken und stelle Vermutungen an, welche Bedeutung dies für die aufrechte Körperhaltung hat!
Beim Schimpansen stehen die Oberschenkelknochen fast senkrecht, sodass ein nahezu rechter Winkel zum Becken entsteht. Diese Stellung passt zu einer Fortbewegung auf vier Beinen, da so die Körpermasse am besten stabilisiert werden kann. Bei *Australopithecus* und Mensch zeigen die Oberschenkelknochen nach innen mit einem Winkel von deutlich weniger als 90 Grad. Dadurch werden die Beine unter das Becken beziehungsweise unter den Körper gestellt. Damit kann die Masse des Körpers eines Zweibeiners besser stabilisiert werden. Diese Position des Oberschenkelknochens ist Voraussetzung für den dauerhaften Gang auf zwei Beinen.

A2 Beschreibe Form und Bau des Beckens! Gib begründet an, ob man daraus Rückschlüsse auf die Art der Fortbewegung ziehen kann!
Der Bau des Schimpansenbeckens ist länglich gestreckt. Es bietet damit Ansatzstellen für die Aufhängung der inneren Organe. Das Becken von *Australopithecus* und Mensch ist demgegenüber kürzer und breiter. Es hat die Form einer nach vorn offenen Schüssel. Somit kann das Becken bei einem aufrecht gehenden Lebewesen die Eingeweide aufnehmen und tragen. Seine Form ist ein Hinweis auf den aufrechten Gang.

A3 Vergleiche den Bau der drei Fußskelette und erläutere, inwieweit sie zum Klettern in den Bäumen oder zum Laufen auf dem Boden geeignet sind!
Das Fußskelett des Schimpansen hat lange Mittelfuß- und Zehenknochen. Die anderen Fußknochen sind vergleichsweise kleiner und bilden eine etwas breitere und kürzere Fußfläche. Der große Zeh ist leicht sichelförmig und kann abgespreizt werden.
Das Fußskelett von *Australopithecus* ähnelt dem des Schimpansen, wenngleich die Mittelfuß- und Zehenknochen etwas kürzer sind und die Fußfläche etwas schmaler und länger. Der große Zeh ist gerade und kann abgespreizt werden.
Das Fußskelett des Menschen hat kürzere Zehenknochen und ist insgesamt stabiler. Der große Zeh ist nicht abspreizbar.
Der Schimpansenfuß mit seinen langen Zehen und der abspreizbaren Großzehe passt zu seiner Fortbewegungsweise, dem Klettern in Bäumen. Der menschliche Fuß passt aufgrund seiner stabileren Form und der geraden Großzehe zum aufrechten Gang.

A4 Vergleiche die Form der Gebisse sowie die Form und die Anordnung der Zähne in den Gebissen!
Das Schimpansengebiss ist U-förmig mit Lücken zwischen den großen, spitzen Eckzähnen und den Schneidezähnen (Affenlücke), sodass der Mund mit den langen Eckzähnen geschlossen werden kann. Das Gebiss von *Australopithecus* und Mensch ist parabelförmig. Eckzähne und Schneidezähne sind nicht zu unterscheiden, die Affenlücke fehlt.

A5 Stelle Vermutungen an, welche Aussagen anhand der Form des Gebisses sowie der Form und der Größe der Zähne gemacht werden können!
Die Form des Gebisses sowie die Form und Größe der Zähne lässt Rückschlüsse auf deren Funktion und deren Benutzung zu. Der Eckzahn des Schimpansen wird durch seine Größe und die Gestalt sowie die Form des Gebisses hervorgehoben. Er wird von Schimpansen vor allem als Angriffs- und Verteidigungswaffe benutzt. Dafür sind seine Größe, seine Form und seine prominente Stellung wichtig. Außerdem lassen insbesondere die Backenzähne Rückschlüsse auf die Nahrung zu. Dabei fällt auf, dass die Backenzähne beim Menschen vergleichsweise kleiner sind. Dies deutet darauf hin, dass er sich im Vergleich zu den beiden anderen Arten von mehr Fleisch ernährt.
Die kleineren Eckzähne können aber auch als Indiz dafür angesehen werden, dass Menschen zunehmend zubereitete Nahrung aufgenommen haben, die sich leichter zerkleinern ließ als zum Beispiel Rohkost oder ungekochtes Fleisch.

A6 Vergleiche die jeweilige Lage des Hinterhauptsloches!
Das Hinterhauptsloch liegt beim Schimpansen sehr weit hinten im Schädel und damit hinter dem Körperschwerpunkt. Bei *Australopithecus* ist es weiter in die Mitte verschoben, beim Menschen liegt es noch weiter in der Mitte des Schädels.

A7 Stelle einen Zusammenhang her zwischen der Lage des Hinterhauptsloches und der Körperhaltung!
Das Hinterhauptsloch ist die Öffnung im Schädel, durch die das Rückenmark mit dem Gehirn verbunden ist. Das Rückenmark wird von Knochenspangen umschlossen, die zusammen einen Kanal bilden und von den davor liegenden Wirbelknochen ausgehen. Aus der Lage des Hinterhauptsloches geht also hervor, dass sich beim Menschen die Wirbelsäule ziemlich genau mittig unter dem Schädel befindet. Somit kann der Schädel auf der Wirbelsäule balanciert werden. Bei *Australopithecus* und noch mehr beim Schimpansen liegt das Hinterhauptsloch weiter hinten im Schädel. Die Lage des Hinterhauptsloches beim Menschen ist also ein anatomisches Merkmal, das eine Angepasstheit an den aufrechten Gang darstellt. *Australopithecus* stellt in Bezug auf den aufrechten Gang eine Übergangsform dar.

A8 Erläutere, ob mithilfe der anatomischen Merkmale Aussagen über die Fähigkeit zum aufrechten Gang von *Australopithecus* möglich sind!
Die beschriebenen anatomischen Merkmale zeigen, dass *Australopithecus* aufrecht gehen konnte. Die Position des Oberschenkelknochens unter dem Körper und die Form des Gebisses und die Größe der Zähne weisen auf den aufrechten Gang hin. Offenbar hat *Australopithecus* sich nicht mit Eckzähnen verteidigt oder angegriffen, sondern hat dafür Werkzeug wie Stöcke oder Steine benutzt. Die Form des Fußskeletts und die Lage des Hinterhauptsloches deuten aber darauf hin, dass *Australopithecus* weiterhin auch auf Bäumen geklettert ist. Daher kann man *Australopithecus* als eine Übergangsform bezeichnen.

Material B – Menschwerdung

B1 Beschreibe für alle vier Fälle, welchen Einfluss die jeweiligen Neuerungen auf die Lebenssituation der betreffenden Lebewesen hatten!
Der aufrechte Gang war Folge der veränderten ökologischen Bedingungen. Diese hatten schließlich eine Umorientierung in Bezug auf Fortbewegung, Nahrung, Nahrungsbeschaffung, Feinderkennung und Feindabwehr zur Folge.
Mit der Herstellung von Werkzeugen war verbunden, dass Nahrung besser erschlossen, Kleidung hergestellt und Beutegreifer besser abgewehrt werden konnten.
Mit der Beherrschung des Feuers konnte Nahrung gekocht und damit besser verdaulich gemacht werden. Es war mehr Zeit für soziale Kontakte. Durch die Nutzung des Feuers als Wärmequelle konnten kältere Regionen besiedelt werden.
Die Herstellung von Schmuck und Wandbildern ist ein Zeichen für kulturelle Fähigkeiten des Menschen. Sie hatten positive Auswirkungen auf die Gruppenbindung und das Zugehörigkeitsgefühl.

B2 Erläutere die Entwicklung von Gehirnvolumen und Sprache im Zusammenhang mit den vier Neuerwerbungen!
Durch den Erwerb des aufrechten Ganges ist keine wesentliche zusätzliche Leistung des Gehirns erforderlich. Auch Primaten müssen beim Klettern und Hangeln ihren Körper ausbalancieren. Auch sprachliche Fähigkeiten sind nicht unbedingt erforderlich.
Die Herstellung von Werkzeugen erfordert eine spezielle Planung und die Voraussicht, wie das Werkzeug für die bestimmten Situationen einzusetzen ist. Daher sind dafür besondere Denkfähigkeiten erforderlich. Eine ausführliche sprachliche Verständigung ist dafür nicht nötig.
Die Beherrschung des Feuers hat zur Folge, dass insbesondere Fleisch besser verdaulich wird. Das fleischliche Eiweiß ist wiederum erforderlich für das Wachstum des Gehirns. Hier besteht ein Zusammenhang zur Werkzeugherstellung: Je effektiver die Waffen sind, desto größer waren die Jagderfolge und desto mehr fleischliche Nahrung stand zur Verfügung. Das Gehirnwachstum und die Fähigkeit zur Werkzeugherstellung bedingten sich also gegenseitig.
Mit dem Kochen von Nahrung ist auch ein Zeitgewinn verbunden, der bisher für die Beschaffung von Nahrung benötigt wurde. Gleichzeitig spielt das Zusammensitzen an Feuerstellen eine größere Rolle, bei der Sprache als Kommunikationsmittel hilfreich ist.

Deshalb ist anzunehmen, dass Gehirnvolumen und die Entwicklung von Sprache durch die Nutzung von Feuer erheblich gefördert wurden.
Die Herstellung von Schmuck und Wandmalereien führt dazu, dass durch Geschenke sowie durch Auszeichnungen persönliche Bindungen gefestigt werden. Auch Darstellungen von Lebenssituationen fördern die intellektuellen und sprachlichen Fähigkeiten.

B3 Diskutiere mit deinen Mitschülern, welche der vier neuen Fähigkeiten eurer Meinung nach der Startpunkt der Menschwerdung war!
Es gibt Argumente für alle vier neuen Fähigkeiten. Je nach Standpunkt kommt es darauf an, welche Schwerpunkte gesetzt werden. Wahrscheinlich werden viele sich für die Beherrschung des Feuers entscheiden, weil dies eine Fähigkeit ist, die allein den Menschen auszeichnet. Alle anderen Fertigkeiten können – zumindest im Labor oder in menschlicher Obhut – auch von Tieren ausgeführt werden.

Material C – Gehirnentwicklung und Energiebedarf

C1 Beschreibe den im Diagramm dargestellten Zusammenhang!
Im Diagramm ist dargestellt, wie groß der prozentuale Energiebedarf des Gehirns am Gesamtenergiebedarf des Körpers ist. Als Beispiele sind angeführt die Schädel von *Australopithecus afarensis*, Schimpanse, *Homo habilis*, *Homo erectus* und *Homo sapiens sapiens*. Die Schädel sind darüber hinaus nach ihrem jeweiligen Alter geordnet.

C2 Erläutere die Einflüsse, die sehr wahrscheinlich zu einer Vergrößerung des Gehirns geführt haben!
Das Gehirn des *Australopithecus* und des Schimpansen ist etwa gleich groß. Das zeigt, dass der Erwerb des aufrechten Ganges allein noch nicht dazu geführt hat, dass sich das Gehirn vergrößerte.
Erst *Homo habilis* hatte ein gegenüber *Australopithecus* um 50 Prozent größeres Gehirn. Er war in der Lage, Werkzeuge herzustellen und nahm auch in gewissem Maße fleischliche Nahrung zu sich. Beides kann also Ursache für das Wachstum des Gehirns sein.
Das Gehirn des *Homo erectus* ist etwa 50 Prozent größer als das Gehirn des *Homo habilis*. Vermutlich hat der größere Fleischanteil der Nahrung, die bessere Verdaulichkeit durch das Kochen und die damit verbundene bessere Eiweißversorgung einen positiven Einfluss auf das Wachstum des Gehirns.
Das noch größere Gehirn des *Homo sapiens* ist im Laufe der Zeit mit den verbesserten Ernährungsbedingungen zu erklären.
Das Diagramm zeigt auch, dass das Gehirn nur mit der deutlich verbesserten Versorgung größer werden konnte, da der Energiebedarf des Gehirns deutlich überproportional ist.

C3 Erkläre mithilfe des Diagramms, welcher Zusammenhang zwischen der Ernährungsumstellung auf fleischliche Nahrung und dem Wachstum des Gehirns besteht!
Die Umstellung von rein pflanzlicher auf teilweise fleischliche Ernährung hat eine bessere Eiweißversorgung zur Folge. Die bei der Verdauung von Eiweiß frei werdenden Aminosäuren werden für die Gehirnfunktionen benötigt. Der in pflanzlicher Nahrung enthaltene Eiweißanteil ist für den überproportionalen Bedarf an Aminosäuren und Energie eines größer gewordenen Gehirns nicht ausreichend.

C4 Formuliere eine Vermutung, weshalb die Gehirne von Neandertalern und von *Homo sapiens* etwa gleich groß sind!
Neandertaler und *Homo sapiens* sind beide aus dem *Homo erectus* hervorgegangen. Ihre Entwicklung verlief in vielen Teilen zwar unabhängig voneinander, aber in wesentlichen Aspekten parallel. Beide hatten eine ähnliche Ernährungsgrundlage und beide mussten sich in ihrer jeweiligen Umwelt behaupten. Daher ist es nur folgerichtig, wenn das Wachstum des Gehirns in beiden Fällen ähnlich verlaufen ist.

Der Mensch erobert die Erde

Seite 328–330

1 Beschreibe die Ausbreitungswege von *Homo erectus*!
Mitglieder der *Homo-erectus*-Population haben vor mehr als 1,8 Millionen Jahren ihr Entstehungsgebiet Ostafrika (heutiges Äthiopien/Kenia) in drei Richtungen verlassen: Eine Gruppe ist in Richtung Südafrika gewandert, eine andere entlang des Nils nach Norden und über Nordafrika über die Meerenge bei Gibraltar bis nach Europa. Die Dritte hat sich über die Arabische Halbinsel in den heutigen Iran ausgebreitet. Einige Mitglieder dieser Teilpopulation sind von dort nach Nordwesten in Richtung der heutigen Türkei und eine andere nach Osten über das heutige Indien und Hinterindien gewandert. Dort hat eine erneute Aufteilung in zwei Gruppen stattgefunden. Die eine ist nach Norden Richtung heutiges China und die andere nach Süden auf die heutige Inselwelt von Indonesien gewandert. Die Funddaten in den einzelnen Gebieten zeigen, dass die Ausbreitungsgeschwindigkeit relativ hoch war.

2 Vergleiche die Ausbreitung von *Homo sapiens* mit der von *Homo erectus*!
Die Ausbreitungswege des *Homo sapiens* sind denen von *Homo erectus* sehr ähnlich. Auch bei *Homo sapiens* lebte die Ursprungspopulation in Ostafrika. Ein Ausbreitungsweg führt nach Nordafrika, ein anderer in Richtung des heutigen Palästina. Von dort führen ein Weg nach Norden über die heutige Türkei bis nach Europa und ein

anderer nach Osten über Indien nach Hinterindien. Hier trennen sich die Wege erneut in Richtung Ostasien beziehungsweise nach Süden zu den indonesischen Inseln. Im Unterschied zu *Homo erectus* geht der Weg der ostasiatischen Gruppe über die Behring-Straße weiter bis Nordamerika und schließlich Südamerika, während Teile der indonesischen Gruppe schließlich Australien besiedeln.

Seite 331 (Material)

Material A – Der Ursprung des modernen Menschen

A1 Gib an, wie die Unterschiede in der DNA-Basensequenz zustande kommen!
Die Unterschiede in der Basensequenz kommen durch Genmutationen zustande. Eine Genmutation tritt auf, wenn entweder eine Base ausgetauscht, eingefügt oder entfernt wird. Mutationen sind zufällige Ereignisse, die mit einer bestimmten Wahrscheinlichkeit in allen Gensequenzen auftreten können.

A2 Vergleiche die obige Annahme mit der Out-of-Africa-Hypothese! Nimm dazu Seite 396 zu Hilfe!
Die Out-of-Africa-Hypothese besagt, dass sich der moderne Mensch in Afrika entwickelt und von dort über die ganze Erde verbreitet hat. Demgegenüber besagt die hier dargestellte Annahme, dass sich der heutige Mensch in den jeweiligen Regionen (Afrika, Europa, Amerika, Asien, Australien) aus jeweiligen Vorgängerpopulationen des *Homo erectus* entwickelt hat.

A3 Beschreibe die im Diagramm dargestellten Ergebnisse!
Alle Säulen in dem Diagramm sind etwa gleich hoch. Das heißt, dass der genetische Unterschied zwischen Neandertalern und den jeweiligen *Homo-sapiens*-Populationen auf den verschiedenen Erdteilen ebenfalls gleich groß ist.

A4 Werte die Ergebnisse aus und erläutere, ob die Annahme, dass der moderne Mensch durch allmähliche Veränderung regionaler Populationen entstanden ist, bestätigt oder widerlegt wird!
Wenn sich die heute lebenden Menschen regional aus den bereits existierenden *Homo-erectus*-Populationen entwickelt hätten, müsste der genetische Unterschied zwischen Neandertalern und Europäern deutlich kleiner sein als zwischen Neandertalern und den anderen Populationen. Nur so wäre eine allmähliche Veränderung der bereits existierenden Population in Europa hin zum modernen Menschen erklärbar. Dies ist aber nach den dargestellten Ergebnissen nicht der Fall. Deshalb wird mit diesen Ergebnissen die regionale Hypothese widerlegt.

Material B – Vermutungen zum Aussterben des Neandertalers

B1 Gib an, welche Spuren Hinweise für die Richtigkeit der Vermutungen A bis D geben könnten!
Zu A: Wenn Neandertaler Spezialisten für das kalte Klima während der Eiszeit gewesen sind, müssten sie entsprechende anatomische und morphologische Anpassungen besessen haben wie zum Beispiel Körpergestalt, Behaarung, Volumen/Oberflächen-Relation und so weiter. Diese müsste man an den Fossilien nachweisen können.
Zu B: Wenn Neandertaler Großwildjäger gewesen sind, müssten zusammen mit Fossilien von Neandertalern auch entsprechende Fossilien wie Knochen oder Zähne von zum Beispiel Mammuts gefunden werden.
Zu C: Durch einen Vergleich von Waffenfunden könnte auf die Qualität der Waffen geschlossen werden.
Zu D: Wenn die Kindersterblichkeit höher gewesen ist, sollten relativ viele Knochenfossilien von Kindern oder jungen Neandertalern gefunden werden.

B2 Erläutere, welche Probleme aufgetreten sein könnten, wenn Vermutung E zutrifft.
Wenn Neandertaler und moderner Mensch sowohl um Nahrung, Behausung, Feuerstellen oder Unterstellmöglichkeiten konkurrierten, muss es zu Auseinandersetzungen um diese begrenzt vorhandenen Ressourcen gekommen sein. Wenn der moderne Mensch konkurrenzüberlegen war, kann dies ein Grund für das Aussterben des Neandertalers sein.

B3 Recherchiere vergleichbare Beispiele aus der jüngeren Menschheitsgeschichte für den Fall F und berichte!
Die von den Eroberern eingeschleppten Krankheiten (zum Beispiel Grippe, Pocken, Masern) nach der Entdeckung Amerikas haben die dort lebende eingeborene Bevölkerung sehr stark dezimiert, weil sie nicht immun dagegen waren. Man schätzt, dass in den ersten 100 Jahren nach der Eroberung 90 Prozent der ursprünglichen Bevölkerung an diesen Krankheiten, die es vorher dort nicht gab, gestorben sind. Dies war wahrscheinlich ein wesentlicher Grund dafür, dass die zahlenmäßig unterlegenen Europäer die Neue Welt so leicht erobern konnten. Umgekehrt ist in Europa erst nach der Rückkehr der ersten Eroberer die Geschlechtskrankheit Syphilis bekannt, sodass vermutet werden kann, dass diese Erkrankung von infizierten Eroberern mitgebracht wurde.
Bei der Besiedlung Australiens durch Europäer ab 1788 sterben sehr viele Ureinwohner an den bis dahin in Australien nicht bekannten Pocken und der Grippe.
In Neuseeland verbreiteten sich Typhus und Ruhr unter den Maori nach Kontakten mit Europäern.
Im Jahr 1775 starben auf den Fidschi-Inseln 40 000 der insgesamt 150 000 dort lebenden Menschen an einer eingeschleppten Pockenepidemie.

Zusatzinformation: Hier sind individuell ganz unterschiedliche Lösungen denkbar, die später als Grundlage für die Weiterarbeit dienen können. Zur Orientierung sind hier einzelne Beispiele gelistet.

B4 Entscheide dich für eine Vermutung und begründe!
Alle sechs Vermutungen können Ursache für das Aussterben des Neandertalers sein. Wahrscheinlich ist aber nicht nur eine Ursache allein verantwortlich, sondern eine Kombination mehrerer möglicher Ursachen.

Seite 332 (Im Blickpunkt Geschichte: Menschliche Rassen – ein umstrittener Begriff

1 Vergleiche, welche Unterschiede zwischen menschlichen Populationen biologisch festgestellt und welche von Rassisten behauptet werden!
In verschiedenen Regionen der Erde sehen Menschen unterschiedlich aus: Vor allem Körpergröße, Statur, Hautfarbe, Augenfarbe, Haarfarbe und Haarstruktur variieren stark. Die genetischen Unterschiede zwischen verschiedenen menschlichen Populationen sind aber nicht sehr groß. Sie betreffen vorwiegend solche Merkmale, die die Körperoberfläche betreffen. Diese Merkmale wurden in Anpassung an die jeweiligen Umweltbedingungen selektiert.
Demgegenüber behaupten Sozialdarwinisten, dass auch kulturelle Fähigkeiten, Charakter und Intelligenz der natürlichen Selektion unterliegen. Die damit einhergehende Bewertung der unterschiedlichen Menschengruppen führte dazu, dass die eigene Rasse als besser, überlegen und höherwertiger eingestuft wurde und dass andere Rassen diskriminiert wurden.

Stress

Seite 400–402

1 Nenne die Wirkungen von Adrenalin und Noradrenalin sowie von Cortisol!
Adrenalin und *Noradrenalin:* Steigerung der Herzschlagfrequenz, Erweiterung der Bronchien, Erhöhung des Blutzuckerspiegels, Erweiterung der Blutgefäße des Herzens, des Gehirns und der Skelettmuskulatur, Verengung der Blutgefäße der Verdauungsorgane.
Cortisol begünstigt Ablagerungen in den Arterien und erhöht so den Blutdruck, regt die Bildung von Magensaft an, schwächt das Immunsystem, fördert die Umwandlung von Proteinen in Glukose, stört die Bildung von Sexualhormonen.

Zusatzinformation: Auf die Darstellung der unterschiedlichen Wirkung von Adrenalin und Noradrenalin wurde auf den Inhaltsseiten und im Lösungsvorschlag verzichtet.

Seite 403 (Material)

Material A – Stresssituationen

A1 Ordne die in den Abbildungen und der Liste dargestellten Situationen folgenden Stressformen zu: Eu- oder Disstress, Kurz- oder Langzeitstress!

A = Kurzzeitstress / Disstress
B = Kurzzeitstress / Eustress
C1 = Kurzzeitstress / Eustress
C2 = Langzeitstress / Disstress
C3 = Langzeitstress / Disstress
C4 = Langzeitstress / Eustress
C5 = Langzeitstress / Disstress
C6 = Kurzzeitstress / Eustress
C7 = Langzeitstress / Disstress
C8 = Langzeitstress / Disstress
C9 = Langzeitstress / Disstress
C10 = Kurzzeitstress / Eustress
C11 = Kurzzeitstress / Disstress
C12 = Kurzzeitstress / Eustress

Zusatzinformation: Einige Situationen können abweichend bewertet werden. Zum Beispiel kann die Teilnahme an Bundesjugendspielen (C10) bei nicht sportbegeisterten Schülerinnen und Schülern auch als Disstress wirken.

A2 Vergleiche die Vorgänge im Körper bei einem der in der Liste aufgeführten Beispiele für Kurzzeitstress mit einem Beispiel für Langzeitstress!
Individuelle Schülerantwort.
Zusatzinformation: Im Vergleich sollte berücksichtigt werden:
Kurzzeitstress: auslösende Reize führen zu erhöhter Aktivität des Sympathikus; dadurch Anregung des Nebennierenmarks, Adrenalin und Noradrenalin auszuschütten; durch Beteiligung des Nervensystems schnelle Reaktion auf die auslösenden Reize hin; Adrenalin und Noradrenalin erhöhen die Leistungsbereitschaft des Körpers, fördern Vorgänge, die den Körper auf Flucht oder Kampf vorbereiten; Wirkung der Stresshormone nur kurzzeitig.
Langzeitstress: Hypothalamus regt Hypophyse an, ACTH auszuschütten; ACTH regt Nebennierenrinde an, Cortison an das Blut abzugeben; Nervensystem nicht beteiligt; Information wird mit Geschwindigkeit des Blutflusses geleitet; daher Reaktion auf die auslösenden Reize hin langsamer als beim Kurzzeitstress; Cortison führt vor allem zu Vorgängen im Körper, die nachteilige Wirkungen haben.

Gestufte Hilfe: Berücksichtige bei der Lösung: die unterschiedliche Art, in der die Anregung der Hormondrüsenerfolgt, die Stresshormone bilden; die Wirkungen der Stresshormone der beiden Stresstypen; die Zeitdauer, in der die Stresshormone wirken; nachteilige oder vorteilhafte Wirkungen der Stressreaktionen.

A3 Nenne Veränderungen deines Schulalltags, durch die Stress vermieden werden könnte!
Individuelle Schülerlösung.

Zusatzinformation: zu erwarten sind unter anderem Aussagen zu: Zahl der Prüfungen, Zahl der Unterrichtsstunden pro Woche; Anteil des Nachmittagsunterrichts, Länge der Pausen; Verlässlichkeit der Organisation; Umfang und Art der Kontrolle der Hausaufgaben; Schulbeginn am Morgen.

Material B – Tupaias

B1 Stelle in einem Pfeildiagramm die hormonelle und nervöse Regelung dar, die bei beiden Tieren in B abläuft!

Anblick des Rivalen → Großhirn → Hypothalamus → Sympathikus → Rückenmark → Nebennierenmark → Ausschüttung von Adrenalin und Noradrenalin
→ Herz → Erhöhung der Schlagfrequenz
→ Bronchien → Erweiterung
→ Leber → Abbau von Glykogen zu Glukose
→ Haut → Verengung der Blutgefäße
→ Verdauungsorgane → Verengung der Blutgefäße
→ Gehirn → Erweiterung der Blutgefäße
→ Skelettmuskeln → Erweiterung der Blutgefäße

Zusatzinformation: Im Pfeilschema nicht berücksichtigt ist, dass der Sympathikus auch direkt die Aktivität des Herzens erhöht.

Gestufte Hilfe: Entscheide zunächst, ob es sich bei der in der Abbildung dargestellten Situation um Kurz- oder Langzeitstress handelt.

B2 Vergleiche die beiden Diagramme D und E!
Vor der Konfrontation ist die Herzschlagfrequenz bei beiden Tieren etwa gleich. Es wechseln Phasen mit einer Frequenz von etwa 200 Schlägen pro Minute ab mit Phasen, in denen das Herz 300 bis 400mal pro Minute schlägt.

Am Tag der Konfrontation ist die Herzschlagfrequenz des Tieres, die im Diagramm D dargestellt ist, stark erhöht. Kurzfristig wird ein Wert von 500 Schlägen pro Minute erreicht. In den Tagen danach ist die Herzschlagfrequenz etwa gleich wie vor der Konfrontation.
Die Herzschlagfrequenz des Tieres, die im Diagramm E angegeben ist, ist am Tag der Konfrontation ähnlich wie die seines Rivalen in Diagramm D. In den Tagen nach der Konfrontation dagegen ist der Verlauf der Kurve unterschiedlich. Die Herzschlagfrequenz sinkt nicht ab, sondern bleibt auf einem hohen Niveau zwischen 300 und 400 Schlägen pro Minute. Am sechsten Tag steigt die Frequenz sogar für kurze Zeit bis auf etwa 600 Schläge pro Minute an.

B3 Erkläre den Kurvenverlauf nach dem Kampf im Diagramm E!
Durch die Versuchsanordnung ist damit zu rechnen, dass die ehemaligen Rivalen nach dem Kampf immer wieder aufeinander treffen. Der Verlierer des Kampfes gerät jedes Mal, wenn er den Gewinner sieht oder riecht, in eine fight-or-flight-Situation. In jeder dieser Kurzzeitstress-Situationen regt der Sympathikus das Herz an, schneller zu schlagen. Außerdem wird durch die erhöhte Aktivität des Sympathikus das Nebennierenmark angeregt, Adrenalin und Noradrenalin auszuschütten. Dadurch erhöht sich ebenfalls die Schlagfrequenz des Herzens. Für das überlegene Tier sind Anblick und Geruch des unterlegenen Rivalen nach dem Kampf keine Stressoren mehr.

Gestufte Hilfen:
Hilfe 1: Denke bei der Lösung daran, dass durch die Versuchsanordnung damit zu rechnen ist, dass die beiden ehemaligen Rivalen immer wieder miteinander Kontakt bekommen, indem sie sich sehen und riechen.
Hilfe 2:Berücksichtige bei der Lösung die Vorgänge, die in einer fight-or flight-Situation ablaufen.

B4 Erkläre, weshalb zu erwarten ist, dass im Versuch das Körpergewicht des unterlegenen Tiers in den Tagen nach dem Kampf sinkt!
Das unterlegene Tier steht jedes Mal unter Kurzzeitstress, wenn er das überlegene Tier sieht oder riecht. Ständig in kurzen Abständen auftretender Kurzzeitstress löst neben der Abgabe von Adrenalin und Noradrenalin auch die Ausschüttung von Cortison aus. Es ist also zu erwarten, dass Symptome des Langzeitstresses auftreten. Eines dieser Symptome ist die Umwandlung von Proteinen zu Glukose. Durch den Abbau von Protein, der vor allem in den Muskeln stattfindet, sinkt das Körpergewicht des Tieres.

Gestufte Hilfen:
Hilfe 1: Berücksichtige die Folgen, die häufiger in kurzen Zeitabständen auftretender Kurzzeitstress haben kann.
Hilfe 2: Gehe bei der Lösung davon aus, dass bei häufigem, in kurzen Zeitabständen aufeinander folgendem Kurzzeitstress neben Adrenalin und Noradrenalin auch Cortison ausgeschüttet wird. Beachte die Wirkung von Cortison auf die Muskulatur.

B5 Erkläre an diesem Beispiel, weshalb Kämpfe mit klaren Gewinnern und Verlierern für beide vorteilhaft sein können!
In diesem Fall hat der Kampf dazu geführt, dass das überlegene Tier nicht mehr unter Stress gerät, wenn es seinen ehemaligen Rivalen trifft.
Unter natürlichen Bedingungen ist damit zu rechnen, dass das unterlegene Tier den Kontakt mit dem überlegenen vermeidet. Daher können Auseinandersetzungen mit klarem Ergebnis sowohl für den Gewinner wie auch für den Verlierer die Reduktion von Stress zur Folge haben. Auch Kurzzeitstress ist immer eine Belastung des Körpers, die unter anderem einen Verbrauch von Energiereserven zur Folge hat.

Gestufte Hilfe: Bedenke bei der Lösung der Aufgabe, dass auch Kurzzeitstress immer eine Belastung des Körpers darstellt.

Bildquellenverzeichnis

Titel: F1online
Schmetterling auf Blüte: Imago / INSADCO
Nautilus: Corbis / Image Source
Mädchen: Shutterstock / Kamil Macniak
Sonnenblumen mit Stieglitz: imago stock & people
Schwarzmilan: mauritius images / imagebroker / Marko König
Junges Paar: mauritius images / Photo Alto
Nervenzellen: Shutterstock / Andrii Muzyka
Springendes Mädchen: Shutterstock / Dmitry Lobanov
Impfung: mauritius images / Science Photos Library
Chromosom: Corbis / 3d4Medical.com
Tomate: picture alliance / Science Photo
Neandertaler: Neanderthal Museum, Mettmann